草图大师
SketchUp 应用

七类建筑项目实践

主 编：陈李波　李 容　卫 涛
参 编：胡志刚　吴 枫　肖 娇
　　　　张程蓓　邹 丹　魏 勇

U0180156

华中科技大学出版社
http://www.hustp.com
中国·武汉

图书在版编目(CIP)数据

草图大师SketchUp应用：七类建筑项目实践 / 陈李波, 李容, 卫涛主编. －武汉：华中科技大学出版社, 2016.6（2020.1 重印）

ISBN 978-7-5680-1262-1

Ⅰ. ①草… Ⅱ. ①陈… ②李… ③卫… Ⅲ. ①建筑设计－计算机辅助设计－应用软件
Ⅳ. ①TU201.4

中国版本图书馆CIP数据核字(2015)第238563号

草图大师SketchUp应用：七类建筑项目实践　　　　陈李波　李容　卫涛　主编
CAOTU DASHI SKETCHUP YINGYONG：QI LEI JIANZHU XIANGMU SHIJIAN

出版发行：华中科技大学出版社（中国·武汉）

地　　址：武汉市武昌珞喻路1037号（邮编:430074）

出 版 人：阮海洪

责任编辑：易彩萍　　　　　　　　　　　　　　　责任监印：朱　玢

责任校对：刘　竣　　　　　　　　　　　　　　　装帧设计：张　靖

印　　刷：武汉市金港彩印有限公司

开　　本：787 mm×1092 mm　1/16

印　　张：13.5

字　　数：480千字

版　　次：2020年1月第1版第2次印刷

定　　价：69.90元

投稿热线：(010)64155588-8000

本书若有印装质量问题，请向出版社营销中心调换

全国免费服务热线：400-6679-118 竭诚为您服务

前　言

SketchUp 不单是一款建筑设计的工具！

作为一款出色的建筑草图设计工具，其更为突出之处在于其贯穿到设计方案创作的过程之中，贯穿到建筑方案的构思与推敲之中，而非只是面向渲染成品或施工图纸的设计工具，这便是 SketchUp 称之为草图大师的原因所在。

何谓草图中的"草"？草并非指其渲染成品的粗糙，而是意指设计过程中反复的推敲与斟酌，意指一件成功的设计作品在其方案推敲过程中的艰辛劳作。贾岛驴背吟诗："鸟宿池边树，僧敲月下门。"但他又想用"推"字，犹豫不定。他在驴上一边吟诵一边做推、敲的姿态，旁人看见都觉得他痴狂。但这样的痴狂之态，不正是我们在建筑艺术创作中最为弥足珍贵并执着追求的吗？倘若没有对方案近乎痴狂的推敲与揣度，倘若自己都对方案不甚满意，我们又如何让它为别人所认可呢？又如何企望它成为一个优秀的设计方案并付之实施呢？

诚然，现今的建筑设计软件，无论在功能和种类上已经大大超过十年前的情形。但是，会不会出现这样的情形，即我们只会用设计软件绘图，而不会使用它们来帮助我们思考？是否绘图的结果更重要，而绘制的过程我们就可以忽视了呢？从 DOS 版的 AutoCAD R12、Windows 版的 AutoCAD R14 到现今的 AutoCAD 2020，从 DOS 版的 3D Studio 4.0 到现今的 3ds Max 2020，我们在

追逐软件功能强大的同时，是否作为主体的设计者的思考能动性就逐渐退化了呢？工具只能是工具，是实现目的之手段，若工具成为了目的，则不可谓不悲哀！

因此，我更倾向于将设计软件与设计者的思考结合起来，更加倾向于过程化的设计软件操作模式，一种将软件操作便捷性与主体思考能动性结合的软件操作模式。幸运的是，SketchUp 为我们这些设计者推敲方案提供了如此有力的设计模式！

本书采用住宅楼、长途汽车站、中学教学楼、博物馆、高新技术发布中心、高层建筑、建筑测绘这七个建筑经典类型为实例，为读者介绍使用 SketchUp 进行建筑设计的常规方式方法。

除此之外，我在本书的编写中，还尝试将 SketchUp 的软件使用与现今高校建筑学教学体系与模式结合起来，希望将设计软件的学习操作与建筑设计手法的掌握结合起来。因此，本书在章节与内容上涵盖建筑学专业五年制教学内容的大部分内容，并依照修习时序安排章节。内容涵盖建筑方案解析、结构选型与设计、各类型建筑设计与历史建筑测绘，并在每个章节中详细介绍案例的背景资料、构思手法与规范要求，希望这样的安排能够使得读者在了解 SketchUp 建模和表现的同时，学习和了解建筑设计的流程与设计方法，并对建筑学专业的能力培养的脉络有着大致认识。

编者
二〇一九年九月于武汉光谷

目录

第 1 章 建筑结构简介

历史上，每一次建筑技术的重大进步，无不是建筑结构和支撑形式的变革。对于一个建筑师来说，建筑结构的知识必不可少，建筑的结构相当于人体的骨骼，人体骨骼是人体各个器官的载体，而建筑结构是支撑建筑的组织形式。当今的建筑环境中，"骨感美"更是越来越被凸显，纯粹的建筑结构提出了一种新的美学形式，它往往能给人们带来一种全新的、令人震撼的视觉冲击。特别是在一些大跨度建筑如车站、机场、音乐厅等当中，建筑的结构显得尤为重要，它直接影响到建筑内部功能空间的组织形式。屋顶的跨度和它的支撑方式，决定着它覆盖下的空间的使用价值。

SketchUp 独有的推拉、路径跟随等工具对于推敲比较复杂的大跨度建筑的结构形式有着非同寻常的优势。建筑设计师、结构设计师可以根据建筑自身的状况，用 SketchUp 对建筑结构进行分析、评估、测试，让建筑方案以及结构方案能在比较直观的角度一步一步趋于合理、美观、完善。

1.1　大跨度空间结构

大跨度空间结构是目前发展最快的结构类型。大跨度建筑及作为其核心的空间结构技术的发展状况是代表一个国家建筑科技水平的重要标志之一。在实际的三维世界里，任何结构物本质上都是空间性质的。出于简化设计和建造的目的，人们在许多场合把它们分解成一片片平面结构来进行构造和计算。大跨度建筑基本的结构选型大致包括如下几类：排架结构（梁、板结构）、刚架结构、拱式结构、折板结构、桁架结构、网架结构、索膜结构等。

1.1.1　排架结构

排架结构的组成是以一个屋架支撑在两边的柱子上，形成排，在两排和上屋架之间放上一个板子形成空架连续的房子。排架的特点是在自身的平面内承载力和刚度都较大，而排架间的承载能力则较弱，通常在两个支架之间应该加上相应的支撑，避免在风荷载的推动下发生侧向的移动，适合用于单层的工业厂房。建模步骤如下。

(1) 在平面内画一个矩形，尺寸 400mm×400mm，拉起到约 4~8m 高度作为柱子，起到承受荷载的作用，然后将柱子复制一个到一边，如图 1.1 所示。

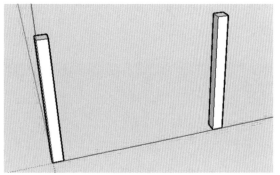
图 1.1　底部的柱子

(2) 两根柱子上搭一根简支梁（截面为矩形的梁），截面尺寸约为 350mm×450mm，作用是支撑屋面板，传递荷载到底下的柱子，如图 1.2 所示。

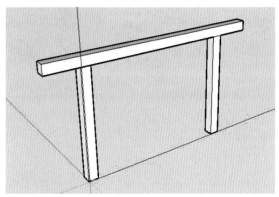
图 1.2　搭接梁

(3) 将整个梁柱构件向与梁垂直的方向复制一组，这是最简易的梁柱体系，如图 1.3 所示。由于它的梁与柱之间是搭接，可活动性强且不够牢固，两组构件之间联系较少，所以整体抗水平侧推力较弱。

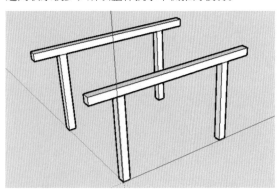
图 1.3　复制梁柱

(4) 在两排构架的梁上面横向放置屋面板，如图 1.4 所示。如果是独立的一个单元，屋面板的长度应该是长于两排构架之间的跨度，如果是阵列的几个单元，则屋面板的长度应该略大于两排（或是几排）构架的跨度，以便于搭接。宽度以具体的屋面板材料和构件尺寸等因素而定。

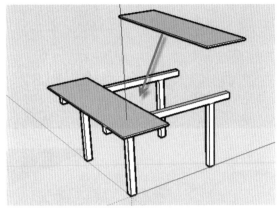

图 1.4　加屋面板

（5）这样，排架结构就形成了，如图 1.5 所示。可以此为单元，横向或纵向排列组合形成更大的空间，这就是工业厂房建设的实际过程。

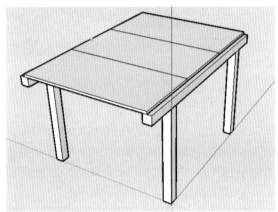

图 1.5　排架结构

1.1.2　刚架结构

刚架结构的主要特点是梁与柱刚接，柱与基础通常是铰接。因梁、柱整体结合，故受荷载后，在刚架的转折处将产生较大的弯矩，容易开裂；另外，柱顶在横梁推力的作用下，将产生相对位移，使厂房的跨度发生变化，故此类结构的刚度较差，仅适用于屋盖较轻的厂房或吊车吨位不超过 10t，跨度不超过 10m 的轻型厂房或仓库等。建模步骤如下。

（1）用【直线】和【推拉】工具画出一个门式的连体结构，如图 1.6 所示。截面尺寸约为 400mm×300mm，高 4~8m，这个结构俗称"门式刚架"，通常根据它自身的受力特点，在两边的支座往地面的方向收分变细。

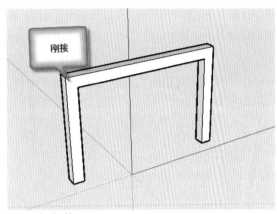

图 1.6　门式刚架

（2）选择已经生成的刚架，配合键盘的【Ctrl】键，用【移动】工具向一侧复制一个或者多个，间距根据具体情况而定。如图 1.7 所示。

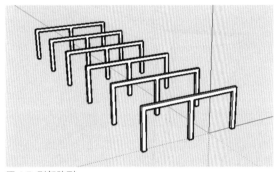

图 1.7　刚架阵列

（3）盖板步骤如排架结构。作为像厂房这样的单一空间的单层建筑，屋面不需要承重，只是起到遮蔽的作用，可以选择轻型材料的屋面板然后加以固定。如图 1.8 所示。

（4）刚架结构的形式还有很多种变形，如图 1.9 和图 1.10 所示。只要遵循节点刚接的原则即可，很多体育馆看台的顶棚、公交站台遮阳顶棚等都采用了此种结构形式。

技术在进步，结构形式也在进步。例如，2008 年北京奥运会的主场馆"鸟巢"的独特结构，其实就

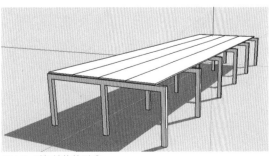

图 1.8　刚架结构的形式

是由许多个异化的"门式刚架"结构编织而成的。如图 1.11 至图 1.13 所示。

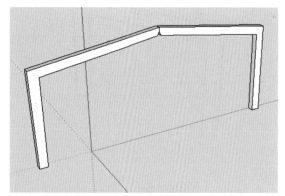

图 1.9　刚架结构的形式

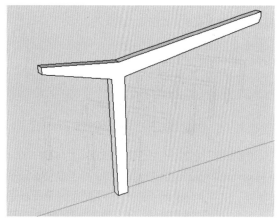

图 1.10　刚架结构的形式

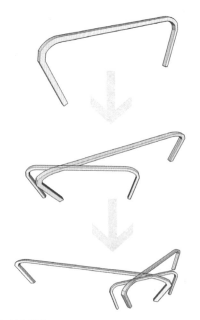

图 1.11　结构演变

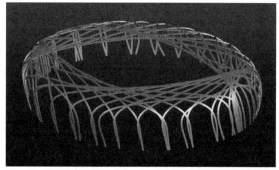

图 1.12　门式刚架组合

图 1.13　鸟巢结构图

1.1.3　拱式结构

拱式结构是由曲线形或折线形的竖向拱圈杆和支承拱圈两端铰接的或固接的拱址组成的构件，有时在拱址间设置拉杆。拱式结构由于受轴向力，抗剪性强，是一种较好的结构方式。建模步骤如下。

（1）用【圆】工具在垂直界面内画出两个同心圆，如图 1.14 所示。所谓拱，都是在某一半径的圆上截取的一段，加上厚度，所以就是环上截取的一段。

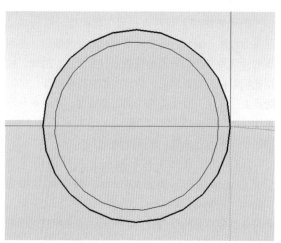

图 1.14　同心圆定型

（2）去掉下部的半圆以及上部中心的部分，形成拱的外轮廓，如图 1.15 所示。随意截取的一段都可以称之为拱，但是为了操作方便，此处截取半圆为例。

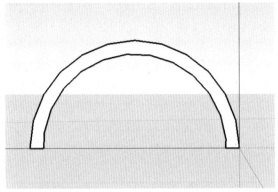

图 1.15　拱的轮廓

（3）用【推拉】工具将拱的外形轮廓拉伸，形成最简单的拱式结构，如图 1.16 所示。如果向外拉伸的长度比较大，就形成筒拱结构，如图 1.17 所示。

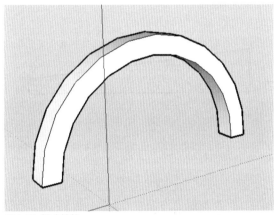

图 1.16　拱式结构

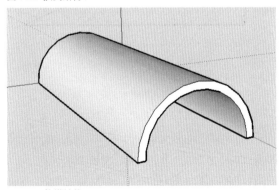

图 1.17　筒拱结构

1.1.4　折板结构

折板结构是由若干狭长的薄板以一定角度相交连成折线形的空间薄壁体系。跨度不宜超过 30m，适宜于长条形平面的屋盖，两端应有通长的墙或圈梁作为折板的支点。常用有 V 形、梯形等形式。预应力混凝土 V 形折板在我国最为常用，它具有制作简单、安装方便与节省材料等优点，最大跨度可达 24m。建模步骤如下。

（1）用【直线】工具画出如图 1.18 所示倒 V 字平面图形，可以是等腰三角形也可以是不等腰三角形，但是根据受力的需要，倒 V 的夹角一般为锐角。

（2）用【推拉】工具拉伸到一定的长度如图 1.19 所示，这就形成了折板结构组成的基本单元，由于它的结构使得受力分散，使材料的性能得到更好的发挥，所以在大跨度建筑中得到广泛应用。

（3）选择已经生成的刚架，配合键盘的【Ctrl】键，用【移动】工具向一侧复制一个或者多个，就形成了折板结构，如图 1.20 所示。

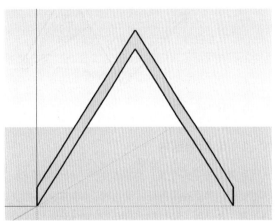

图 1.18　V 形轮廓

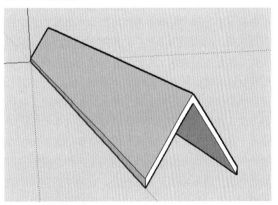

图 1.19　折板单元体

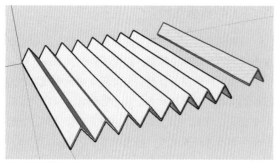

图 1.20 折板结构

（4）复制的时候基点取在折板单元体截面背于复制方向的节点上，然后拖动到复制方向的与之对应的节点上，就可以比较容易形成整齐的折板结构了。如图 1.21 所示。

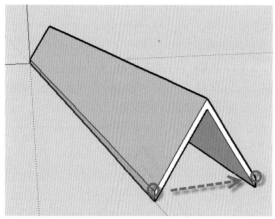

图 1.21 复制方式

1.1.5 桁架结构

桁架指的是桁架梁，是格构化的一种梁式结构。其主要结构特点在于各杆件受力均以单向拉、压为主，通过对上下弦杆和腹杆的合理布置，可适应结构内部的弯矩和剪力分布。由于水平方向的拉、压内力实现了自身平衡，整个结构不对支座产生水平推力。结构布置灵活，应用范围非常广。桁架梁和实腹梁（截面为实心矩形的简支梁）相比，在抗弯方面，由于将受拉与受压的截面集中布置在上下两端，增大了内力臂，使得以同样的材料用量实现了更大的抗弯强度。在抗剪方面，通过合理布置腹杆，能够将剪力逐步传递给支座。这样无论是抗弯还是抗剪，桁架结构都能够使材料强度得到充分发挥，从而适用于各种跨度的建筑屋盖结构。更重要的意义还在于，它将横弯作用下的实腹梁内部复杂的应力状态转化为桁架杆件内简单的拉压应力状态，使我们能够直观地了解力的分布和传

递，便于结构的变化和组合。建模步骤如下。

（1）用【直线】工具以及右键菜单中的等分工具画出如图 1.22 的平面图形，上面的直线是上弦杆，下面是下弦杆，之间为腹杆。其中，上弦杆和下弦杆可以不平行甚至可以不是直线型，腹杆变化的角度和构成等也可以各种各样，如图 1.23 和图 1.24 所示。桁架结构是一种适用性非常强的结构类型。

（2）用【圆】和【推拉】工具画出水平和垂直方向上的杆件，如图 1.25 所示。先画出上弦杆和下弦杆后，中间的腹杆会稍复杂，比较简便的方法是将其中一条线复制拖出，拉伸成圆柱体后再复制拖入。

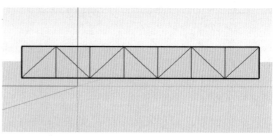

图 1.22 桁架的形

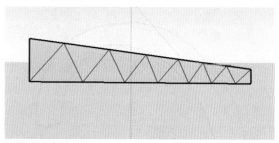

图 1.23 桁架结构

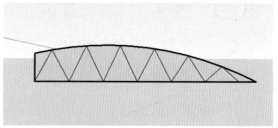

图 1.24 桁架结构

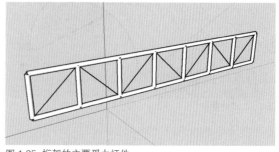

图 1.25 桁架的主要受力杆件

（3）用【圆】和【路径跟随】工具画出中间的零杆，如图 1.26 所示。如果在交接的地方不方便画圆，可参照上一步垂直方向腹杆的做法，桁架结构有很多种变形，可以此为原型作平面或空间的变形，从而形成各种多变的桁架屋顶形式。

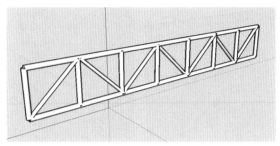

图 1.26　增加零杆

1.1.6　网架结构

网架结构是由多根杆件按照一定的网格形式通过节点连接而成的空间结构。具有空间受力稳定、重量轻、刚度大、抗震性能好等优点。网架结构广泛用作体育馆、展览馆、俱乐部、影剧院、食堂、会议室、候车厅、飞机库、车间等的屋盖结构。采用网架结构的屋盖具有工业化程度高、自重轻、稳定性好、外形美观的特点，缺点是汇交于节点上的杆件数量较多，制作安装较平面结构复杂。构成网架的基本单元有三角锥、三棱体、正方体、截头四角锥等，由这些基本单元可组合成平面形状的三边形、四边形、六边形、圆形或其他任何形体。一般而言，网架结构有下列三种节点形式：焊接球节点、螺栓球节点、钢板节点。建模步骤如下。

（1）利用几何知识（如底部正方形对角线的一半等于正四棱锥的高）用【直线】工具画出一个倒的正四棱锥体，去掉所有的面留下线条，如图 1.27 所示。

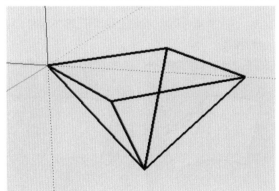

图 1.27　正四棱锥

（2）用【圆】和【路径跟随】等工具画一个球体（作为焊接球节点），并分别复制到四棱锥的五个角上，如图 1.28 所示。

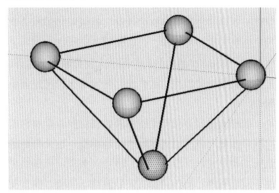

图 1.28　铰接点

（3）用【圆】和【路径跟随】工具画出各个铰接点之间的连接杆件，这样，就形成了空间网架结构中的一个基本的单元体，如图 1.29 所示。网架结构的基本单元体并不局限于这样的四棱锥体，还可以是三角锥体等等。

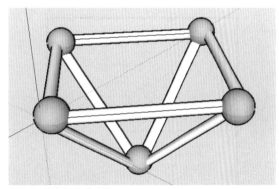

图 1.29　网架结构基本单元

（4）将以上的单元体根据需要复制拼接成空间网架结构，如图 1.30 所示。由于是一个个小的单元体的拼接，所以对于组成平面的要求并不高，可以是规则的或是不规则的图形。

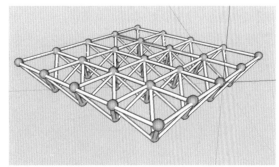

图 1.30　空间网架结构

1.1.7 索膜结构

由柔性拉索及其边缘构件所形成的承重结构。索的材料可以采用钢丝束、钢丝绳、钢绞线、链条、圆钢以及其他受拉性能良好的线材。悬索结构能充分利用高强材料的抗拉性能，可以做到跨度大、自重小、材料省、易施工。悬索结构除用于大跨度桥梁工程外，还在体育馆、飞机库、展览馆、仓库等大跨度屋盖结构中应用。

膜结构是用高强度柔性薄膜材料经受其他材料的拉压作用而形成的稳定曲面，是能承受一定外荷载的空间结构形式。其造型自由、轻巧、柔美、充满力量感，具有阻燃、制作简易、安装快捷、节能、使用安全等优点，因而它在世界各地受到广泛应用。

张拉膜结构则是依靠膜自身的张拉应力与支撑杆和拉索共同构成结构体系。建模步骤如下。

（1）在 SketchUp 顶视图中用【矩形】或者【圆】工具画一个平面，作为基底的定位，如图 1.31 所示。

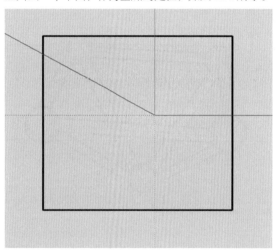

图 1.31　矩形定位

（2）在矩形平面内用【圆弧工具】画一段弧，如图 1.32 所示，在圆弧的中点向与其垂直的方向用【直线】工具再画一个矩形 2，如图 1.33 所示。

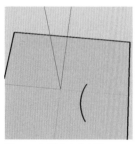
图 1.32　矩形内定位弧线

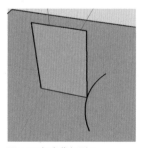
图 1.33　加定位矩形 2

（3）在矩形 2 内用【圆弧工具】以第一段圆弧的中点为其中一个顶点再画一段弧线 2，如图 1.34 所示。拉近视距，在矩形 2 的平面内，以弧线 2 的两个顶点为顶点再画一段较前者弧度稍小的弧线 3，如图 1.35 所示。

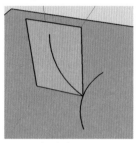
图 1.34　加弧形 2

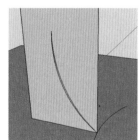
图 1.35　加弧形 3

（4）用【删除】工具将矩形 2 去掉，然后让弧线 1 处于选中状态，用【路径跟随】工具点击弧线 2 与弧线 3 之间构成的面，形成如图 1.36 所示的空间曲面。

（5）将遗留下的处于空间曲面外的辅助弧线删除，用【直线】工具连接空间曲面底部的一个顶点和上部弧线的中点，作延长线画垂直的面与空间曲面相交，如图 1.37 所示。

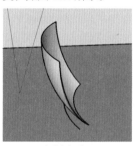
图 1.36　形成空间曲面

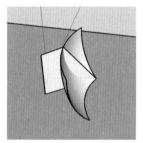
图 1.37　相交的垂直面

（6）将上一步画出的垂直面选中，使用右键菜单中的【模型交错】工具，两个面之间的交接处将出现相交线，将辅助的垂直面删除，并将空间曲面上相交线一角上的部分删除，如图 1.38 所示。留下如图 1.39 所示的部分。

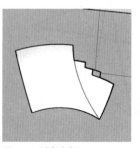
图 1.38　删除边角

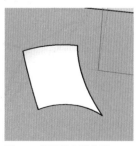
图 1.39　留下的空间曲面

（7）用同样的方法，再以另一个底部顶点和上部与之相对的顶点画直线和垂直的面，如图 1.40 所示，去掉垂直的面和边角，留下如图 1.41 所示的空间曲面。于是，一个索膜结构的单元体就形成了。

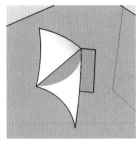 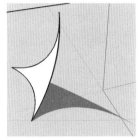

图 1.40　模型交错　　　　图 1.41　删除边角

（8）用以上的方法，画出多个张拉的膜结构单元体进行空间组合，就可以形成体型和轮廓都非常漂亮的张拉膜组合小品，如图 1.42 和图 1.43 所示（索结构省去）。张拉膜结构最先兴起于国外，这种结构一经出现就风靡各地，被竞相模仿。其受欢迎的原因在于它新颖的、自由随意的造型能给人焕然一新的感觉，新型而且实用的结构也能让人眼前一亮，为人们的生活、城市的风貌添加丰富的亮点。

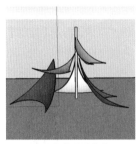 

图 1.42　城市索膜结构小品 1　图 1.43　城市索膜结构小品 2

注意：张拉膜 / 城市索膜结构是一种常用的建筑小品的形式，在制作完成之后，应当马上创建成一个组件，方便设计师在以后的工作中随时调用。

1.2　多种结构的组合

每一种基本的结构形式都可以做出许多的变形，但是随着经济与建筑技术的飞速发展，逐渐暴露出单一结构在功能、形式上的不足，建筑师开始根据基本的结构形式，进行扩展性的科学的想象，发展出新的结构形式，进行两种甚至多种结构的组合，结构形式多种多样使建筑形式也随之各不相同。下面，就将介绍几种基本结构组合所形成的新的结构。

1.2.1　桁架拱 + 悬索结构

此结构由桁架拱结构和悬索结构组成，利用拱结构的稳定与柔美，配合悬索结构的随性，更加体现一种外柔内刚的美感，而结构本身也合乎理性的刚度与稳定性。下面就来详细地介绍此结构的建模制作过程和步骤。

（1）在天正建筑软件界面中用【圆】和【直线】工具画出桁架拱的大致形式，主体为两个同心半圆环，中间用杆件连接，外环直径为 20m，两环之间的距离为 1.5m。画好后将 CAD 的图形导入 SketchUp。

注意：也可以在 SketchUp 软件界面中直接用【圆】和【直线】画出。一般情况是复杂的图形用 AutoCAD 绘制，然后导入 SketchUp；简单的图形直接在 SketchUp 中画线。

将 CAD 格式的文件导入 SketchUp，在天正建筑界面上方工具栏中单击【图形导出】按钮，如图 1.44 所示。

（2）将图形保存为天正 3 的文件格式，如图 1.45 所示。

图 1.44 选择图形导出命令　图 1.45 保存为天正 3 格式

（3）打开 SketchUp 软件，根据上一次保存的位置，导入天正 3 格式的文件就可以了。为了画图的方便，可以先画一个垂直矩形做参照，用【旋转】工具将图形调整到垂直的视角，如图 1.46 所示。

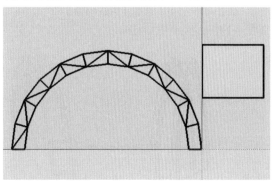

图 1.46　从 CAD 导入 SketchUp

（4）利用【单线生筒】工具，将所有的线变成筒，形成一个个的杆件，如图 1.47 所示，完成后如图 1.48 所示。

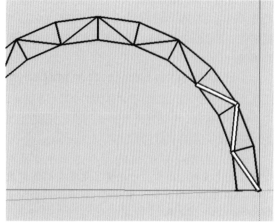

图 1.47　用单线生筒工具形成杆件

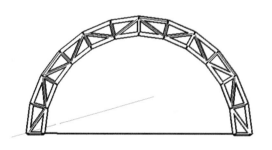

图 1.48　单元桁架拱

（5）用【选择】工具将整个形体选中，再用【移动】工具，配合 Ctrl 键与形体垂直的方向复制一组，距离约为 2m，如图 1.49 所示。

（6）用【直线】工具将两组形体联系起来，位置和密度如图 1.50 所示。同样，用【单线生筒】工具将联系的直线生成筒，形成杆件，如图 1.51 所示。

（7）用【选择】工具将所有构件选中，如图 1.52 所示，然后单击右键，选择【生成组件】命令，将其变成一个整体，如图 1.53 所示。

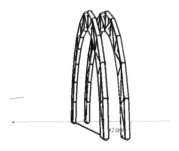

图 1.49　复制一组

图 1.50　画联系的直线

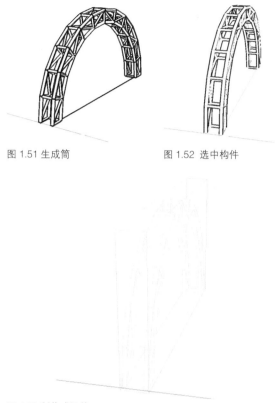

图 1.51　生成筒　　　　　　图 1.52　选中构件

图 1.53　制作成组件

（8）用【选择】工具将组件选中，再用【移动】工具，配合 Ctrl 键向与形体垂直的方向复制一组，距离为 37.7m，如图 1.54 所示。

图 1.54　复制一组

（9）为了画图方便，在形体上方较远的距离，另画索绳，画好后移动或复制到下面即可，在垂直单个形体的方向，即图中绿轴的方向，用【直线】工具画一长约 35.6m 的直线，再用【弧线】工具以直线的两端为顶点，在竖直向下的方向，即蓝轴的方向拉出 4.3m 的距离，如图 1.55 所示。

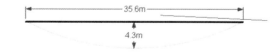

图 1.55　画弧线

（10）用【橡皮擦】工具将直线删除，留下弧线，用【选择】工具将弧线选中，单击菜单栏中的【单线生筒】工具，使之形成索绳。如图 1.56 所示。由于索绳的单元要被复制使用多次，故将其制作成组件，用【选择】工具将索绳形体选中，单击右键，再选择【制作组件】即可，如图 1.57 所示。

图 1.56 单线生筒

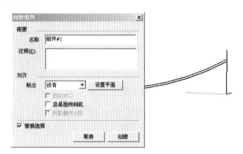

图 1.57 制作成组件

（11）用【选择】工具将索绳组件选中，如图 1.58 所示，再选择【复制】工具，将索绳一端的端点作为拾取点，拖动复制到下方桁架栱内侧的节点上，如图 1.59 所示。

图 1.58 选择组件

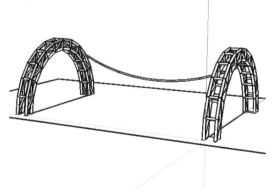

图 1.59 拖动复制

（12）以同样的方法，配合 Ctrl 键多次复制，将索绳复制到桁架栱内侧上方的各个节点上，如图 1.60 所示。这样，整个"桁架栱＋悬索结构"的模型就完成了。

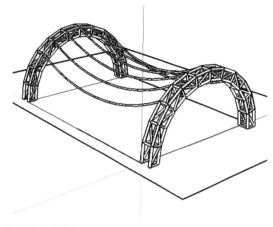

图 1.60 完成模型

1.2.2　门式两铰刚架＋拉索＋压杆

此结构由一榀一榀的房架构成，由门式两铰刚架和拉索加压杆组成，它的形式与传统房屋的屋架相似，但是受力方式是截然不同的，体现出一种秀外慧中的感性与理性。下面详细地介绍此结构的建模制作过程和步骤。

（1）在水平面上用【直线】工具画出一个小的矩形，尺寸为 0.55m×0.15m，将其作为竖向刚架结构的截面，如图 1.61 所示。用【推拉】工具将其沿蓝轴竖直方向拉起 13.5m，如图 1.62 所示。

 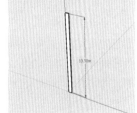

图 1.61 画矩形　　　　图 1.62 向上推出

（2）用【选择】工具将整个形体选中，如图 1.63 所示，配合 Ctrl 键，用【移动】工具将其沿红轴水平方向复制一组，距离为 26m，如图 1.64 所示。

 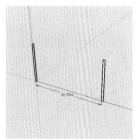

图 1.63 选中形体　　　　图 1.64 复制一组

（3）用【直线】工具将两边方形柱的顶端连接形成成面，如图 1.65 所示，用【推拉】工具将面竖直向上拉起 0.45m，如图 1.66 所示。

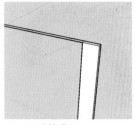

图 1.65 连接成面　　　　图 1.66 向上拉起

（4）用【删除】工具将多余的线段删除，如图 1.67 所示，其实到达这一步有着多种不同的途径，先制作上面再推拉下面，或者用直线工具一步一步建成，或者如以上步骤形成，所谓"条条大路通罗马"。

（5）在形体顶端的一角，在距离一边 0.15m 的位置画一条直线，如图 1.68 所示，用【推拉】工具将矩形竖直向上拉起 4.5m，如图 1.69 所示。

（6）在上一步拉起的形体外侧，如图 1.70 所示的位置，用【直线】工具画出两条相距 0.15m 的直线；用【推拉】工具将其向外侧拉出 4.5m 的距离，如图 1.71 所示。

（7）这是一个完全对称的形体，所以在刚架的另一侧以同样的方法和步骤画出伸出的两个矩形杆件，如图 1.72 所示。

（8）在中间横向杆件的中部用【直线】工具画出一条竖向的直线，如图 1.73 所示；再将视角旋转到它的底部，在距离竖向直线 0.08m 的位置用【直线】工具画出两条对称的直线，如图 1.74 所示。

图 1.67 删除线段　　　　图 1.68 画直线

图 1.69 拉起　　　　　　图 1.70 画直线

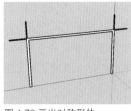

图 1.71 拉起　　　　　　图 1.72 画出对称形体

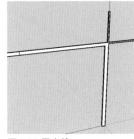

图 1.73 画直线　　　　　图 1.74 画出对称直线

（9）用【橡皮擦】工具将上部定位用的竖向直线删除，如图 1.75 所示；用【推拉】工具将两条对称直线形成的矩形向下方拉出 2.60m，如图 1.76 所示。

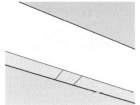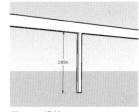

图 1.75 删除直线　　　　图 1.76 推拉

（10）以形体各部分侧面的中点为基点将其依次连接，定位如图 1.77 所示，连接各个基点，线条走向如图 1.78 所示。

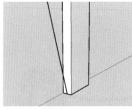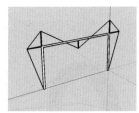

图 1.77 定位直线　　　　图 1.78 连接各基点

（11）用【选择】工具将上一步画出的各线段选中，如图 1.79 所示；单击插件中的【单线生筒】工具，在弹出的选项中输入直径 0.02m，如图 1.80 所示。

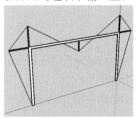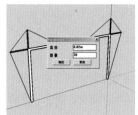

图 1.79 选择各线段　　　　图 1.80 单线生筒

（12）使用了【单线生筒】工具以后,细部如图1.81所示。为了后续制作的简便,将整个已经做好的形体做成一个组件。先将整个形体选中,如图1.82所示,右击对象,选择【制作组件】工具就完成了。

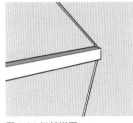

图 1.81 细部详图

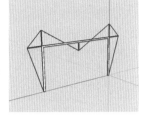

图 1.82 制作组件

（13）用【选择】工具将组件选中,再用【移动】工具,配合 Ctrl 键,将组件沿绿轴(即与形体垂直的方向)复制一组,距离为6m,如图1.83、图1.84所示。

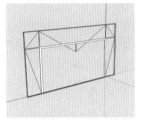

图 1.83 选择组件

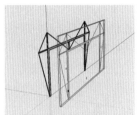

图 1.84 复制组件

（14）依上一步同样的方法将组件继续沿绿轴方向复制多组,如图1.85所示,这样就完成了整个大跨结构的基本构架。

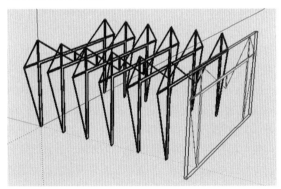

图 1.85 复制多组

（15）下面接着制作相邻两榀房架之间的连接构件。在最外面的一榀刚架的内侧画出线段,定位如图1.86示。

（16）由于之前将各榀房架制作成了组件,所以画出的线段无法与组件内的线段构成面,所以现将上一步画有线段所在的组件炸开。右键选中对象,选择【炸开】命令即可。将线段与刚架围合形成的"L"

形用【推拉】工具拉出,直到另一端最外侧刚架的内侧,如图1.87、图1.88所示。

（17）用【橡皮擦】工具将推拉时不可避免带出的两条多余直线删除,如图1.89示;用以上同样的方法和步骤,在"L"形杆件的对称位置画出同样的与之对称的杆件,如图1.90所示。

（18）打开和调整阴影,加上几个人物组件,整个"门式两铰刚架 + 拉索 + 压杆"的大跨结构就制作完成了,如图1.91、图1.92所示。

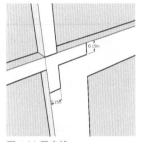

图 1.86 画直线

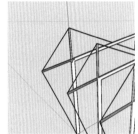

图 1.87 定位直线

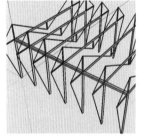

图 1.88 推拉

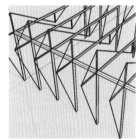

图 1.89 删除直线

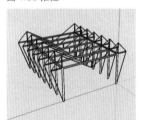

图 1.90 出对称杆件

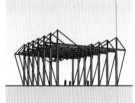

图 1.91 完成结构

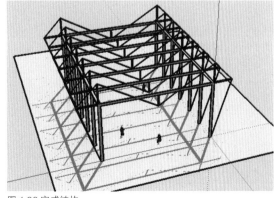

图 1.92 完成结构

1.2.3 刚架 + 拉索 + 薄壳

此结构以一个超静定刚架结构为中心，向两边伸出薄壳两翼，以拉索做加强支撑。形式优美轻盈，就如一只展翅欲翔的飞鸟。下面就来详细地介绍此结构的建模制作过程和步骤。

（1）在我们每次制图之前，都要首先注意单位是否符合自己画图的习惯或需要，一般是用"米"（m）或"毫米"（mm）作单位，修改窗口在菜单栏【窗口】的【实体信息】之中，如图 1.93 所示。

（2）在竖直方向用【直线】工具画出一个矩形，尺寸如图 1.94 所示；选择中间的面单击右键，选择【删除】，在矩形上部线段上找到中点，以其为端点向上竖直画出一条线段，长度为 18m，如图 1.95 所示。

（3）用【直线】工具将线段的上部端点与矩形上部的两个端点连接，如图 1.96 所示；在矩形上部的其中一个端点向所在一侧的水平方向画出一条线段，长度为 32m，如图 1.97 所示；在线段的远端再向竖直向上的方向画出一条线段，长度为 5.5m，如图 1.98 所示。

（4）用【弧线】工具以两条线段的外部端点为基点，在竖直方向画一条弧线，弧线中点离弦的距离约为 1m，如图 1.99 所示。弧线的方向可能不好定位，此时可以采用辅助面的做法，这种方法在此前已经介绍过，这次就不再重复。将先前画出的也是用来做辅助作用的两条线段用【橡皮擦】工具删除，如图 1.100 所示。

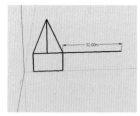
图 1.97 引出线段

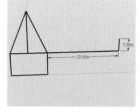
图 1.98 引出线段

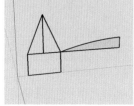
图 1.99 画弧线

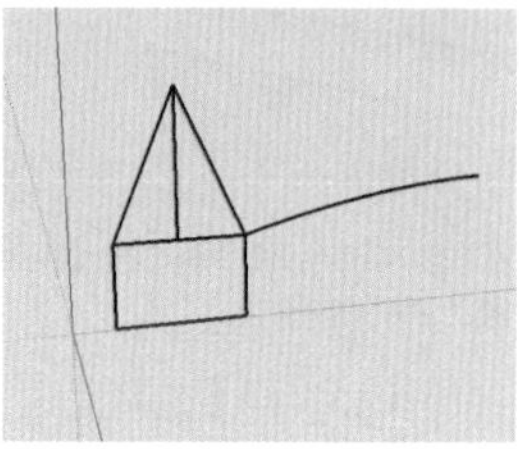

图 1.100 删除辅助线

（5）再次以竖直矩形的上部端点为基点，用【直线】工具向与之相对的方向画出长为 30m 的线段并连接端点，形成新的矩形，位置和尺寸如图 1.101 所示。再以新的两个端点画出与先前竖直矩形相对的同样的一个矩形，并将面删除，如图 1.102 所示。

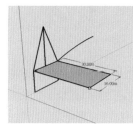
图 1.101 画矩形

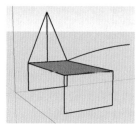
图 1.102 画竖直矩形框

（6）在与弧线对称的位置按照同样的方法和步骤画出一段弧线，如图 1.103 所示；用【选择】工具将如图 1.104 所示的线段选中，用【移动】工具配合 Ctrl 键，将其复制到横向矩形的中部，如图 1.105 所示。用【橡皮擦】工具删除之前的三条线段，如图 1.106 所示，也可以通过移动而非复制的方法得到这一步的结果，但是在 SketchUp 里面，这样移动很多时候会造成其他部位的变形，所以这时就采用复制的办法来解决或者说是避免这个问题。

图 1.93 修改单位

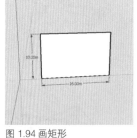
图 1.94 画矩形

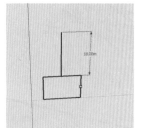
图 1.95 引出线段

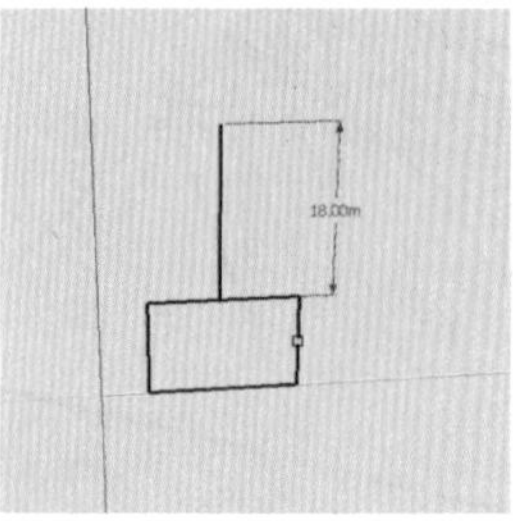

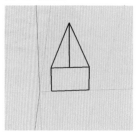
图 1.96 连接端点

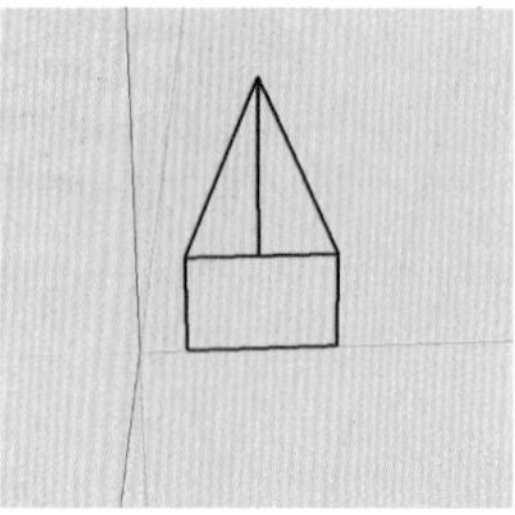

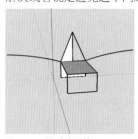
图 1.103 画对称弧线

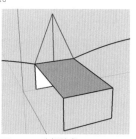
图 1.104 选择线段

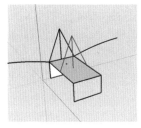

图 1.105 复制线段　　图 1.106 删除线段

（7）再将直线两边的定位斜线段也删除，留下中间的竖直线段，将竖直线段的上部顶点与平面矩形的四个端点连接起来，如图 1.107 所示；然后再用【橡皮擦】工具将中央定位的竖直线段也删除，如图 1.108 所示。

（8）如图 1.109 所示，将其中一段弧线的两个端点用【直线】工具连接起来，再在弧线的两个端点用【弧线】工具在已有的面上另外画出一段弧，弧的曲度稍小一些，使两段弧线之间保留很小的距离与空间，如图 1.110 所示。

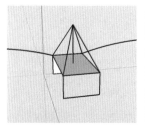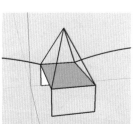

图 1.107 连接端点　　图 1.108 删除线段

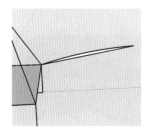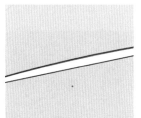

图 1.109 连接端点　　图 1.110 画弧线

（9）用【推拉】工具或者是用【路径跟随】工具，将两段弧线之间形成的面推拉至平面矩形的另一端，如图 1.111 所示，其具体方法在之前薄壳结构的做法中已有介绍，在此就不再赘述。用同样的方法，将薄壳结构对称位置的薄壳也制作出来，如图 1.112 所示。

（10）将薄壳结构的外围四个端点与中间结构的顶点连接起来，如图 1.113 所示；选择中间刚架结构的主体杆件，如图 1.114 所示，选择【单线生筒】工具，如图 1.115 所示，在直径选项中填入 0.30m，再确认，

中间的主体刚架结构就做好了。

（11）用【选择】工具将外围四根线段选中，如图 1.116 所示；同样选择【单线生筒】工具，在弹出的选项框中直径输入 0.15m，如图 1.117 所示，然后单击【确定】按钮，这样薄壳结构的固定部件——拉索就形成了，如图 1.118 所示。

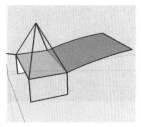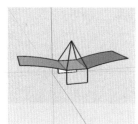

图 1.111 制作薄壳一　　图 1.112 制作薄壳二

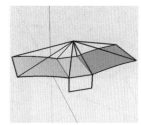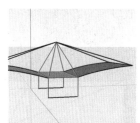

图 1.113 连接端点　　图 1.114 选择线段

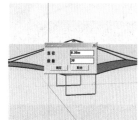

图 1.115 单线生筒　　图 1.116 选择线段

图 1.117 单线生筒　　图 1.118 成拉索结构

（12）打开和调整阴影，至此，整个"刚架＋拉索＋薄壳"的大跨结构就制作完成了，如图 1.119～图 1.124 所示。

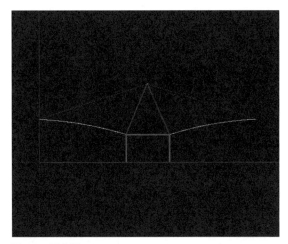

图 1.119 正立面

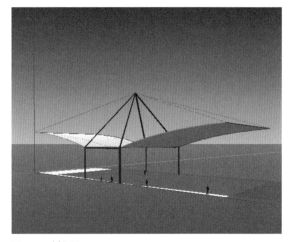

图 1.122 侧立面

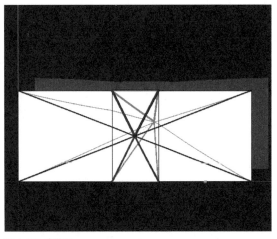

图 1.120 总平面一

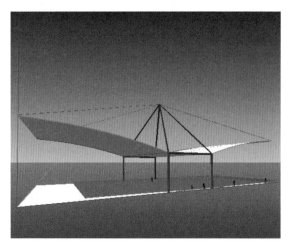

图 1.123 轴测图一

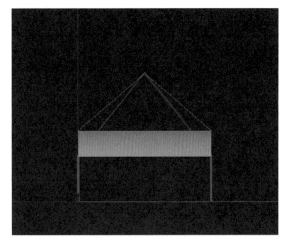

图 1.121 总平面二

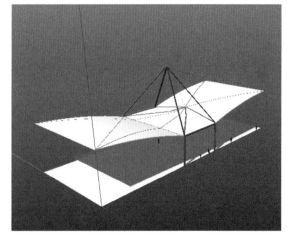

图 1.124 轴测图二

第 2 章 住宅设计

住宅是人们生活学习的重要场所。随着生产力的发展，社会的进步，人们对住宅建筑的要求越来越高。如何更好地满足人们的需求是新一代职业建筑师重大的任务。住宅不仅意味着房子，也包括住房所处的内外环境，建筑师努力实现的不仅是每个家庭有一套住房的目标，还要使之置于一个健康的、宜于生存的绿色生态居住空间中。

在建筑设计中有安全、卫生、经济等要求，设计师往往要对建筑物内外全部空间进行布局功能设计。但在绘制建筑模型效果图时，只需要对建筑的外墙部分进行建模，可以忽略建筑物内部的各项构件，即不对建筑内部的功能空间进行表现。本例就采用"看得到就建，看不到就省"的方式进行操作，这样可以节约大量的计算机显示资料，加快操作速度。

2.1　建立一层主体建筑

住宅建筑在受力传递系统上常分为剪力墙结构和框架结构，其楼层一般分为三个部分：底层、中间层、顶层。底层建筑出于安全的考虑不设置阳台，有时底层就是一层，有时底层由一层、二层组成。中间层与底层的区别一般是设置了阳台，而顶层与其他层的区别主要是设置有与屋顶结合的空间。

在本例中，首先将一层的主体建筑结构建好，然后向上复制楼层。由于一层与中层间之间有一定的联系，所以只需要进行局部修改即可。

2.1.1　对方案的分析

首先观察如图 2.1 所示的底层平面图。此住宅是一栋四户南北向的框架结构建筑。房间设置为三室两厅，外墙的门、窗主要设置在南面与北面。由于是绘制建筑外效果图，只需要建立外墙所在的建筑构件，如门、窗、阳台等。

在正式建模之前，要把建筑物垂直方向的尺寸定出来，平面上的尺寸可以参看平面图。本例中主要纵向尺寸如下。

◎ 层高：一层为4900mm、中间层为3000mm。

注意：一层的层高略高一些是因为此处的部分房间需要设置为商铺。

◎ 门高：2100mm。

◎ 窗台高：800mm。

◎ 窗高：1500mm。

◎ 高窗窗台高：1800mm。

◎ 高窗窗高：500mm。

◎ 阳台栏杆高：900mm。

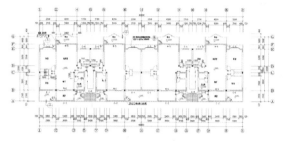

图 2.1 中间层平面图

注意：在绘制建筑效果图时，纵向的尺寸可以从立面图、剖面图中找出来，也可以通过经验值估算出来。效果图只需要表达大概的比例，有时甚至可以用主观的方式去表现建筑物。效果图与施工图不一样，施工图要求工程人员按照图纸施工，而效果图可以适当夸张一些，追求最终的整体效果。

2.1.2　描出主体建筑的大体尺寸

AutoCAD 的图纸中有一些建模不必要的内容，如标注、轴线、专用建筑符号、填充图案等等。而在 SketchUp 中建模时并不需要这些元素，所以设计师在依据 AutoCAD 图纸建模之前必须精简 Dwg 文件。越简单越好，简单的线性图形导入到 SketchUp 中可以直接生成面。

注意：可以在 AutoCAD 中绘制这样的图纸，然后导入到 SketchUp 中直接推拉建模。读者也可以直接在 SketchUp 中画出平面图，这种方法适合平面图较简单的案例。本例中平面图比较复杂，根据具体情况，可以选择在 AutoCAD 中绘制，再导入 SketchUp 中的方法。

（1）设置图层。在 AutoCAD 中输入 Layer（图层）命令，在弹出的【图层特性管理器】面板中单击【新建】按钮，新建一个导入图层。然后将图层颜色设置为红色，便于绘图时观察。最后单击【置为当前】按钮，将导入图层置为当前图层。如图 2.2 所示。

注意：AutoCAD 中的图层与 SketchUp 的图层是一一对应的，所以在导入 SketchUp 之前必须对 Dwg 文件中的图层进行设置。另外设计师在进行 CAD 作图时，应该对图层进行相应的管理，这样会方便以后对图形的管理、修改。绝对不允许使用一个图层进行绘图。

（2）勾边。在 AutoCAD 中输入 Line（直线）命令，

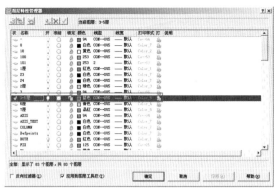

图 2.2 设置图层

沿着建筑物的轮廓用直线进行勾边，如图 2.3 所示。这个边线导入到 SketchUp 中就可以直接进行推拉生成体了。

（3）隐藏图层。在 AutoCAD 中输入 Layer（图层）命令，在弹出的【图层特性管理器】面板中将除导入图层外所有的图层关闭显示，如图 2.4 所示。那么操作屏幕中就只留下勾边的线条，这样选择图形就非常方便。

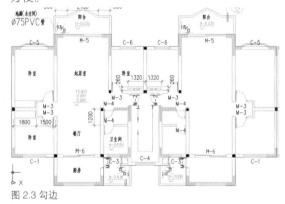

图 2.3 勾边

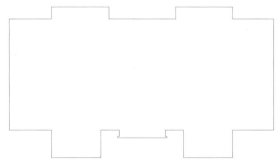

图 2.4 隐藏图层

（4）写块。在 AutoCAD 中输入 Wblock（写块）命令，在弹出的【写块】面板中选择导出 Dwg 文件的文件名与路径，设置单位为毫米，然后选择需要导出的图形，如图 2.5 所示。

图 2.5 写块

2.1.3 设置绘图环境及导入

在将图形导入到 SketchUp 之前，要对 SketchUp 的绘图环境进行一些设置，以利于制图者制图，避免图形导入到 SketchUp 中产生错误和不必要的麻烦。设置完成后就可以将需要的图形导入到 SketchUp 中进行绘制了。

（1）设置绘图环境。单击【窗口】→【风格】命令，在弹出的【风格】对话框中单击【编辑】→【面设置】按钮，然后单击【正面色】对应的颜色按钮，弹出【选择颜色】对话框。移动颜色滑块，调整颜色为黄色，单击确定按钮。这样就完成了对模型面的设置，如图 2.6 所示。

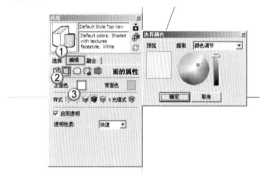

图 2.6 设置绘图环境

注意：在 SketchUp 中，模型的正面颜色默认是白色，与软件的界面背景色相同，为了更好地区分以免出错，笔者建议把正面的颜色改为 SketchUp 老版本中默认的颜色——黄色。

（2）导入。单击【文件】→【导入】命令，在弹出的【打开】对话框中进行如图 2.7 所示的导入操作。

注意：SketchUp 不支持导入的 Dwg 文件出现中文路径，如桌面、我的文档、新建文件夹等。所以设

计师必须将 Dwg 文件复制到英文或数字组成的路径中，否则就会出现如图 2.8 所示的无法导入的错误。

图 2.7 导入

图 2.8 无法导入

2.1.4 推拉出中间层主体建筑

一层的主体建筑就是通过【推拉】工具将绘制的平面图沿着蓝轴（Z 轴）方向向上拉出 3000mm（一层的层高）就行了。【推拉】是 Sketch Up 从二维到三维的最主要的建模工具。具体操作如下。

（1）最大化显示。导入完成后，使用组合键【Ctrl】+【Shift】+【E】键，将屏幕中的所有图形最大化显示，如图 2.9 所示。

（2）补线生成面。按下键盘上的【L】键，用直线工具在图形中任意一条边中画线，这时图形会闭合生成面，如图 2.10 所示。

注意：在 Dwg 文件导入到 SketchUp 中之后，就算是闭合的线条也不会出现面，只有人为的补线后才能生成面。补线就是一个重新界定面区域范围的操作。

（3）拉伸出中间层主体。单击【工具】→【推拉】命令，使用推拉工具将底面向上（Z 轴正方向）拉起 3900mm 的高度，如图 2.11 所示。这样就形成了一层的主体结构。

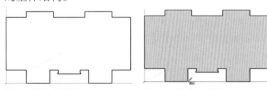

图 2.9 最大化显示　　图 2.10 补线生成面

图 2.11 拉伸主体

2.2　设置门窗

在进行建筑建模时，因为主要建立的是外立面而不考虑内部空间的制作，所以占外立面很大面积的门窗的制作就显得尤为重要了。

本节介绍在中间楼层中外墙处的门、窗的画法，说明使用SketchUp进行建筑设计时的具体操作方法。

2.2.1　绘制出门窗的轮廓

中间楼层的正面方向有 C-1、C-2、C-3、C-4 四种类型的窗户，只有 M-4 一种类型的门。这里窗户 C-4 因为其位置在两层楼层的中间，所以这里不绘制，后面章节中再进行制作。楼层的反面有 C-5、C-6 两种类型的窗户和门 M-5。每一种类型的门窗只用制作一个，其他进行复制就可以了。

（1）绘制辅助线。按下键盘上的【T】键，沿着房体底边的轮廓向上绘制辅助线，第一根辅助线离地面的距离为 900mm，第二根辅助线确定窗户的高为 1800mm，如图 2.12 所示。

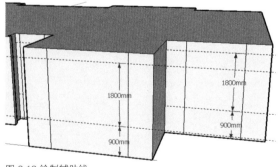

图 2.12 绘制辅助线

（2）绘制窗户轮廓。按下键盘上的【R】键，根据前面绘制的辅助线的位置，绘制如图 2.13 所示的矩形，即窗户的大体轮廓线。

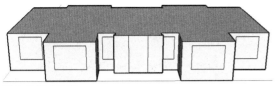

图 2.13 窗户轮廓

（3）绘制门 M–4 的轮廓。根据平面图，配合鼠标中键旋转视图到门 M–4 的位置，按下键盘上的【L】键，绘制一条直线，确定门 M–4 的高度为 2000mm，如图 2.14 所示。

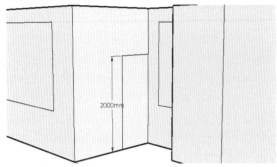

图 2.14 门 M–4

2.2.2 推出门窗并创建细节

绘制门窗时，要讲究细节的制作，有细节的模型才会显得生动、形象。本例中的门洞及窗洞统一设定其深度为 200mm、门框宽为 50mm。

（1）绘制窗户 C–1。按下键盘上的【P】键，将绘制的窗户轮廓向内推进 200mm 的距离，形成窗洞，如图 2.15 所示。

（2）绘制窗框。窗框的宽度为 50mm，如图 2.15 所示，使用【线】工具，在窗户面上绘制窗框，并分割出窗扇，三扇窗的宽度相等，如图 2.16 所示。

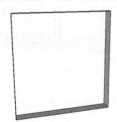
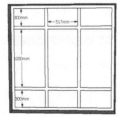

图 2.15 绘制窗户 C–1　　　　图 2.16 绘制窗框

（3）金属材质。按下键盘上的【B】键，在弹出的【材质】面板中，单击【创建材质】按钮，弹出【创建材质】对话框，给其命名，再设定材质的颜色为 R=0，G=140，B=200，然后将材质赋予给窗框，如图 2.17 所示。

（4）玻璃材质。按下键盘上的【B】键，在弹出的【材质】面板中，单击【创建材质】按钮，弹出【创建材质】对话框，给其命名，再设定材质的颜色为 R=140，G=220，B=200，再将不透明度设置为 60，并将其赋予给窗户中的玻璃，如图 2.18 所示。

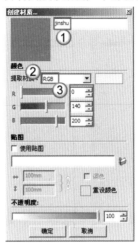

图 2.17 金属材质　　　　图 2.18 玻璃材质

（5）拉伸窗框。按下键盘上的【P】键，将绘制的窗框向外拉伸 50mm 的距离，如图 2.19 所示。

（6）绘制窗户 C–2。首先按下键盘上的【P】键，将窗户向内推进 200mm 形成窗洞，然后按下键盘上的【L】键，绘制窗框轮廓，如图 2.20 所示。

图 2.19 拉伸窗户　　　　图 2.20 绘制窗户 C–2

（7）拉伸窗框。按下键盘上的【B】键，选择金属材质赋予给窗框，选择玻璃材质赋予给窗户玻璃，然后按下键盘上的【P】键，将绘制的窗框向外拉伸 50mm，如图 2.21 所示。

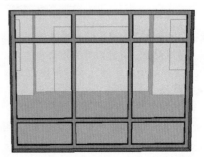

图 2.21 拉伸窗框

（8）绘制门M-4。按下键盘上的【P】键，将绘制的门向内推进200mm，形成门洞，如图2.22所示。

（9）绘制门框。按下键盘上的【F】键，将门的边框向内偏移60mm，形成门框，如图2.23所示。

（10）拉伸门框。按下键盘上的【P】键，将绘制的门框向外拉伸50mm，如图2.24所示。

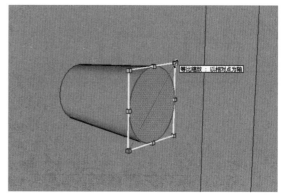

图 2.27 缩放把手

（14）绘制窗户C-3。首先按下键盘上的【P】键，将窗户向内推进200mm形成窗洞，然后按下键盘上的【L】键，绘制窗框轮廓，如图2.28所示。

（15）拉伸窗框。按下键盘上的【B】键，选择金属材质赋予给窗框，选择玻璃材质赋予给窗户玻璃，然后按下键盘上的【P】键，将绘制的窗框向外拉伸50mm，如图2.29所示。

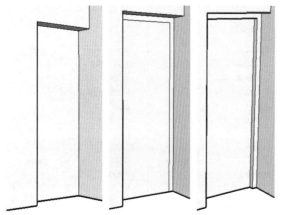

图 2.22 绘制门 M-4　　图 2.23 绘制门框　　图 2.24 拉伸门框

（11）门材质。按下键盘上的【B】键，在弹出的【材质】面板中，单击【创建材质】按钮，弹出【创建材质】对话框，给其命名，再设定材质的颜色为 R=255，G=100，B=20，并将其赋予给门，如图 2.25 所示。

（12）绘制门把手。按下键盘上的【C】键，输入边数为12，在门面上绘制一个直径为35mm的圆，并使用【推拉】工具，将其向外拉伸出60mm的距离，如图2.26所示。

（16）绘制凸窗C-5。按下键盘上的【R】键，如图2.30所示，在凸窗C-5的底边上沿绿色轴线绘制一个宽400mm的矩形。

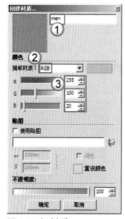

图 2.25 门材质

图 2.26 绘制把手

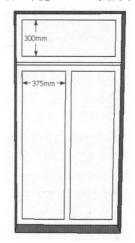

图 2.28 绘制窗户 C-3　　图 2.29 拉伸窗框

注意：在绘制圆形时，要根据具体情况调节图形的边数，边数越少，拉伸时产生的面就越少。在绘制像门把手这样的小物件时，可以将圆的边数减少到12以减少面。

（13）制作把手造型。选择把手顶面的圆形，使用【缩放】工具，将顶面的圆形扩大，如图2.27所示，形成由细到粗的圆柱形把手，并将前面制作的金属材质赋予给把手。

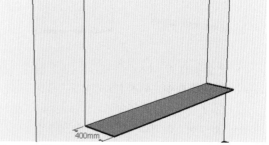

图 2.30 绘制凸窗 C-5

（17）绘制辅助线。按下键盘上的【T】键，如图 2.31 所示绘制两条辅助线，距离两侧边线分别为 300mm。

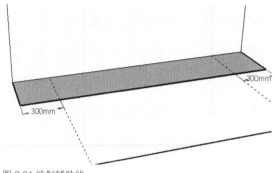

图 2.31 绘制辅助线

（18）绘制凸窗底面造型。按下键盘上的【L】键，绘制两条斜线，连接辅助线的交点和窗户的端点，如图 2.32 所示，删除多余的线。

（19）拉伸凸窗。按下键盘上的【P】键，将绘制的凸窗底面造型向上拉伸至窗户的顶边，即拉伸 1800mm，如图 2.33 所示，形成凸窗的大体造型。

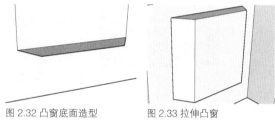

图 2.32 凸窗底面造型　　　　图 2.33 拉伸凸窗

（20）绘制窗台。选择凸窗顶面的边线，按下键盘上的【M】键，配合【Ctrl】键，将边线向下偏移 50mm 的距离，然后再次偏移 50mm 的距离。使用通用的方法将凸窗底面的边线向上偏移，如图 2.34 所示。

（21）拉伸窗台。按下键盘上的【P】键，将绘制的窗台向外拉伸 60mm，将顶面窗台的上层再次拉伸 60mm 的距离，形成错层。将底面窗台的下层再次拉伸 60mm 的距离，如图 2.35 所示。

（22）补线。观察拉伸出来的窗台有缺的地方，这时需要补线，以将面封闭，如图 2.36 所示，然后删除多余的线，如图 2.37 所示。

图 2.34 绘制窗台　　　　图 2.35 拉伸窗台

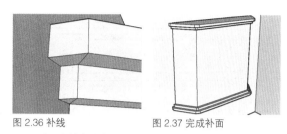

图 2.36 补线　　　　　图 2.37 完成补面

（23）绘制窗框。按下键盘上的【L】键，如图 2.38 所示，绘制窗框。上下窗户之间有一个 20mm 宽的缝隙。

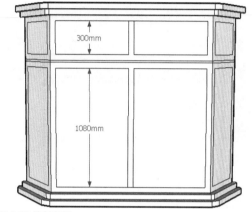

图 2.38 绘制窗框

（24）大理石材质。按下键盘上的【B】键，在弹出的【材质】面板中，单击【创建材质】按钮，弹出【创建材质】对话框，给其命名，勾选【使用贴图】选项，在文档中选择一张大理石贴图，如图 2.39 所示。将此材质赋予给上下的窗台。

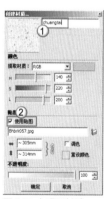

图 2.39 大理石材质

（25）拉伸窗框。按下键盘上的【B】键，选择金属材质赋予给窗框，选择玻璃材质赋予给窗户玻璃，然后按下键盘上的【P】键，将绘制的窗框向外拉伸 50mm，如图 2.40 所示。

（26）绘制门 M-5。首先按下键盘上的【P】键，将窗户向内推进 200mm 形成门洞，然后按下键盘上的【L】键，绘制门框轮廓，如图 2.41 所示。

（27）拉伸门框。按下键盘上的【B】键，选择金属材质赋予给门框，选择玻璃材质赋予给门玻璃，然后按下键盘上的【P】键，将绘制的门框向外拉伸 50mm，如图 2.42 所示。

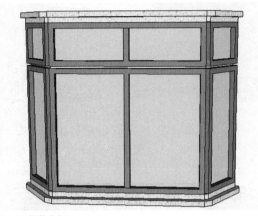

图 2.40 拉伸窗框

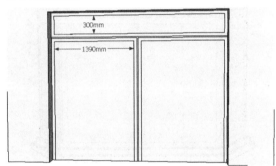

图 2.41 绘制门 M-5

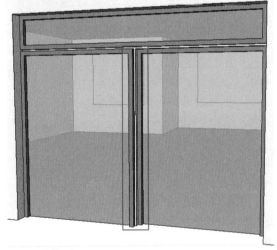

图 2.42 拉伸门框

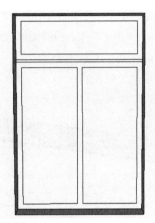

图 2.43 绘制窗户 C-6

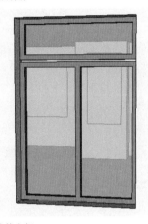

图 2.44 拉伸窗框

2.2.3　创建门窗的组件

　　创建组件的目的是为了方便复制和要用到相同物件时方便调用。方便复制的方法有两种，一个是创建群组，一个是制作组件。两者的区别在于制作组件建立的组件在进行修改时其他相同组件跟着变动，而创建群组制作的组件没有这种功能。

　　（1）创建组件。将绘制的窗户 C-1 全部选择，然后右击窗户 C-1，选择【制作组件】命令，在弹出的【创建组件】对话框中给窗户命名为 C-1，如图 2.45 所示。依次将绘制好的门、窗采用通用的方法制作成组件。

　　（2）提取组件。单击【窗口】→【组件】命令，在弹出的【组件】对话框中，选择【模型中】选项，即可看见制作的组件都在下面的列表中了，如图 2.46 所示。然后就可以选择需要的组件，将其放置到模型中合适的位置。

　　（28）绘制窗户 C-6。首先按下键盘上的【P】键，将窗向内推进 200mm 形成窗洞，然后按下键盘上的【L】键，绘制窗框轮廓，如图 2.43 所示。

　　（29）拉伸窗框。按下键盘上的【B】键，选择金属材质赋予给窗框，选择玻璃材质赋予给窗户玻璃，然后按下键盘上的【P】键，将绘制的窗框向外拉伸 50mm 的距离，如图 2.44 所示。

图 2.45 创建组件

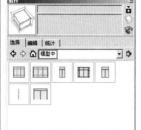

图 2.46 提取组件

（3）将门旋转。在将门的组件放置到绘制好的门的轮廓的位置时，会发现门的方向不对，需要将其进行旋转。选择门的组件，使用【旋转】工具，沿绿色轴线将门旋转180°，如图 2.47 所示，然后使用【移动】工具，将其放置到合适的位置。

图 2.47 旋转门

（4）模型正面及反面制作。在组件中选择需要的门窗组件，将其放置到模型中合适位置，如图 2.48 和图 2.49 所示。

图 2.48 模型正面

图 2.49 模型反面

2.3　建立阳台

阳台是建筑立面很容易出彩的地方。通过观察中间层平面图（如图 2.1 所示），可以看到在中间层正面和反面都设置有阳台。正面的阳台造型简单，反面的阳台造型优美，相对也要复杂一些，具体的操作方法如下。

2.3.1　绘制出阳台的轮廓

本例中制作阳台的方法是从绘制阳台的底座平面造型开始依次往上绘制护栏、扶手的构件。正面的阳台底面轮廓是一个矩形，可以使用【线】工具直接绘制，两个反面阳台的轮廓中间是圆弧造型，需要借助辅助线来确定其具体位置。

（1）绘制正面阳台的轮廓。按下键盘上的【L】键，从墙壁的端点起绘制一条长 2100mm 的直线，继续沿轴线方向绘制一条直线，将面封闭以形成阳台的大体轮廓，如图 2.50 所示，

（2）绘制辅助线。旋转视图到反面阳台的位置，使用【测量辅助线】工具，沿绿色轴线和红色轴线的方向绘制辅助线，如图 2.51 所示。

（3）绘制反面阳台。使用【线】工具和【圆弧】工具，根据绘制的辅助线，绘制如图 2.52 所示的阳台轮廓。

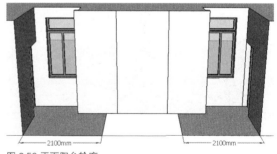

图 2.50 正面阳台轮廓

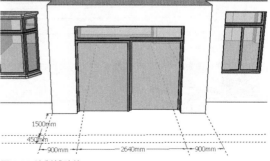

图 2.51 绘制辅助线

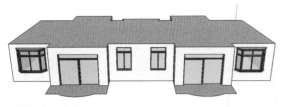

图 2.52 反面阳台

2.3.2　创建三维的阳台

创建三维的阳台，会经常用到 SketchUp 中很强大也很方便的一个工具【推拉】工具，配合键盘【Ctrl】键一同使用会产生不同的效果，更加方便，大大地加快建模的速度。

（1）制作正面阳台底座。按下键盘上的【P】键，配合【Ctrl】键，将底座分别向下拉伸 50mm、100mm 和 150mm 的距离，如图 2.53 所示，形成底座的三层。

（2）推拉底座。按下键盘上的【P】键，将底座上面一层的两个侧面向外拉伸 120mm 的距离，将第二层的两个侧面向外拉伸 60mm，如图 2.54 所示。

（3）绘制护栏。按下键盘上的【F】键，将底座外侧的两条边先向内偏移复制 120mm，再偏移复制 50mm 的距离，如图 2.55 所示。

（4）拉伸护栏。按下键盘上的【P】键，将绘制的护栏向上拉伸 950mm 的距离，如图 2.56 所示，形成护栏立面。

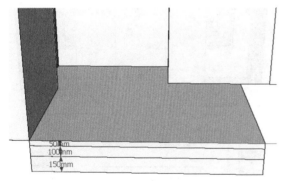

图 2.53 阳台底座

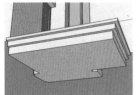

图 2.54 推拉底座

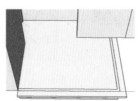

图 2.55 绘制护栏

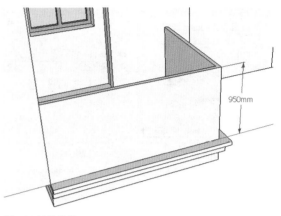

图 2.56 拉伸护栏

（5）绘制扶手。按下键盘上的【P】键，配合【Ctrl】键，将护栏顶面分别向上拉伸 100mm、50mm 的距离，如图 2.57 所示，形成扶手的两层造型。

（6）拉伸扶手。按下键盘上的【P】键，将扶手的上层拉伸 120mm，将下面一层拉伸 60mm，如图 2.58 所示。

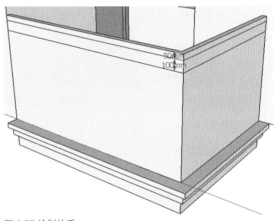

图 2.57 绘制扶手

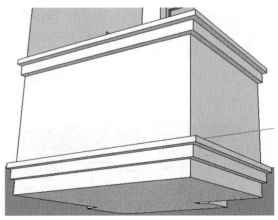

图 2.58 拉伸扶手

（7）绘制反面阳台底座。按下键盘上的【P】键，配合【Ctrl】键，将反面阳台底座分别向下拉伸50mm、100mm 和 150mm 的距离，如图 2.59 所示，形成底座的三层造型。

（8）拉伸底座。按下键盘上的【P】键，将底座上面一层的各个侧面向外拉伸 120mm 的距离，将第二层的各个侧面向外拉伸 60mm 的距离，如图 2.60所示。

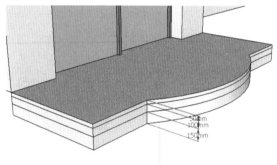

图 2.59 反面阳台底座

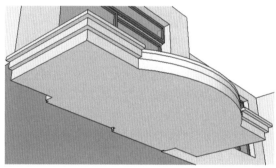

图 2.60 拉伸底座

注意：在 SketchUp 中，只有平面才可以直接进行拉伸，弧形的面是不能直接进行拉伸的，要想达到拉伸的效果，就要考虑采用其他的方法代替。

（9）复制偏移弧面。配合【Ctrl】键，使用【移动】工具，将弧形的面偏移复制到适当的位置，如图2.61 所示。

（10）补面。按下键盘上的【L】键，在模型中绘制直线，将弧形底座缺省的面绘制出来，如图 2.62所示，将多余的线条删除。

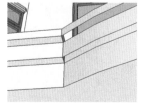

图 2.61 偏移复制弧面

图 2.62 补面

（11）绘制护栏底面。按下键盘上的【F】键，将阳台底座的各个边向内偏移 120mm，再偏移50mm，如图 2.63 所示。

（12）拉伸护栏。按下键盘上的【P】键，将绘制的护栏底面向上拉伸 950mm 的距离，如图 2.64 所示，形成护栏的立面。

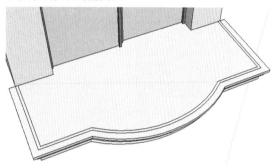

图 2.63 绘制护栏底面

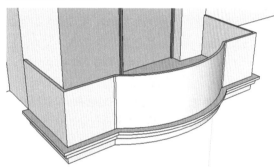

图 2.64 拉伸护栏

（13）绘制扶手。按下键盘上的【P】键，配合【Ctrl】键，将护栏顶面分别向上拉伸 100mm、50mm 距离，如图 2.65 所示，形成扶手的两层造型。

（14）拉伸扶手。按下键盘上的【P】键，将扶手的上层向外拉伸 120mm，将下面一层向外拉伸60mm，如图 2.66 所示。

图 2.65 绘制扶手

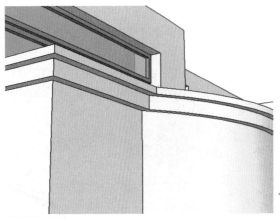

图 2.66 拉伸扶手

2.3.3 建立阳台的组件

将前面绘制的两种类型的阳台分别制作成组件，后面不需要再进行重复的绘制操作，直接插入组件就可以了。

（1）制作组件。全部选择制作好的正面阳台，然后右击阳台，选择【制作组件】命令，在弹出的【创建组件】对话框中给其命名为 yangtai-1，如图 2.67 所示。同样的方法，将另一个阳台也制作成组件。

（2）提取组件。单击【窗口】→【组件】命令，在弹出的【组件】对话框中，选择【模型中】选项，即可看见制作的组件都在下面的列表中了，如图 2.68 所示。

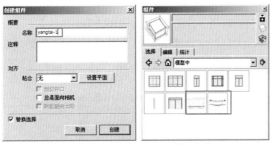

图 2.67 制作组件　　　　图 2.68 提取组件

（3）镜像组件。选择 yangtai-1 组件，将其放置到模型中合适的位置，发现组件的方向不对，需要将其进行镜像。右击阳台组件，选择【沿轴镜像】→【组件的红轴】命令，将组件进行镜像，然后使用【移动】工具，将组件移动到合适的位置，如图 2.69 所示。

（4）反面阳台。使用同样的方法，选择另一个阳台组件，将其放置到模型中合适的位置，如图 2.70 所示。

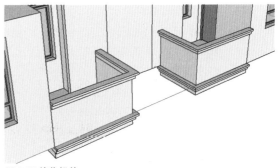

图 2.69 镜像组件

图 2.70 反面阳台

2.4　复制楼层

在建筑设计中，由于墙、梁、柱等结构构件的设计要求，上下层的楼层差别不大，甚至有些楼层完全一致。利用这样的特性，在建立模型时，往往直接向上复制已经建立好的楼层，并使用这样的方法完成主体建筑的建模。如果楼层有区别，对局部的模型进行修改就行了。

2.4.1　拷贝楼层

中间楼层二层至六层的区别很小，只是二层和六层的阳台与其他楼层有些区别，这样就可以使用向上复制的方法来建立建筑物，具体操作如下。

（1）制作组件。将制作的中间层的建筑模型全部选择，然后右击模型，选择【创建群组】命令，将中间层的模型制作成组件，如图 2.71 所示。

图 2.71 制作组件

（2）拷贝楼层。配合【Ctrl】键，使用【移动】工具，将制作好的中间层组件向上偏移复制五个，如图 2.72 所示。

图 2.72 拷贝楼层

2.4.2 制作底层楼层

底层楼层与其他楼层的区别稍微大一些，需要改动的地方很多，可是仍然可以在中间层的基础上进行修改。本例就是采用这种方法建立底层楼层的，具体操作如下。

（1）补充二层阳台。二层比中间其他楼层在左右两侧各多了一个阳台，需要将其补充绘制出来。双击二楼楼层，进入组的编辑模式，然后按下键盘上的【R】键，如图 2.73 所示，绘制一个矩形，即阳台的底面轮廓。

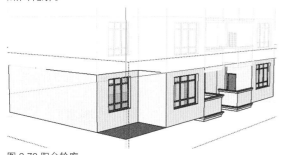

图 2.73 阳台轮廓

（2）制作阳台。使用前面制作阳台的方法，先从制作底座开始，依次向上，制作出护栏及扶手，如图 2.74 所示，制作出二楼左右两侧缺省的阳台。

（3）制作底层楼层。将中间层的楼层移动复制一层到底层，然后双击一层楼层进入组的编辑模型，将门、窗的组件进行删除，如图 2.75 所示。

图 2.74 制作阳台

图 2.75 制作底层楼层

（4）封闭面。按下键盘上的【L】键，绘制直线，将删除门窗所留下来的门洞、窗洞面进行封闭，然后删除多余的线条，如图 2.76 所示。

（5）拉伸一层楼层。按下键盘上的【P】键，将一层楼层两侧凹进的面向外拉伸，使其与其他楼面平齐，如图 2.77 和图 2.78 所示。

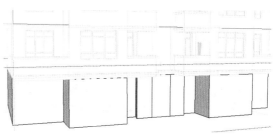

图 2.76 封闭面

图 2.77 拉伸一层正面

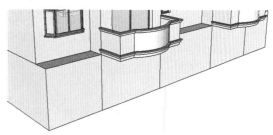

图 2.78 拉伸一层反面

（6）绘制楼梯侧面。按下键盘上的【L】键，以一层底面边线的端点为起点，沿着绿色轴线和蓝色轴线绘制直线，如图 2.79 所示，楼梯踏步宽为 300mm、高为 150mm。

（7）拉伸楼梯。按下键盘上的【P】键，将绘制的楼梯侧面进行拉伸，长度等于楼宽，如图 2.80 所示。

（8）封闭面。按下键盘上的【L】键，绘制直线，将主入口地面与楼梯面进行连接，封闭面，然后删除多余的线，如图 2.81 所示。

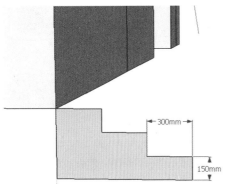

图 2.79 绘制楼梯侧面

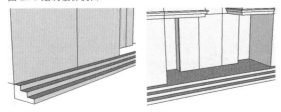

图 2.80 拉伸楼梯　　　　图 2.81 封闭面

（9）绘制反面的楼梯。使用同样的方法，在楼层的反面绘制三层楼梯，如图 2.82 所示，使用【线】工具，将正反面的楼梯连接为一个整体。

（10）绘制反面缺省的阳台。在楼层反面，缺省阳台的位置，采用前面制作阳台的方法绘制阳台，如图 2.83 所示。

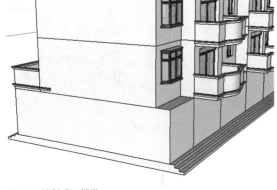

图 2.82 绘制反面楼梯

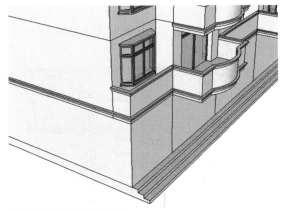

图 2.83 绘制反面缺省的阳台

（11）绘制车库门轮廓。按下键盘上的【L】键，在车库的位置绘制出车库门的轮廓线，车库门 JM-5 的宽度为 3060mm，JM-6 的宽度为 3360mm 的距离，中间的墙厚为 240mm，如图 2.84 所示。

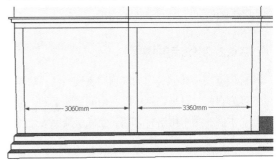

图 2.84 绘制车库门轮廓

（12）绘制车库门 JM-5。右击车库门的一条侧边线，选择【等分】命令，将边线等分为 19 份，然后使用【线】工具，绘制如图 2.85 所示的等分线。

（13）车库门材质。按下键盘上的【B】键，在弹出的【材质】面板中，单击【创建材质】按钮，弹出【创建材质】对话框，给其命名，再设定材质的颜色为 R=190，G=20，B=20，并将其赋予给车库门，如图 2.86 所示。

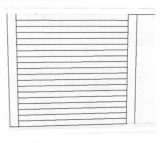

图 2.85 绘制车库门 JM-5

图 2.86 车库门材质

（14）拉伸车库门。按下键盘上的【P】键，将绘制的车库门每隔一个条形向内推进 50mm 的距离，如图 2.87 所示，形成凹凸的造型，并将其编为群组。

（15）绘制车库门 JM-6。使用上述的方法，绘制车库门 JM-6，如图 2.88 所示，并将其编为群组。

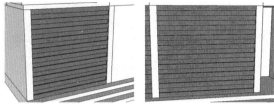

图 2.87 拉伸车库门　　　图 2.88 绘制车库门 JM-6

（16）将绘制的车库门 JM-5 和 JM-6 配合【Ctrl】键，使用【移动】工具，分别移动复制到其他位置。

（17）绘制反面车库门的轮廓。JM-1 的宽度为 2760mm、JM-2 的宽度为 3700mm、JM-3 的宽度为 2200mm、JM-4 的宽度为 2800mm，门与门之间的柱宽为 500mm，使用【线】工具绘制直线，绘制出反面车库门的轮廓，如图 2.89 所示。

（18）制作反面车库门。使用上面制作车库门同样的方法，制作出车库门，并分别将门成组，然后将制作的组件复制到其他位置，如图 2.90 所示，完成了反面车库门的制作。

（19）插入门组件。在主入口的位置，将前面制作的门的组件插入到主入口两侧的侧门位置，如图 2.91 所示。

（20）绘制大门。按下键盘上的【R】键，在一层大门的位置绘制一个矩形，尺寸为 2000mm × 2300mm，如图 2.92 所示。

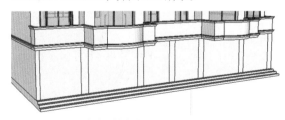

图 2.89 绘制反面车库门的轮廓

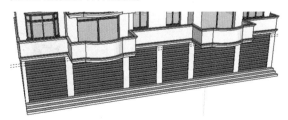

图 2.90 制作反面车库门

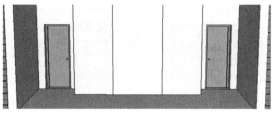

图 2.91 插入门组件

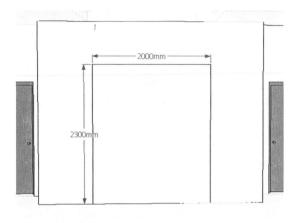

图 2.92 绘制大门轮廓

（21）绘制窗框。首先按下键盘上的【P】键，将门向内推进 200mm 形成门洞，然后按下键盘上的【L】键绘制门框轮廓，如图 2.93 所示，门框宽 60mm，门头玻璃宽 300mm。

（22）拉伸门框。按下键盘上的【B】键，选择车库门材质赋予给大门，选择玻璃材质赋予给门玻璃，然后按下键盘上的【P】键，将门框向外拉伸 50mm，如图 2.94 所示。

图 2.93 绘制门框　　　图 2.94 拉伸门框

（23）绘制门面细节。按下键盘上的【R】键，在门面上绘制一个 740mm × 230mm 的矩形，将其向下偏移复制两个，然后在下面绘制一个 740mm × 369mm 的矩形，再将左侧绘制的矩形偏移复制到右侧门面上，如图 2.95 所示。

（24）拉伸细节并赋材质。按下键盘上的【P】键，将绘制的矩形向内推进 20mm，如图 2.96 所示，并将前面制作的玻璃材质赋予给门面的玻璃。

图 2.95 绘制门面细节

图 2.96 拉伸细节并赋材质

2.5　建立屋顶

屋顶是建筑物的顶部结构，它通常由屋面、屋顶承重结构、保温层或隔热层以及顶棚等组成。屋顶有坡屋顶、曲屋顶和平屋顶之分。其中坡屋顶是由层面和屋架组成。屋面用以防御风、雨、雪的侵蚀和太阳的辐射。屋顶是建筑物外观的组成部分，设计时应注意造型美观。

在 SketchUp 中可以使用空间直线绘制出形体非常复杂的坡屋顶，这种方法几乎在绘制每一个建筑设计方案中都要使用到。

2.5.1　查看屋顶平面图

本例中的建筑物，屋顶采用的是同坡屋顶的形式，从屋脊线向两侧结构找坡1.5%进行屋面有结构排水，在屋檐处布置直径为100mm 的 PVC 雨水管线。为了丰富立面，楼梯间的顶面比两侧的屋顶要高出许多，构成屋顶造型的一部分。

（1）观察屋顶平面图，如图 2.97 所示。从此图可以看到屋顶的构造，屋顶以 11 轴为对称轴，左右对称。

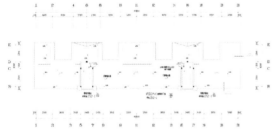

图 2.97 屋顶平面图

（2）调节顶层楼层。按下键盘上的【P】键，将顶层两侧窗户 C-2 所在的面向内推进至与侧面墙壁平齐，删除门，将窗户移动到墙壁的位置，如图 2.98 所示。

图 2.98 调节顶层楼层

（3）绘制阳台。顶层窗户 C-2 前有阳台，使用前面绘制阳台的方法，绘制如图 2.99 所示的阳台。

（4）绘制楼梯间顶面图。按下键盘上的【L】键，在模型顶面绘制如图 2.100 所示的直线，绘制出楼梯间顶面的轮廓。

（5）拉伸楼梯间。按下键盘上的【P】键，将绘制的楼梯间顶面向上拉伸3300mm 的距离，如图 2.101 所示。

图 2.99 绘制阳台

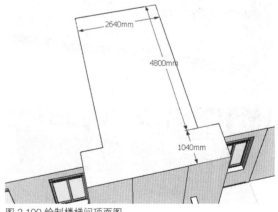

图 2.100 绘制楼梯间顶面图

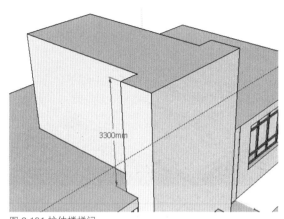

图 2.101 拉伸楼梯间

2.5.2　描出屋顶的大体尺寸

通过观察屋顶平面图即图 2.97，采用从外到内的方法，先绘制屋檐，再确定屋顶的大体轮廓以及其具体位置。由于屋顶属于重要构件，在建模时应该仔细一些，宜增加一些细节。细节的绘制可以参看配套下载资源中的 AutoCAD 详图。

（1）绘制屋檐轮廓。单击【查看】→【工具栏】→【视图】命令，选择【顶视图】按钮，当前视图即为顶视图。按下键盘上的【F】键，将顶面的边线向外偏移 250mm，如图 2.102 所示。

（2）绘制屋顶轮廓线。按下键盘上的【F】键，将屋顶轮廓线向内偏移 836mm，如图 2.103 所示。

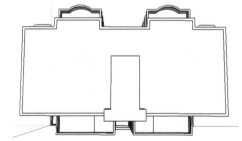

图 2.102 绘制屋檐

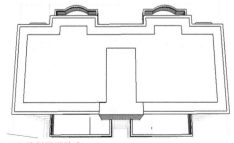

图 2.103 绘制屋顶轮廓

2.5.3　拉伸出层顶并修饰

先将绘制的屋顶大体轮廓进行拉伸，确定屋顶的具体高度，然后再使用【线】工具绘制屋顶的侧面，即坡屋顶。SketchUp 的单面建模功能对于屋顶还是很有办法的，不光可以使用【推拉】工具，还可以直接画线生成面。

（1）拉伸屋顶。按下键盘上的【P】键，将绘制的屋顶向上拉伸 1500mm 的距离，如图 2.104 所示。

（2）绘制屋顶侧面。按下键盘上的【L】键，如图 2.105 所示，连接上下两面所对应的端点，绘制直线，形成屋顶的侧面造型。

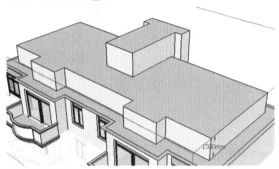

图 2.104 拉伸屋顶

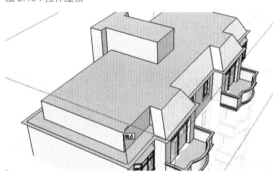

图 2.105 绘制屋顶侧面

（3）屋顶材质。按下键盘上的【B】键，在弹出的【材质】面板中，单击【创建材质】按钮，弹出【创建材质】对话框，给其命名，勾选【使用贴图】选项，在文档中选择一张屋顶贴图，并调整贴图的尺寸，将其赋予给屋顶，如图 2.106 所示。

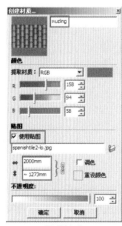

图 2.106 屋顶材质

（4）拉伸屋檐。按下键盘上的【P】键，将前面绘制的屋檐轮廓向下拉伸 60mm 的距离，如图 2.107所示。

（5）绘制楼梯间细节。选择楼梯间顶面的所有边线，依次向下偏移 50mm、100mm、400mm、100mm、1050mm、100mm，如图 2.108 所示。

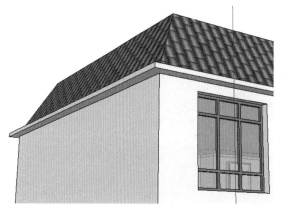

图 2.107 拉伸屋檐

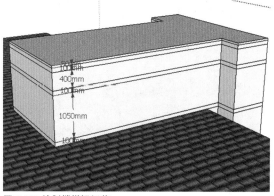

图 2.108 绘制楼梯间细节

（6）拉伸细节。按下键盘上的【P】键，将 50mm 宽的边缘侧面向外拉伸 120mm，将其他装饰条的侧面向外拉伸 60mm，如图 2.109 所示。

（7）绘制装饰物。按下键盘上的【R】键，在楼梯间的正面绘制一个 500mm×500mm 的矩形，如图 2.110 所示。

（8）绘制细节。按下键盘上的【L】键，绘制如图 2.111 所示的细节的轮廓线。

（9）拉伸细节。按下键盘上的【P】键，将绘制的装饰物向外拉伸 50mm，如图 2.112 所示。

（10）绘制窗户 C-4。按下键盘上的【R】键，在楼梯间的正面墙壁上绘制一个 1500mm×1800mm 的矩形，并将其向内推进 200mm 的距离形成窗洞，如图 2.113 所示。

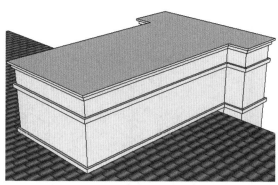

图 2.109 拉伸细节

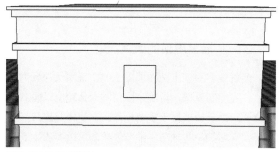

图 2.110 绘制装饰物

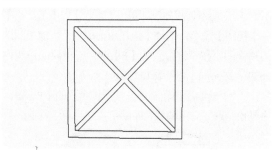

图 2.111 绘制细节

 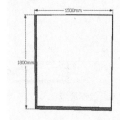

图 2.112 拉伸装饰物　　　图 2.113 绘制窗户 C-4

（11）绘制窗框。窗框的宽度为 50mm，上面窗扇的宽度为 300mm，如图 2.114 所示，使用【线】工具，在窗户面上绘制窗框，并分割出窗扇。

（12）拉伸窗框并赋材质。按下键盘上的【B】键，选择金属材质赋予给窗框，选择玻璃材质赋予给玻璃，按下键盘上的【P】键，将窗框向外拉伸出 50mm 的距离，如图 2.115 所示。

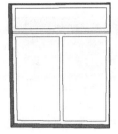
图 2.114 绘制窗框

图 2.115 拉伸窗框并赋材质

（13）复制窗户 C-4。首先将窗户 C-4 全部选择，右击窗户，选择【创建群组】命令将其群组，然后配合【Ctrl】键，使用【移动】工具，将窗户组件向下偏移复制六个，如图 2.116 所示。

图 2.116 复制窗户 C-4

（14）复制装饰物。将前面制作的装饰物，复制到二层楼层的阳台上，作为阳台的装饰，如图 2.117 至 2.119 所示。

图 2.117 正面

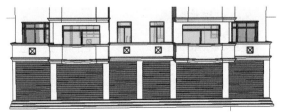
图 2.118 反面

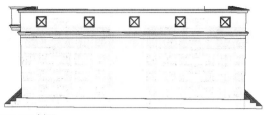
图 2.119 侧面

（15）墙面材质。按下键盘上的【B】键，在弹出的【材质】面板中，单击【创建材质】按钮，弹出【创建材质】对话框，给其命名，再设定材质的颜色为 R=255，G=255，B=255，并将其赋予所有墙壁，如图 2.120 所示。

（16）文化石材质。按下键盘上的【B】键，在弹出的【材质】面板中，单击【创建材质】按钮，弹出【创建材质】对话框，给其命名，勾选【使用贴图】选项，从文档中选择一张文化石贴图，并调整其尺寸，将其赋予一层楼层墙壁，如图 2.121 所示。

（17）石材材质。按下键盘上的【B】键，在弹出的【材质】面板中，单击【创建材质】按钮，弹出【创建材质】对话框，给其命名，勾选【使用贴图】选项，从文档中选择一张石材贴图，并调整其尺寸，将其赋予一层台阶，如图 2.122 所示。

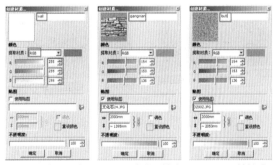
图 2.120 墙面材质 图 2.121 文化石材质 图 2.122 石材材质

（18）复制楼栋。将制作的建筑物进行群组，配合【Ctrl】键，使用【移动】工具，将其偏移复制一个在右侧，然后右击右侧的建筑物，选择【沿轴镜像】→【组的红色轴】命令，将右侧复制出来的建筑物进行镜像，如图 2.123 所示。

（19）制作整栋建筑物。使用【移动】工具，将左右两侧的建筑物连接为一个整体，如图 2.124 所示。

（20）修饰屋顶。分别右击建筑物组件，选择【炸开】命令，将制作的建筑物组件解组，然后使用【线】工具，在屋顶中间缺省的位置绘制线进行补面，如图 2.125 所示，并删除多余的线。

图 2.123 复制楼栋

图 2.124 制作整栋建筑物

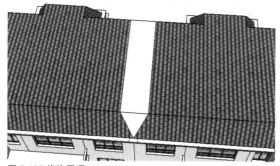

图 2.125 修饰屋顶

（21）修饰阳台。合并左右两侧的建筑物后，发现二层中间的阳台有错误，要进行修改。将阳台中间的护栏及扶手删除，将两阳台连接为一个整体，如图2.126所示。

这样主体的建筑就完成了，正面效果如图2.127所示，背面效果如图2.128所示。

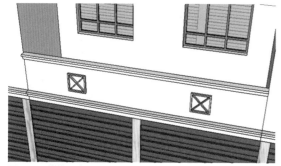

图 2.126 修饰阳台

图 2.127 正面效果图

图 2.128 背面效果图

注意：主体建筑虽然完成了，但是图面上显得很单薄，这就需要对主体建筑进行深加工。常见的方法有加入配置、加入天空、后期处理等等。

2.6 后期处理

单体建筑的建模并不只是一个单体建筑，还需要针对其周围的环境进行表现。建筑永远是生长在一定的环境之间，建筑与环境相互作用、相互协调、相互烘托。在这里首先为建筑增加配景，然后导入到Photoshop中进行处理。

本节中还要介绍一个国产的图像处理软件——光影魔术手，此软件简洁明了，极易上手，已经成为图形图像操作者不可或缺的软件工具。

2.6.1 增加配景

在用SketchUp建模时，可以自己建配景，也可以从网上下载前人已经制作好的组件。前者虽然麻烦一些，但是模型可以按照具体的情况来配置。当然，如果有现成的组件，使用SketchUp直接调用也非常方便。

（1）增加地形。根据住宅的日照要求，将单体模型复制一个并摆放到相应的位置。根据宅间道路的情况，将两栋住宅的路网完成，并加上绿篱，如图 2.129 所示。

（2）增加中心小品。在两栋建筑之间的绿化区域增加一个花架与三棵灌木，如图 2.130 所示。这个区域是两栋建筑的公共休闲区，宜配置小型建筑小品。

（3）增加座椅。在两栋建筑之间增加三把公共休闲座椅，如图 2.131 所示。这样可以增添休闲区域的亲和力。

图 2.129 增加地形

图 2.130 增加中心小品

图 2.131 增加座椅

（4）增加人与汽车配景。在适当位置，添加人与汽车等配景，这样使整幅画面更加生动，如图 2.132 所示。

（5）增加路灯。在道路的一侧，复制一列路灯，这样可以增加竖向的元素，使构图更丰富，如图 2.133 所示。

（6）增加行道树。在路边复制出一列三维的行道树，如图 2.134 所示。这样在阳光的照射下，会产生漂亮的树阴影。

图 2.132 增加人与汽车配景

图 2.133 增加路灯

图 2.134 增加行道树

（7）打开阴影。单击【窗口】→【阴影】命令，在弹出的【阴影设置】对话框中，进行如图 2.135 的设置。打开阴影显示后，整幅画面由于有阳光的加入，显得更加生动，如图 2.136 所示。

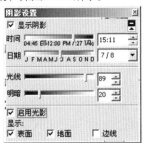

图 2.135 打开阴影

图 2.136 完成阴影设置

（8）导出图像。单击【文件】→【导出】→【2D图像】命令，在弹出的【导出二维图形】对话框中设置文件类型为 JPEG Image（★.jpg）格式，然后单击【选项】按钮，在弹出的【JPEG 导出选项】对话框中设置相应的图像尺寸，最后单击【导出】按钮，将图像导出到相应的路径，如图 2.137 所示。

图 2.137 导入图像

2.6.2 在 Photoshop 中进行后期处理

导出的图像虽然有阳光与阴影的效果，但并不能最终出图，必须使用 Adobe 公司的图形处理软件Photoshop 进行后期处理，主要是增加天空背景、调整明暗对比度、微调色彩等。虽然 Photoshop 有强大的后期编辑功能，但是重点并不能放在此软件上，能在 SketchUp 中解决的，就应该在 SketchUp 中解决。只能把 Photoshop 作为辅助工具。

（1）新建备份图层。将背景图层复制一个，软件自动生成"背景 副本"图层，如图 2.138 所示。并将作为备份的"背景"图层隐藏起来。

图 2.138 新建图层

（2）去除白色背景。按下键盘上的【W】键，使用【魔棒】工具选出白色的背景，然后按下键盘的【Delete】键，将这个区域删除，如图 2.139 所示。

（3）加入主要天空。打开配套下载资源中的"主要天空 .psd"文件，加入到当前图像中，并放置到相应的位置，如图 2.140 所示。

（4）加入次要天空。打开配套下载资源中的"次要天空 .psd"文件，加入到当前图像中，并放置到相应的位置，如图 2.141 所示。

图 2.139 去除白色背景

图 2.140 加入主要天空

图 2.141 加入次要天空

（5）加入远景。打开配套下载资源中的"远景 .psd"文件，加入到当前图像中，并放置到相应的位置，如图 2.142 所示。

（6）加入树。打开配套下载资源中的"树 .psd"文件，加入到当前图像中，并放置到相应的位置，如图 2.143 所示。

（7）调整树的颜色。单击【图像】→【调整】→【色彩平衡】命令，在弹出的【色彩平衡】对话框中进行如图 2.144 所示的调整，完成处理后树的效果如图 2.145 所示。

（8）加入草地。打开配套下载资源中的"草地 .psd"文件，加入到当前图像中，并放置到相应的位置，如图 2.146 所示。

图 2.146 加入草地

图 2.142 加入远景

图 2.143 加入树

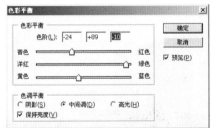
图 2.144 色彩平衡

图 2.145 调整树的颜色

2.6.3 使用光影魔术手生成效果图

光影魔术手（nEO iMAGING）是一个对数码照片画质进行改善及效果处理的软件。其操作简单、易用，不需要任何专业的图像技术，就可以制作出专业胶片摄影的色彩效果，是摄影作品后期处理、图片快速美容、数码照片冲印整理时必备的图像处理软件。

光影魔术手是国内最受欢迎的图像处理软件之一，被《电脑报》、天极、PCHOME 等多家权威媒体及网站评为年度最佳图像处理软件。光影魔术手能够满足绝大部分照片后期处理的需要，批量处理功能非常强大。

现在流行的效果图后期制作中，在 Photoshop 中加入相应的素材后，都需要进入到光影魔术手中调整色彩，增加特效。

（1）打开文件。在光影魔术手中打开用 Photoshop 处理过的图像文件，并单击【对比】按钮，这样在操作中有两个窗口出现，可以对比操作前后的效果，如图 2.147 所示。

图 2.147 打开图像

（2）调整亮度、对比度、Gamma 值。单击【调整】→【亮度／对比度／Gamma】命令，调整参数如图 2.148 所示，操作完成后图像如图 2.149 所示。

（3）调整色阶。单击【调整】→【色阶】命令，调整参数如图 2.150 所示，操作完成后图像如图 2.151

所示。

（4）调整色相、饱和度。单击【调整】→【色相／饱和度】命令，调整参数如图 2.152 所示，操作完成后图像如图 2.153 所示。

图 2.148 调整参数

图 2.149 完成

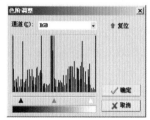

图 2.150 调整色阶参数

图 2.151 色阶调整完成

图 2.152 调整色相、饱和度参数

图 2.153 调整完成

（5）使用柔光镜特效。单击【效果】→【柔光镜】命令，调整参数如图 2.154 所示，操作完成后图像如图 2.155 所示。

（6）精细锐化。单击【效果】→【模糊与锐化】→【精细锐化】命令，调整参数如图 2.156 所示，操作完成后图像如图 2.157 所示。

注意：之所以选择【精细锐化】命令，是因为在调整过程中可以在【精细锐化】面板上预览窗口中看到每一步的效果。所有的效果图出图之前必须要进行锐化这个步骤，否则在打印时就会出现细小的像素点。

图 2.154 调整柔光镜参数

图 2.155 柔光镜效果

图 2.156 精细锐化参数

图 2.157 精细锐化效果

（7）增加边框。单击【工具】→【花样边框】命令，在弹出的【花样边框】面板中选择 Ybb000 边框，如图 2.158 所示。

图 2.158 花样边框

整幅效果图完成后的效果如图 2.159 所示。通过观察，在经过后期处理之后，效果图的表达更为丰富。

注意：效果图的保存一定要采用 TIF 格式，因为这个格式是不压缩格式，图像最稳定。保存方法是，单击【文件】→【另存】命令，在弹出的【另存为】对话框中选择保存类型为 Tiff 文件（＊.tiff，＊.tif）类型。

图 2.159 最后效果

第3章 交通建筑
——长途汽车客运站设计

交通建筑作为各个城市都普及的、沟通各城镇关系的最直接渠道，对城市发展有不可或缺的作用。其可以作为城市的地标性建筑存在，同时也和城市的形态有一定的相似性。城市居民的生活模式是相对固定、较少发生变化的，居民活动无非从城市内一个点移动到另一个点，但整体范围受到了城市大小的限定，因为城市边缘划定了一个边界，而所有的活动一起构成了城市的整体交通系统。与之相对的则是旅居的乘客。他们借由移动的交通工具进行地理上的位移。在到达目的地后，短暂融入当地的生活中，然后离开。这种行为持续性较短。城市对于他们来说，只是一个中转点，因而与之产生的关系不如区域内的定居者深。

在没有深厚感情维系的基础上，人的情绪容易变得比较敏感和脆弱。在地点转换时，与各种不同的人相处，面对着即将到来的不同环境，这种不安定感会略微加剧。客运站正是一个容纳许多陌生人的地点，如果设置得不好，这里则会成为一个不稳定地带。这大概就是为什么各大城市的交通枢纽——比如长途客运站、火车站——总是成为一个相对于城市其他部分更为混乱的地点（机场由于总人流量较小，以及较严谨的安全措施而环境相对较好）。旅人会被告诫小心随身的物品以及周遭的环境。这使人在进入客运站环境之前就已经带有了某种消极的情绪。改变目前客运站的环境，改良进入者的情绪，这是设计需要考虑的较重要方面。

而 SketchUp 作为设计的工具，在设计中的作用当然不仅仅是构造模型，更重要的是其为设计思路的具象化提供了便捷的途径。当然设计师在进行建筑设计时可以借助手绘草图、手工模型等方法推敲设计思路，这些都是很好的设计推敲方法，但 SketchUp 为设计师提供的是一种更加直观快速的方法。它可以在短时间内构造出一个具有细节的模型，同时从各个视角——甚至是从内部——观看建筑建成后可能的室内外效果，如果喜欢，设计师还可以花上更多时间给其建筑增添各种效果，比如给建筑材料粘贴材质，设置建筑周边环境等。而针对交通建筑这种功能较为单一，但内部情况较复杂（这也许是建筑系学生尝试做的第一个具有较复杂流线的建筑组群）的建筑，SketchUp 中极为简便的推拉块建模方式更能很好地帮助设计者修改并确定最初的设计思路，并为未来的方案深化奠定好的基础。

3.1　方案研究

长途汽车客运站是目前国内最普及的交通建筑，其承载量适中，能满足社会需求，利于解决地方经济迅速发展与对外公路客运事业滞后的矛盾。而长途汽车客运站内有 3 条最重要的流线：客车进出站流线，旅客进出站流线，外来车辆进出流线。这 3 条流线各有其特点，如果不用建筑去引导，放任流线交叉，必然会造成局面混乱，所以处理好建筑各个流线关系是最重要的一个环节。

虽然大家应该都乘坐过公共汽车，也经历过各种交通运输方式，但很多人没有去深入了解过交通建筑，这使得对具体的真实交通建筑的调研是必要的。设计者可以通过对真实建筑的场所与设想中的基地进行类比，同时可以发现真实建筑中其可能存在的问题，而在设计者自己设计时就可以尽量避免同样的失误。

设计任务书设置的虚拟基地虽然不是位于特大城市，但设计者可以参照自己熟悉的客运站，比如笔者所在的武汉地区有几个较大的客运站：傅家坡长途汽车站、宏基客运站以及建成时间较短的汉阳客运中心。其中需要特别注意的是汉阳客运中心，这座建筑自建成投入使用之后，作为交通建筑的自身功能使用率非常低，相对能赢利的部分却是依附于建筑内的小商店等，而建筑作为客流中转站的作用几乎没有得到发挥，并且客运中心开始运营的几年都在亏损，这不光是决定交通建筑使用的重要因素——选址的失误，其运营方式等方面可能都存在问题，因此其不在基地调研的讨论范围内。建筑系学生目前可接触到的建筑设计，通常都已经通过了初期的建筑策划，并给定了建筑建成后的可能使用状况。怎样把建筑的使用功能发挥到最大，也是建筑设计中需要考虑的问题。

3.1.1　实际建筑调研与基地分析

实际任务书给出了 3 个不同的基地选择，实际这些基地大体上没有很大区别，只是在设计的时候可以适当考虑建筑和周边环境的交流和沟通。其实交通建筑本身一般规模较大，甚至可以考虑作为城市地标性的建筑，因而其与周围环境的协调作用稍弱，其设计的最重要方面还是要放在建筑本身的内部流线和场地布置上。客运站通常需要较大场地作为停车场，长途汽车通常对停放场地有其规范上的要求。比如车辆的转弯半径和相应的车道宽度等，在此不再赘述。

设计案例地形如图 3.1 所示。蓝色部分为基地红线范围。40m 道路为城市主干道，30m 道路为城市次干道。

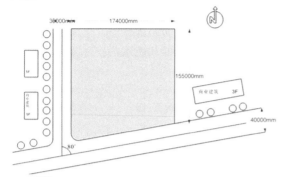

图 3.1 基地

实际建筑的调研中选取了武汉市新华路长途客运站作为基地调研对象。新华路长途客运站本身从建筑区位与人流车流方向等方面都和设计选取的基地有一定相似之处。

通过 Google Earth 观察到新华路长途客运站的卫星地图，如图 3.2、图 3.3 所示。客运站的客车进出站流线、旅客进出站流线、外来车辆进出流线必需分开。而设计给定的基地正是一个位于两条道路交汇处的地块，因此建筑师可以很快感受到客车、旅客和外来车辆的出入口正好可以分别布置在两条道路上，且不产生交叉。

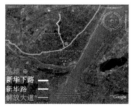

图 3.2 新华路客运站区位图 1　图 3.3 新华路客运站区位图 2

3.1.2 建筑设计任务书要求

设计的目的是基本掌握建筑功能空间，流线，形态，技术各要素组合方法，建筑组群及建筑与环境组合关系的方法。其中，长途客运站日发送旅客折算量为 3500 人次，为二级站规模。新车站作为基地所在地区的文明窗口，力求建筑造型表达交通功能特征，站房内外为旅客营造方便、舒适和安全的环境。

建筑要求的设计内容有：

1. 候车厅与客运服务用房　2231m²

候车厅　　　　　　　900m²

售票厅	120m²
行包托运处	150m²（含托运厅）
行包提取处	75m²（含提取厅）
问讯处	10m²
小件寄存处	45m²（含失物招领）
公安值勤	12m²
邮电业务	12m²
医务室	12m²
零售	200m²
快餐厅	100m²
电影放映厅	100m²
饮水处	10m²
公厕（洗手间）	50m²

2. 客运管理用房　235m²

调度室	20m²
值班站长室	10m²
广播室	10m²
票据库	10m²
结账办公室	15m²
联运办公室	10m²
站务员室	85m²
乘务员休息室	45m²
驾驶员休息室	30m²

3. 车位

发车位不少于 12 个

停车位 50 个

4. 行政管理用房　　232m²

行政办公室	70m²
统计财务办公室	42m²
会议室	120m²

5. 卫生间　按需合理设置

合计：2798m²

3.1.3 设计方案构思

抛开设计任务要求不谈，建筑设计的手法是多种多样的，对于交通建筑这种体量较大，内部人员流动交叉较多的建筑，笔者较倾向于采用体块叠加的手法产生最初的方案设想。

这里又不得不提到 SketchUp 的优点了，在SketchUp 中的由面推拉产生体块的建模方式，尤其适合空间组合和体块叠加。在这里使用的是这样一种方案构思方法，使用者可以将建筑的各个空间想象成独立的个体，按照任务书的要求和自身的喜好，先建构各个单独的空间体块。然后在 SketchUp 中通过对单体的组合，建立出建筑的基本形体，之后再对建筑的各个细部进行调整，以得出一个大体完整的初期设计方案。

而在设计交通建筑时需要注意的是，虽然建筑整体可以由独立的个体组合而成，但交通建筑的功能和形体都需要有一定的整体性，而不能采用在其他一些公共建筑中可以看到的，大量使用的用于交流的空间来联接各个部分的使用功能，如果不对空间进行整合，最后很可能建构出一个内部混乱的建筑（且不管建筑形体是如何新颖和好看）。这对在设计中以清晰且简洁的流线为目的的长途客运站类的交通建筑来说，简直就是灾难。

所以在设计建筑与基地环境时，把建筑当成一个整体（甚至是一个简单的矩形）是可行的。那么请设计者先把建筑当成基地中的一个矩形地块来考虑吧。首先由于中国的交通工具都靠路右侧行驶，因此可以根据基地和道路的关系来确定汽车进出站的流线关系。

而通常客运站停车场的位置处在建筑远离道路的一侧，即图中基地的北部。同时，由于希望客运站相对基地外部繁忙的城市干道来说，能有相对稳定的内部环境，因此决定在建筑与城市主干道之间设置一个广场，即基地的南部。这样建筑主体则位于基地的中部，同时建筑为了通风需要通常设置为南北向，建筑的主入口则面向广场和城市主干道开放。

经过分析后，基本的流线关系如图 3.4 所示。图中绿色部分为初步设想的广场位置。在建筑设计之初，建筑师必须进行流线分析，确定人流、车流甚至物流的关系。

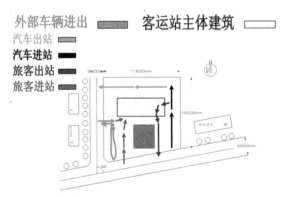

图 3.4 建筑流线分析图

3.2　初期建模

由于是初步的方案构思阶段，不必有太多拘束，任务书规定的各个房间可以都使用立方体来代替，可以考虑的是各个房间的层高和较好的放置位置等，比如一个房间是放置在底层还是上层。在初期构思时把建筑设计当成一个体块构成的游戏，也是一种比较有趣的方法。

3.2.1　设置绘图环境

在 SketchUp 打开的时候，可以观察到屏幕右下角的数值输入框中系统默认的单位是英制单位，如图 3.5 所示。这与国标相违背，必须重新设置。

通常在建模的时候，国内的习惯一般都是采用"毫米"为单位，因此，在开始建模之前，有必要将模型的单位修改成毫米（下文中提到的数值除特殊说明，一般为毫米单位）。具体方法如下：

（1）单击【窗口】→【场景信息】命令，将弹出【场景信息】对话框。

（2）选择【单位】选项卡，将【单位形】修改成"十进制"的"毫米"单位，如图 3.6 所示。

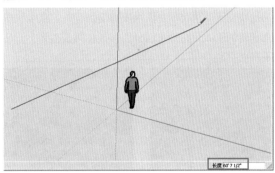

图 3.5 SketchUp 默认的单位

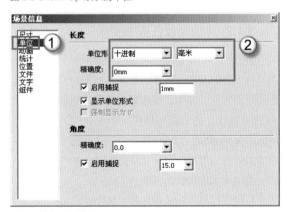

图 3.6 单位修改菜单

由于在 SketchUp 中，模型的正面颜色是白色，与软件的界面背景色相近，为了更好地区分以免出错，笔者建议把正面的颜色改为较为容易区分的黄色。如果使用者认为其他颜色更容易区分，也可自由选择其他颜色。具体方法如下：

（1）单击【窗口】→【风格】命令，在弹出的【风格】对话框中单击【编辑】→【面设置】按钮，然后单击【正面色】对应的颜色按钮，弹出【选择颜色】对话框，如图 3.7 所示。

（2）移动颜色滑块，调整颜色为黄色（或者选择其他任何需要的颜色），单击"确定"按钮。

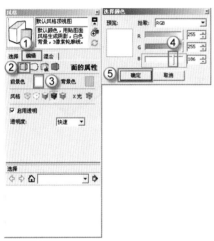

图 3.7 设置绘图环境

3.2.2　建构主要体块

长途客运站中最重要的空间就是售票厅和候车厅了。这是建筑中人流活动最为频繁的部分，通常旅客的大部分行为都在这两个空间中完成，而且旅客的行为是连续的，因此这两个部分需要直接相连，或者在二者中间保留一小段过渡空间。而候车厅的要求面积最大，是整个建筑最核心的部分，因此将候车厅作为建筑的中心，建筑的其他功能空间都围绕着这个中心展开。

（1）单击【矩形】工具，将光标移动到屏幕中间，单击确定一个起点，然后拖动光标，同时键盘输入矩形的长度和宽度——30000mm×30000mm，按下键盘上的【Enter】键确定，建立一个 30000mm×30000mm 的平面，如图 3.8 所示。候车厅是一个面积要求为 900m² 的整体空间，形式采用正方形。

（2）单击【推拉】工具，将光标移动到已建立

的平面上，单击并向上拖动，同时键盘输入"8000"并按下键盘上的【Enter】键，将其高度拉伸至 8000mm，如图 3.9 所示（在大空间内，其建筑层高要求一般比较高，远大于一般民用建筑的层高，这不仅是因为建筑支撑系统的高度需要，也是为了防止建筑的大空间内部产生压抑的感觉）。这样就建立出了客运站内候车厅的基本体块。

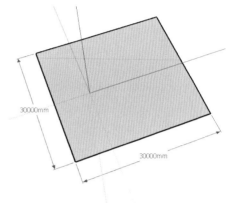

图 3.8 建立参考平面

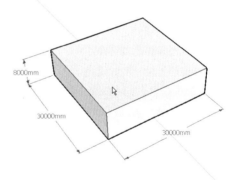

图 3.9 推拉体块

注意：在【数值输入框】中输入精确的尺寸来作图，是 SketchUp 建立模型的最重要的方法之一。此外，辅助线手段也很常用。

（3）由于长途客运站中所有乘客和工作人员的互动是围绕着候车厅展开的，所以先建构出其他功能和候车厅联系最紧密的房间体块，包括建构售票厅、行包托运处、行包提取处、小件寄存处、站务员室、饮水处和公厕这几个部分。同样，首先绘制出各个房间的平面矩形。由于软件还处在透视视图上，为了方便在建构各个矩形时同时考虑人流在各个房间和候车厅通行情况，首先单击【顶视图】按钮，使视图切换到顶视图上。然后移动光标到候车厅顶部，缩小视图范围让候车厅在屏幕上正确显示。如图 3.10 所示。

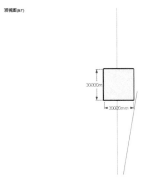

图 3.10 缩小体块位置

（4）首先分别建构售票厅、行包托运处、行包提取处、小件寄存处、站务员室、饮水处和公厕的平面形状。其中由于售票的时候常有许多人排队，需要将售票厅设计成狭长的矩形，这样还可以起到引导人流的作用，是非常必要的。而饮水处和公厕由于都接近水源，空间最好合并为一个 60m^2 的空间之后再进行划分。而在输入所需要空间的平面尺寸时，根据房间的要求面积，可以适当调整其尺寸，使空间的平面形状为正方形或者近似正方形的矩形，面积也不一定完全依照建筑面积，可适当调整为整数或使之符合建筑模数。单击【矩形】工具，将光标移动到屏幕中间，单击确定一个起点，然后拖动光标，同时键盘输入各个矩形的尺寸，之后按下键盘上的【Enter】键，建立平面。在键盘分别输入：售票厅 18000mm×6900mm、行包托运处 13000mm×15000mm、行包提取处 10000mm×7000mm、小件寄存处 9000mm×5000mm、饮水处和公厕 10000mm×6000mm 、站务员室 9000mm×9000mm。如图 3.11 所示。

（5）使用【推拉】工具，将各个平面推拉成体块。各个空间的层高可以不同，而候车厅的层高通常最高（这里目前的设计是 8000mm），这样设计可以提供非常宽敞明亮的空间感受，而其他房间通常则不需要这么高，比如为一个狭小的空间设计与之不相称的层高，会造成人的心理紧张和绝望的感受。而目前许多交通建筑的现状是售票厅非常的拥挤和嘈杂，因此可以适当增加售票厅的层高使之同样成为一个较宽敞的空间。单击【等角透视】按钮，将视图切换到透视图之后单击【转动】工具和【平移】工具，以切换角度方便直观地推拉体块。如图 3.12 所示。

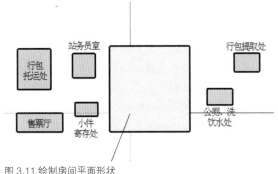

图 3.11 绘制房间平面形状

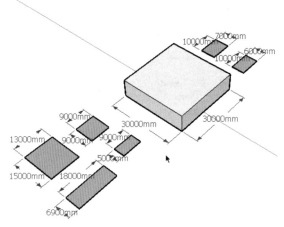

图 3.12 绘制平面

（6）单击【推拉】工具，将光标移动到已建立的平面上，单击并向上拖动光标，同时键盘输入层高高度，之后按下键盘上的【Enter】键，将其高度拉伸至需要。在键盘分别输入尺寸：售票厅 7000mm、行包托运处 4500mm、行包提取处 4500mm、小件寄存处 4500mm、饮水处和公厕 4500mm、 站务员室 4500mm。如图 3.13 所示。

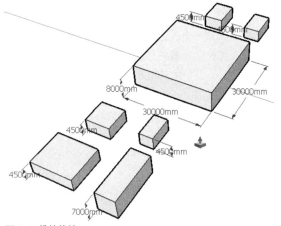

图 3.13 推拉体块

（7）创建基本群组。首先单击【顶视图】按钮，将视角切换到顶视图。单击【选择】工具，光标移到视图中，框选一个已建立的体块——行包托运室，右击选择的体块，选择【创建群组】命令，将该体块创建成一个群组。之后依次将剩下的各个体块重复以上步骤，分别创建成不同的群组。

3.2.3 建构基本空间

将建筑的基本体块建构好后，下面设计建筑的内部基本空间构成。设计与建模是一样的，必须要先整体后局部、先大局后细节。

（1）单击【X光模式】按钮，单击【等角透视】按钮，将视图切换到透视图，之后单击【转动】工具和【平移】工具，将视角移动到一个群组——站务员室附近。如图 3.14 所示。单击【选择】工具，将光标移到视图中，选择这个群组。如图 3.15 所示。

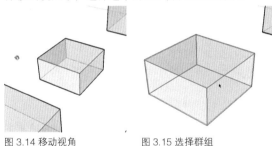

图 3.14 移动视角　　　　图 3.15 选择群组

（2）单击【移动/复制】工具，将光标移到视图中，选择该体块的一个角点，如图 3.16 所示。移动体块，使该角点与候车大厅的一个角点重合，使这两个体块连接起来，如图 3.17 所示。

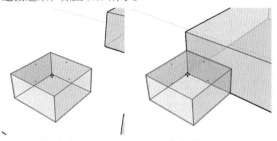

图 3.16 选择角点　　　　图 3.17 移动群组

（3）经过分析发现，行李提取处和候车厅没有太大关联，因此该体块先摆在一侧而不与候车厅连接。而售票厅和候车厅之间需要一定的缓冲空间，则可利用问讯处旁的空白空间作为缓冲。单击【测量辅助线】工具，将光标移到视图中，选择候车厅的一个角点，沿红色轴线方向拉伸出一条辅助线。之后再次单击【测量辅助线】工具，将光标移到视图中，选择售票厅的一个角点，仍沿红色轴线方向拉伸出一条辅助线。如图 3.18 所示。

（4）单击【选择】工具，选择售票厅，并配合键盘上的【Shift】键，选择售票厅上的辅助线。单击【移动/复制】工具，选择之前选择过的售票厅角点，移动体块，使该角点与小件寄存处的一个角点重合，使两个体块连接起来，如图 3.19 所示。

（5）单击【测量辅助线】工具，选择售票厅角点，沿绿色轴线方向拉伸出一条辅助线。单击【选择】工具，配合键盘上的【Shift】键，选择小件寄存处，经过售票厅角点的两条辅助线，之后单击【移动/复制】工具，移动体块，使体块与售票厅连接到一起。如图 3.20 所示。

（6）通过分析流线和使用功能，将建筑区域重新调整。单击【转动】工具和【平移】工具，移动视角，之后选择体块，单击【移动/复制】连接体块，重复以上步骤将建筑各个部分结合在一起，如图 3.21 所示。

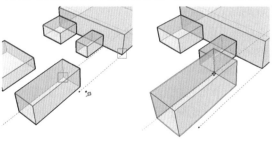

图 3.18 绘制辅助线　　　　图 3.19 连接体块

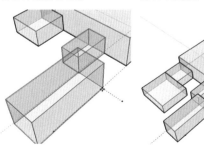

图 3.20 通过辅助线结合体块　　图 3.21 连接各个基本体块

3.2.4 分块建构整体空间——部分客运和行政管理用房

接着建构其他房间。长途客运站内部除了候车厅以及相关空间，其他的部分如客运管理用房和零售店等功能都相对独立，并且可以很容易地把旅客和客运站员工共同进出的部分和只有客运站员工进入的部分划分开来，因此把所有其他客运管理用房放在建筑的左侧，如会议室，而其他客运用房放在建筑的右侧，如零售、快餐厅、电影放映厅等，且建筑层高均为5500mm。

城市建设用地面积有限，因此建筑设计一般都不太可能采用全部一层，因此还需要考虑各个房间的楼层位置等。首先建构的是客运站员工的客运和行政管理用房。

（1）单击【着色】按钮，改变视图显示模式。将视图移动到已建好的体块左边，单击【矩形】工具，建立行政办公室的平面，尺寸为10000mm×7000mm，之后单击【推拉】工具，将其高度拉伸至4500mm。单击【选择】工具，光标移到视图中，框选这个建立的体块，右击选择的体块，选择【创建群组】命令，将该体块创建成一个群组。如图3.22所示。然后重复【矩形】→【推拉】→【选择】→【创建群组】命令，建构出乘务员休息室和驾驶员休息室的体块，尺寸均为5000mm×7000mm×4500mm（三个体块层高均为4500mm，这也是这座交通建筑的基本层高，之后若无特殊说明，推拉空间的层高均为4500mm），如图3.23所示。

（2）单击【选择】工具，选择一个休息室的体块，单击【移动/复制】工具，选择该体块的一个角点并移动，使该体块与另一个休息室的体块连接起来，如图3.24所示。然后单击【选择】工具，选择这两个体块，单击【移动/复制】工具，将这两个体块放置于行政办公室的上部。这意味着行政办公室位于一层，而行政办公室上部为乘务员休息室和驾驶员休息室，如图3.25所示。

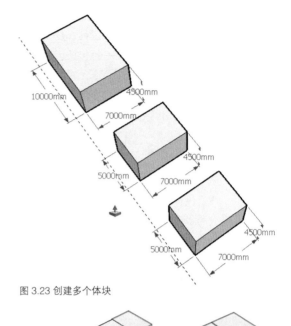

图3.23 创建多个体块

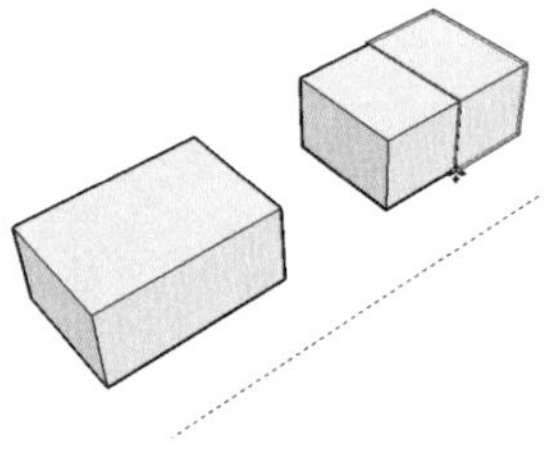

图3.24 连接单一体块 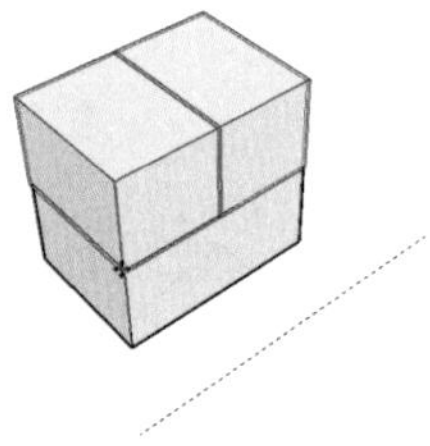　　图3.25 连接多个体块

注意：在后续的模型建构中，建筑师要始终贯穿建立群组或者建立组件的思想，每次建立一个新体块时，将其建立成一个群组。这样不仅利于修改各个空间，同时也便于后续对模型的进一步深入和添加细节。

（3）将视图移动到行政办公室和行包托运处之间，因为体块已经比较多了，单击【X光模式】按钮，防止体块遮挡住视线，重复【矩形】→【推拉】→【选择】→【创建群组】命令，建立会议室和工作人员用卫生间，尺寸分别为12000mm×10000mm×4500mm和7500mm×5000 mm×4500mm，如图3.26所示。单击【选择】工具，选择卫生间，单击【移动/复制】工具，连接这两个体块，如图3.27所示。

（4）由于售票厅有一部分为工作人员空间，且不允许乘客进入，而票据库、结账办公室和统计财务办公室与售票厅的功能联系非常紧密。因此把这几个部分连接在一起。重复【矩形】→【推拉】→【选择】→【创建群组】命令，建立票据库、结账办公室和统计财务办公室，尺寸分别为9000mm×5000mm×4500mm、5000mm×3000mm×4500mm和4000mm×3000mm×

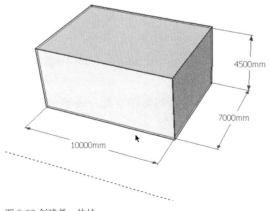

图3.22 创建单一体块

4500mm，如图 3.28 所示。单击【选择】工具，将这几个房间连接在一起，并分别框选这三个体块，单击【移动/复制】工具，连接这三个房间和售票厅体块，如图 3.29 所示。

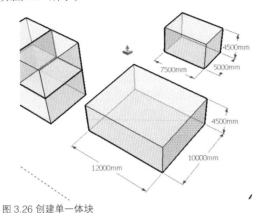

图 3.26 创建单一体块

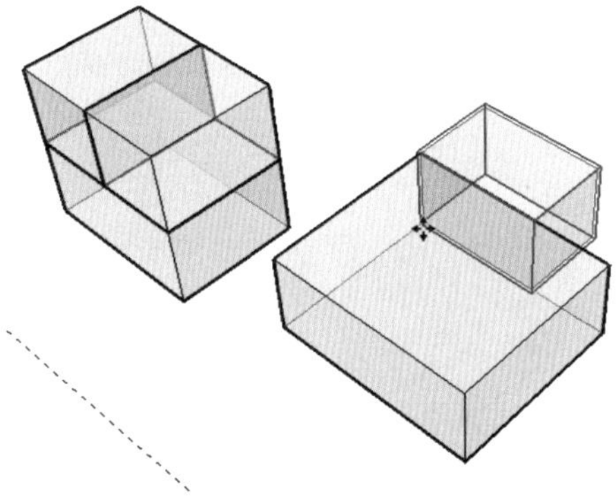

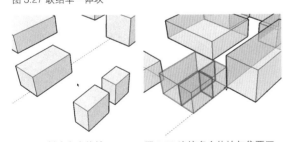

图 3.27 联结单一体块

图 3.28 创建多个体块　　图 3.29 连接多个体块与售票厅

（5）将视图移动到会议室边，单击【线】工具，光标移动到卫生间的一个角点上，沿红色轴线绘制一条 2100mm 的线，接着沿绿色轴线绘制一条 15000mm 的线，之后接着沿红色轴线绘制一条 2100mm 的线，接着沿绿色轴线绘制一条 2100mm 的线，这个部分表示的是房间旁边的走道，如图 3.30 所示。单击【选择】工具，选择会议室、卫生间和这几条线，单击【移动/复制】工具，使之与统计财务办公室连接，如图 3.31 所示。

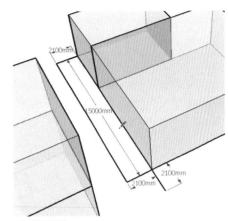

图 3.30 绘制过道线

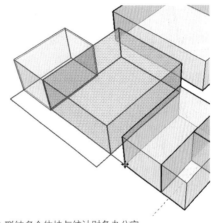

图 3.31 联结多个体块与统计财务办公室

（6）将视图移动到行政办公室旁边，单击【选择】工具，框选这三个体块，单击【X 光模式】按钮，防止体块遮挡住视线，光标移动到行政办公室的一个角点上，单击【移动/复制】工具，使之与走道连接，如图 3.32 所示。单击【测量辅助线】工具，沿着会议室的一条边绘制一条辅助线，如图 3.33 所示。

绘制完辅助线发现，辅助线不能通过行包托运处的角点，而是穿过了行包托运处内部，这造成了人流进入候车厅需要拐一个弯，如图 3.34 所示，而设计中理想的人流路径应当是直线的，如图 3.35 所示，特别是在人流量大，要求人尽快移动的建筑内，因此设计者需要修改这部分的空间尺寸。

（7）单击【消隐】按钮，切换到黑白视图，防止过多色彩混淆视线。单击【选择】工具，选择如图 3.36 所示体块及两条平行的辅助线。将视图移动放大到会议室与行包托运处中间，单击【移动/复制】工具，光标选择辅助线与行包托运处的交点，沿绿色轴线移动到端点，如图 3.37 所示。

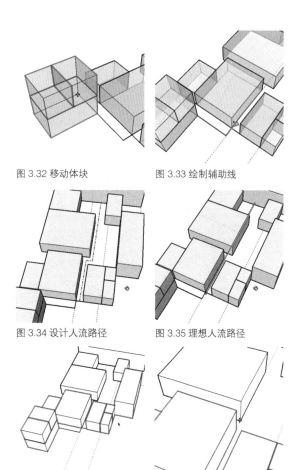

图 3.32 移动体块　　　　图 3.33 绘制辅助线

图 3.34 设计人流路径　　　图 3.35 理想人流路径

图 3.36 选择体块及辅助线　图 3.37 移动选择体块

（8）单击【测量辅助线】工具，选择候车厅角点，沿绿色轴线方向拉伸出一条辅助线。选择售票厅角点，沿红色轴线方向拉伸出一条辅助线，并与前一条辅助线相交，如图 3.38 所示。单击【测量辅助线】工具，测量出候车厅平面到辅助线的距离为 2000mm。单击【选择】工具，选择候车厅体块并右击对象，选择【编辑群组】命令，进行编辑群组操作（或者直接双击对象，进行编辑群组操作），进入群组内部，如图 3.39 所示。

（9）单击【推拉】工具，选择候车厅的一个面，沿绿色轴线方向拉伸 2000mm，如图 3.40 所示。因为售票厅平面设计为正方形，另一面也做相应修改，单击【推拉】工具，选择候车厅的另一个面，沿红色轴线方向拉伸 2000mm，如图 3.41 所示。修改完毕后，在视图空白处右击，选择【关闭群组】命令，进行退出群组操作（或者双击屏幕空白处，直接退出编辑群组操作）。

（10）由于修改了候车厅的尺寸，使得公厕（洗

手间）和饮水间陷入体块内，因此需要继续修改。单击【X 光模式】按钮，之后单击【转动】工具和【平移】工具，将视角移动到合适位置，单击【选择】工具，选择这个陷入的群组，如图 3.42 所示。单击【移动 / 复制】工具，移动体块使之恰好与候车厅体块连接，如图 3.43 所示。这样就基本完成部分客运和行政管理用房的建构，之后单击【转动】工具和【平移】工具，将视角移动到合适位置，可以看到模型整体的基本外形，如图 3.44 所示。

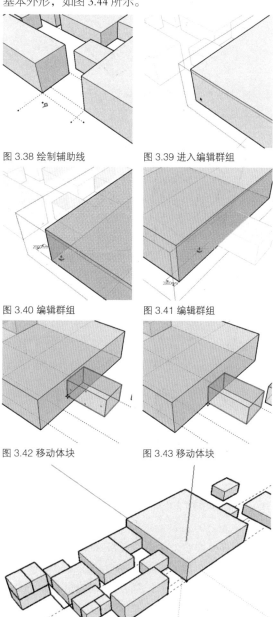

图 3.38 绘制辅助线　　　　图 3.39 进入编辑群组

图 3.40 编辑群组　　　　　图 3.41 编辑群组

图 3.42 移动体块　　　　　图 3.43 移动体块

图 3.44 完成部分客运和行政管理用房

3.2.5 分块建构整体空间——客运服务用房和其他用房

接下来继续构建其余部分的模型，其实在这里模型已经可以看出其雏形。设计上采用的是构成的手法，使模型也有些积木的味道。剩下的部分就是服务和其他用房了。由于零售与乘客联系最紧密，因此安排在候车厅东南角，而快餐和电影放映厅则位于零售上部，它们之间通过走道和楼梯来进行连接。

（1）单击【矩形】工具，建立零售的平面，尺寸为 15000mm×15000mm，之后单击【推拉】工具，将其高度拉伸至 4500mm。之后单击【选择】工具，光标移到视图中，光标框选这个建立的体块，右击选择的体块，选择【创建群组】命令，将该体块创建成一个群组。之后重复【矩形】→【推拉】→【选择】→【创建群组】命令，建构出快餐厅和电影放映厅的体块，尺寸分别为 10000mm×10000mm×4500mm 和 8000mm×15000mm×4500mm。如图 3.45 所示。之后单击【矩形】工具，沿快餐厅建立一个平面表示走道，尺寸为 10000mm×2100mm，并选择电影放映厅的体块使之与走道连接，这样快餐厅和电影放映厅就连接起来了，如图 3.46 所示。

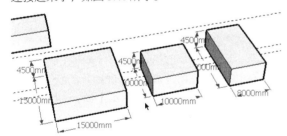

图 3.45 创建体块

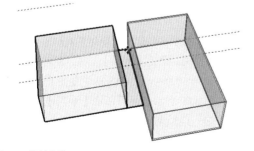

图 3.46 绘制走道

（2）单击【选择】工具，光标左键框选快餐厅、走道和电影放映厅，单击【移动/复制】工具，将这个体块放置于零售的上部，如图 3.47 所示。零售上部留出了空间，并未被快餐厅完全覆盖，这是为了留

出一定的空间留给人群休憩的。因为在快节奏的客运站内留出一小部分空间，不仅可以放松旅客的心情，也为客运站工作人员提供了一个休闲的场所。同样在二层，功能上需要设置洗手间，因此单击【选择】工具，选择一层的公厕（洗手间）部分，单击【移动/复制】工具，之后按下键盘上的【Ctrl】键，选择体块的一个角点，复制一个体块直接放置在一层体块上部，如图 3.48 所示。

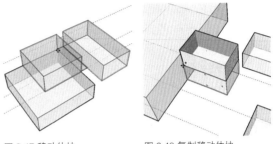

图 3.47 移动体块　　　图 3.48 复制移动体块

（3）将视图移动到行包托运处旁，单击【矩形】工具建立走道的平面，尺寸为 9000mm×2100mm，之后单击【选择】工具，选择小件寄存处，单击【移动/复制】工具，移动这个体块使之与走道相连，如图 3.49 所示。之后重复【矩形】→【推拉】→【选择】→【创建群组】命令，紧邻小件寄存处建构出问讯处和邮电业务的体块，尺寸均为 4500mm×3000mm×4500mm，之后选择【矩形】→【推拉】→【选择】→【创建群组】命令，紧邻候车厅建构出公安值勤的体块，尺寸也为 4500mm×3000mm×4500mm，如图 3.50 所示。

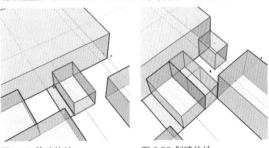

图 3.49 移动体块　　　图 3.50 创建体块

（4）将视图移动到公厕（洗手间）和饮水处的二层，先划分出厕所的内隔间和外部过渡部分，发现面积不够容纳公厕（洗手间）和饮水处，因此决定将原本设置在一层公厕旁的饮水处移动到别处，如图 3.51 所示。之后重复【矩形】→【推拉】命令，紧邻候车厅建构出联运室、值班站长室和调度室的体块，尺寸分别为 3000mm×3000mm×4500mm、

3000mm × 3000mm × 4500mm 和 4000mm×3000mm×4500mm，并选择这 3 个体块，右击选择的体块，选择【创建群组】命令，将该体块创建成一个整体的群组，如图 3.52 所示。

（5）单击【转动】工具，将视图移动到零售部分后侧。单击【线】工具，从电影放映厅的一个角点沿蓝色轴线向下绘制一条长 4500mm 的线段，之后单击【矩形】工具，沿线段端点绘制一个尺寸为 25100mm×2100mm 的矩形作为走道，如图 3.53 所示。单击【选择】工具，选择上下两层的公厕部分，单击【移动/复制】工具，移动这两个体块使之与走道相连，如图 3.54 所示。

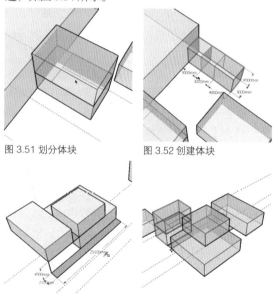

图 3.51 划分体块　　　　图 3.52 创建体块

图 3.53 绘制走道　　　　图 3.54 移动体块

（6）单击【选择】工具，光标左键框选所有这些部分连接在一起的体块，右击选择的体块，选择【创建群组】命令，将该体块创建成一个大的群组，这个群组内的体块是之后需要进一步深化建构模型的重要部分。建立体块使之不容易因移动等操作产生空间位置的误差。单击【选择】工具，选择这个群组，单击【移动/复制】工具，移动这个体块使之整体与候车厅相连，如图 3.55 所示。将视图移动到公厕后部，单击【矩形】工具，先沿体块角点绘制一个尺寸为 10000mm×5900mm 的矩形作为交通空间，再沿体块角点绘制一个尺寸为 8900mm×2100mm 的矩形作为走道，如图 3.56 所示。

（7）单击【选择】工具，选择行包提取处，单击【移动/复制】工具，移动这个体块使之整

体与建立的走道相连，如图 3.57 所示。之后单击【矩形】工具，先沿体块一边绘制一个尺寸为 13000mm×3000mm 的矩形，再沿体块一边绘制一个尺寸为 13000mm×1900mm 的矩形，作为乘客下车后提取行包的通道，如图 3.58 所示。

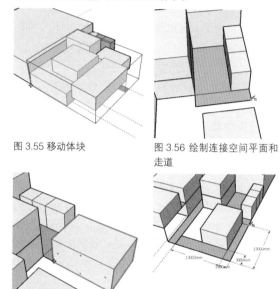

图 3.55 移动体块　　图 3.56 绘制连接空间平面和走道

图 3.57 移动体块　　图 3.58 绘制联结空间的走道

（8）视图移动到候车厅部分，单击【选择】工具，选择候车厅体块，并右击对象，选择【编辑群组】命令，进入候车厅内部以确定剩下的广播室和饮水处的位置。右击候车厅的顶面，选择【删除】命令，暂时删除顶面防止在内部绘制时点确定不准确（或者选择顶面后，按下键盘上的【Delete】键），如图 3.59 所示。之后在内部单击【矩形】工具，在距离右边 14000mm 的位置绘制一个尺寸为 4000mm×3000mm 的矩形作为广播室，接着单击【矩形】工具，继续绘制一个 6600mm×6000mm 的矩形套在广播室外部，则这个矩形中其余部分作为母婴休息室和部分乘客的特殊候车室使用。单击【矩形】工具，沿着母婴室的一边绘制一个 6000mm×2400mm 的矩形作为饮水处使用，如图 3.60 所示。最后单击【矩形】工具，沿着候车厅的一边绘制一个 32000mm×32000mm 的正方形补充之前删除的面。

注意：事实上母婴休息室在设计任务书中是没有要求的，但是设计师应当考虑到各种实际使用中的情况，因此这里特别增加了这个部分。由于需要建构的是模型的外形，实际由于模型内部是不需要看到的，因此内部部分只划分空间，需要将空间也表示出来。

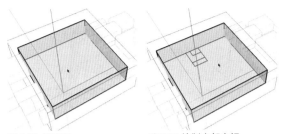

图 3.59 删除面　　　图 3.60 绘制内部空间

这样设计需要的房间部分就全部完成了，之后单击【转动】工具和【平移】工具，将视角移动到合适位置，可以看到模型整体的基本外形，如图 3.61 所示。

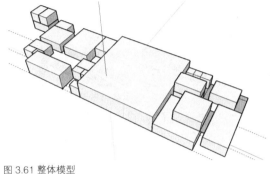

图 3.61 整体模型

3.2.6 补充其他空间使体块完整

当然现在还不能说建模完成，当前还只是把各个房间和功能联系起来，而体块整体也比较散乱，下一步的工作则是进一步使体块整体化。补充建筑的交通空间、屋顶、地面和裸露在外的支撑部分等。

注意：实际上建筑整体应当为框架结构，这是因为建筑中出现了大空间——候车厅，使用砖混结构是无法实现如此大跨度的，但结构在设计中是全部被包在建筑内的，在建筑建造完成并装修后，大部分结构是从建筑内外都观察不到的，同时以这座建筑的构成风格，可不考虑在建模时的结构部分，同时也将建筑的墙体、柱网简化为面和点，这也是出于建构模型精细度的考虑。而在建构其他建筑的模型时，则需要根据具体情况具体分析。

（1）首先需要连接各个楼层。连接楼层交通的建筑构件当然就是楼梯。在设置楼梯时应当注意，楼梯的宽度应当满足人流通行的要求。在这里 SketchUp 为使用者提供了一个非常方便的途径来建立常用的建筑构件，那就是插件。比如楼梯、屋顶等建筑基本构件，通过 SketchUp 的插件功能都能够轻松建构。当然插件需要预先安装到 SketchUp 的目录下，在此不再赘述。这里把楼梯插件的使用作为例子进行说明。

首先将视角移动到零售部分的后侧，如图 3.62 所示。之后单击【矩形】工具，建立楼梯的参考面，尺寸为 2250mm×2100mm。如图 3.63 所示。

（2）因为在这里要设置一个 T 字型楼梯，因此将楼梯梯段分成三个梯段建构。单击【工具】→【创建楼梯】→【直楼梯】命令，在弹出的【Stair Properties】对话框内修改需要设置的楼梯相应数据，如图 3.64 所示。由于构件插件默认将所建构的形体放置在 SketchUp 屏幕中三条不同方向的轴线交汇处，因此将视角移动到此。而建构好的梯段实际是由踏步、扶手等不同群组组成，在这里最好使其成为一个整体以方便后续的建模。因此框选整个梯段，右击框选的部分，选择【创建群组】命令，将整个梯段创建成一个群组，如图 3.65 所示。

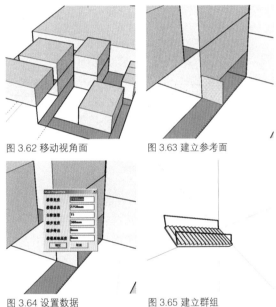

图 3.62 移动视角面　　　图 3.63 建立参考面

图 3.64 设置数据　　　图 3.65 建立群组

（3）单击【选择】工具，选择梯段，单击【移动／复制】工具，移动梯段使之与之前建立的参考面连接到一起，如图 3.66 所示。之后单击【矩形】工具，建立该部分楼梯的其他参考面，如图 3.67 所示。因为建立的面仅为确定建筑构件位置所用，所以不需要在意面的正反面情况，当然也不需要将面翻转。

（4）单击【选择】工具，选择梯段，单击【移动／复制】工具，复制并移动梯段到楼梯休息平台参考面的另一边，同时单击【旋转】工具，使之旋转 180°，再单击【移动／复制】工具，移动梯段至与之前建立的参考面连接到一起，如图 3.68 所示。之后删除不需要的参考面和多余的参考线，以免影响建模的视线。如图 3.69 所示。这时候设计者可以看到，该部分的梯段已经粗具雏形。之后在建构楼梯部分的时候，也将一直采用这种依靠参考面确定楼梯位置→建立梯段（或楼梯）→删除多余线条的方法。这里也可以感觉到 SketchUp 的插件为设计者带来了很大便利。因为以往在建立楼梯的时候，是需要设计者仔细计算楼梯的数据并花费很多时间建立踏步、扶手等各个部分的。

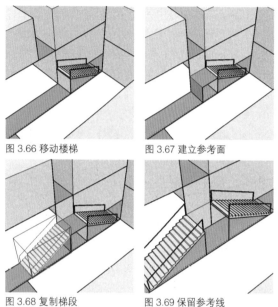

图 3.66 移动楼梯　　　图 3.67 建立参考面

图 3.68 复制梯段　　　图 3.69 保留参考线

（5）接着进一步完成楼梯的休息平台部分。单击【矩形】工具，建立楼梯休息平台的平面，尺寸为 2100mm×2100mm。再单击【推拉】工具，将其高度拉伸至 150mm，如图 3.70 所示。之后删除不需要的面，并将视角移动到适合的位置，如图 3.71 所示。单击【线】工具，测量一下未完成梯段的尺寸。当然也可以通过单击【测量】工具测量尺寸，使用中请使用个人习惯的方式。经过测量，第三部分的梯段的尺寸和另外两部分是一样的。

（6）因为尺寸相同，先删除不需要的面，再单击【选择】工具，选择之前已经建立的梯段，单击【移动／复制】工具，复制并移动梯段，使之与楼梯休息平台准确地连接到一起。同时单击【旋转】工具，使之旋转 90°，再单击【移动／复制】工具，可以看到梯段也与建筑二层连接到一起了，如图 3.72 所示。之后单击【线】工具，沿新建的梯段绘制一条直线。再单击【矩形】工具，将二层快餐厅和影院之间的楼面部分绘制出来，如图 3.73 所示。

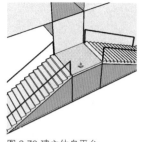

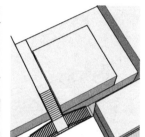

图 3.70 建立休息平台　　　图 3.71 移动视角

图 3.72 完成梯段　　　图 3.73 补充楼面

（7）接着单击【转动】工具和【平移】工具，将视角移动到售票厅和乘务员、驾驶员休息室一侧。单击【矩形】工具，将光标移动到适当的体块角点，通过绘制矩形，将之前单纯的线框转变成面，同时也将建筑内的走廊补充完整，如图 3.74 中淡蓝色部分所示。

由于 SketchUp 在绘制平面和线框时，会自动生成相关的平面或自动填充相关联的线框，这种功能有时候会带来一些便利，但有时在不必要的地方也自动生成了面，这也许会造成一些麻烦。这种情况下删除无用部分即可。

之后继续单击【矩形】工具，将光标移动到适当的体块角点，将该部分的地面层补充完整，如图 3.75 所示。

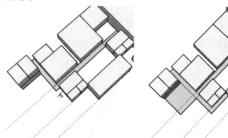

图 3.74 绘制走廊　　　图 3.75 补充地面

（8）单击【矩形】工具，将光标移动到适当的点，建立新的 U 型楼梯参考面，如图 3.76 所示。继续单击【工具】→【创建楼梯】→【U 型楼梯】命令，在弹出的【U shaped Stair Properties】对话框内修改需要设置的楼梯相应数据，如图 3.77 所示，生成 U 型楼梯。

需要注意的是，使用插件 U 型楼梯生成的时候要选择"连接楼梯的层板位置"，选择位于楼梯上部或下部，之后将在楼梯上或下部生成一块层板。当然楼梯实际仍由单独的组件组成。层板可由设计者在建立楼梯后自行选择是否删除。

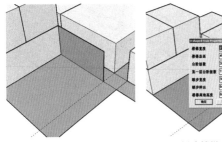

图 3.76 建立参考面　　　　图 3.77 新建楼梯

（9）同样由于构件插件默认将所建构的形体放置在 SketchUp 屏幕中三条不同方向的轴线交汇处，要将楼梯整体移动到需要的地方。框选整个 U 型楼梯，右击框选的部分，选择【创建群组】命令，将整个楼梯创建成一个群组。之后单击【选择】工具，选择楼梯，单击【移动 / 复制】工具，移动楼梯使之与之前建立的参考面连接到一起，如图 3.78 所示。由于之前建立楼梯时选择了在楼梯下部建立层板，实际层板对建筑的这个部分是可有可无的，同时由于该处是建筑的另一个入口，楼梯紧邻入口处的台阶，因此在这里将层板删除，同时也将楼梯参考面删除，如图 3.79 所示。

图 3.78 移动楼梯　　　　图 3.79 删除层板

（10）在设计中，楼梯是一个通高两层的构件。在这里，该处的楼梯间将被设置成为一个被玻璃幕墙包围的部分。所以暂且将楼梯间对外的部分围合起来。单击【矩形】工具，将光标移动到适当的点，建立二层楼面。单击【线】工具，绘制分隔出楼梯间部分，并将这个部分删除，如图 3.80 所示。接着继续单击【矩形】工具，绘制出楼梯间的围合部分和二层屋顶面，如图 3.81 所示。

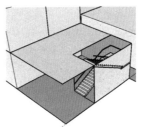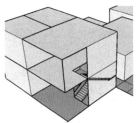

图 3.80 补充围合部分　　　图 3.81 补充屋顶和墙体

（11）将视角移动到餐厅的楼梯部分，单击【矩形】工具，将餐厅和二层卫生间之间的走道填充完整，如图 3.82 所示。这里的走廊不仅仅是卫生间通向外界的通道，同时还连接了餐厅和卫生间，从而不需要使用者先从餐厅到室外再到卫生间。之后单击【矩形】工具，将该部分的屋顶面连接起来，如图 3.83 中淡蓝色部分所示。这里由于软件原因，导致面的外部向内翻转，右击淡蓝色的面，选择【将面翻转】命令，使面翻转到正确的位置。

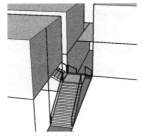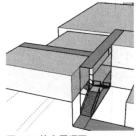

图 3.82 补充走道　　　　图 3.83 补充屋顶面

（12）移动视角，单击【线】工具，将支撑楼梯和屋面的柱子位置绘制出来，如图 3.84 所示。同样，这里的楼梯间部分外墙也采用玻璃幕墙包围外表面的形式，实际楼梯间是通透的。

关于建筑材质的赋予将在后面的章节有更具体的重点阐述，因此该章节的建筑将不考虑整体模型的最终效果以及材质的赋予。本章节仅仅是教授如何在交通建筑设计中使用 SketchUp。

接着单击【矩形】工具，补充办公用房和行包提取处的屋顶面。并将该部分的屋顶与电影放映厅连接起来。该部分只有一层，如图 3.85 所示。同时可适当删除一些多余的线条，为后续完善屋顶部分做准备。

在之前建模时，将许多体块建立成为了群组。现在各个部分体块已经确定了位置。在之后会需要对各个房间的模型进一步细化和统一，因此需要将群组分解。分解群组时，右击修改的群组，选择【炸开】命令，就可以将群组分割成各个单独的体块。同理，要进一步分解体块时，重复以上步骤即可。

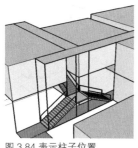
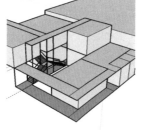

图 3.84 表示柱子位置　　　图 3.85 补充屋顶面

（13）移动视角到建筑底部，单击【推拉】工具，将通道高度拉伸至 450mm，如图 3.86 所示。450mm 的高度恰好可作为三阶踏步的高度，为一般建筑通常设置的室内外高差高度。拉伸体块后移动到俯瞰的视角，可以发现模型面凹陷了，如图 3.87 所示。这是因为在推拉面时候，面的另一侧会自动凹陷下去。如果有这种情况发生则需要执行封面操作。当面被推拉时，不论推拉的面是"内"或"外"，结果是一样的。

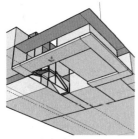
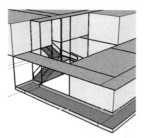

图 3.86 拉伸地面层　　　图 3.87 凹陷的地面

（14）单击【矩形】工具，填充凹陷的面。并删除不需要的线条等，如图 3.88 所示。之后将光标移动到行包提取处上部，单击【推拉】工具，可以发现该部分不能被拉伸，如图 3.89 所示。这正是之前提到的，群组尚未被分解，无法被推拉的情况。现在已经可以将之前的群组分解了。方法上文已描述过，在此不再赘述。

（15）将视角移动到建筑左侧，补充部分管理用房的二层楼面。单击【矩形】工具，光标移动到适合的角点填充楼板，并删除不需要的面，如图 3.90 所示。

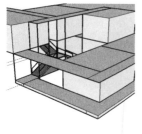
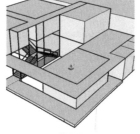

图 3.88 填充地面　　　图 3.89 无法推拉的情况

由于之前建立的房间体块为单独的群组，很不方便后续编辑，因此选择该部分的群组，右击对象，选择【炸开】命令，这样房间体块上部的面才能重合到绘制的矩形面中去，如图 3.91 所示。

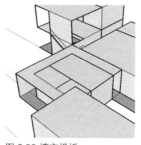
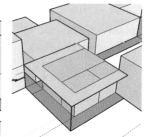

图 3.90 填充楼板　　　图 3.91 炸开群组

（16）单击【线】工具，光标移动到各个角点，分别沿绿色轴绘制一条长 4500mm 的线段，用以表示柱子的位置，如图 3.92 所示。之后单击【矩形】工具，绘制屋顶面，如图 3.93 所示。在该处并没有将所有房间二层加盖屋顶，因为设计中希望使客运站员工与乘客的活动分离。而该部分的二层建筑均为客运站员工使用，而二层仅有休息室，因此创造一个开敞的空间供员工使用，而有屋顶覆盖的地方很容易形成一个交流和休息的空间。而将二层设计成半开放式的也能给建筑立面带来一些变化。

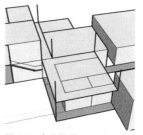
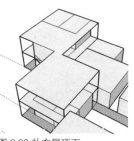

图 3.92 表示柱子　　　图 3.93 补充屋顶面

（17）单击【矩形】工具，绘制走廊和一些公共空间的屋顶面，如图 3.94 所示。在使用矩形工具补面时，很容易有面内外颠倒和在与生成面的相关线部分产生多余的面的情况，因此需要一一删除多余的面和线。小心不要删除了已建立房间的边线。同时在需要的地方继续炸开之前建立的群组。

注意：因群组分解产生的面和新绘制的覆盖面之间可能会发生面的翻转。这时可能产生一个面有两层的情况。这种面通常表面会显现出系统设定的内表面与外表面颜色错杂的感觉，尤其在转动视角时表现得更明显。解决办法是单击该面删除多余的一层并把面翻转到正确的位置即可。

转动到影视厅处，在房间体块下补充柱子的位置。

即单击【线】工具，光标移动到各个角点，分别沿绿色轴绘制一条 4500mm 长的线段，如图 3.95 所示。

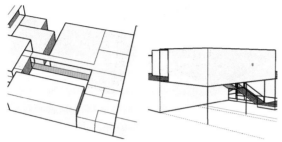

图 3.94 补充交通部分屋顶　　图 3.95 补充柱子

（18）将视角移动到建筑正面。单击【量角器】工具，在候车厅向左 13000mm 处和向右 4000mm 处绘制两条辅助线，如图 3.96 所示。左边一条与建筑垂直，右边一条与建筑成 15°角。之后沿售票厅一点，单击【量角器】工具，绘制一条与之前的斜线垂直的辅助线，如图 3.97 所示。

这里表示的是建筑主入口的雨棚位置。由于建筑整体为正南北向，但在实际中，建筑朝向最好与正南北产生一定角度以利于通风。因此，建筑候车厅等部分实际与正南北向偏移了 15°。建筑的雨棚、之后将建构的出站部分和建筑主体构成了一个整体，同时这个整体将为正南北向。这样也比较利于进站的乘客识别入口。

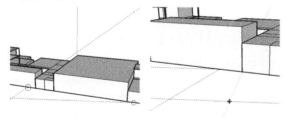

图 3.96 绘制辅助线　　　　图 3.97 绘制辅助线

（19）单击【线】工具，在辅助线的几个焦点处沿绿色轴绘制 4500mm 的线段表示支撑的柱子。之后将这几条线段的端点连接起来，绘制出主入口的雨棚和入口平台的位置，如图 3.98 所示。

之后将视角旋转到建筑后部。由于建筑需要在出站口安排 20 个车位，根据规范规定的一般公交车停车位范围，单击【量角器】工具，绘制出需要布置停车位的矩形辅助线，停车位同样与主体建筑成 15°角。之后单击【矩形】工具，绘制出停车位的总范围，尺寸为 12000mm×80000mm。再单击【矩形】工具，绘制出站口到停车位平台的范围，尺寸为 2400mm×80000mm，如图 3.99 所示。

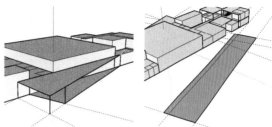

图 3.98 绘制主入口　　　图 3.99 表示出站位置

（20）选择建立好的矩形和辅助线，右击对象，选择【建立群组】命令，将其暂时建立为一个整体。之后单击【移动/复制】工具，移动群组与卫生间的角点相连，如图 3.100 所示。

之后将视角旋转到建筑后部。单击【量角器】工具，先绘制一条与建筑主体平行的辅助线，其与建筑主体距离为 2400mm。而因为需要将乘客引导到不同的车辆，因此在平台处划分出六条通道。通道宽度为 3000mm，而通道之间距离为 6000mm，如图 3.101 所示。

（21）选择出站口停车位的群组，右击对象，选择【炸开】命令，将其分解。之后单击【线】工具，将出站口平台绘制出来，如图 3.102 所示。之后按住 Ctrl 键，选择绘制好的平台面（注意不要选中通道之间的面），单击【移动/复制】工具，复制出站口平台的屋顶面，沿绿色轴向上移动 6000mm，如图 3.103 所示。

（22）选择出站口屋顶面，单击【推拉】工具，将其向下推拉 6000mm。如图 3.104 所示。之后逐个将多余的面删除，如图 3.105 所示，使出站口完全开敞，出站通道之间可见。使用【推拉】工具而不是使用【线】工具表示柱子，是因为这样比较快捷方便。使用【线】工具需要频繁寻找适合点并花费更多时间使用【移动/复制】工具绘制线条。

最后将错乱的面翻转过来，再删除出站口屋顶面多余的线条。将视角旋转移动到适合的角度，观看一下模型的整体效果，如图 3.106 所示，是不是有建筑的完成度已经很高的感觉呢？

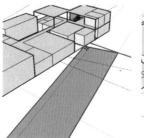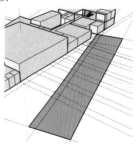

图 3.100 移动出站停车位　　图 3.101 绘制辅助线

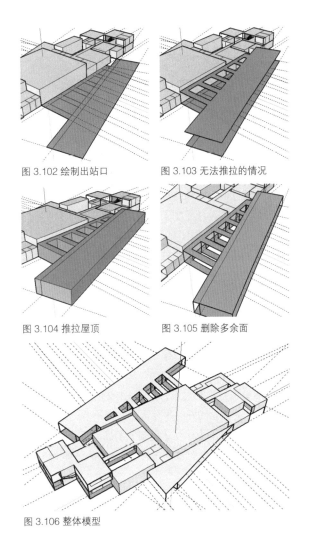

图 3.102 绘制出站口　　　　图 3.103 无法推拉的情况

图 3.104 推拉屋顶　　　　　图 3.105 删除多余面

图 3.106 整体模型

3.2.7 表示室内外高差、楼板和屋顶

　　建筑的整个体块已经全部建构完成，接着要完成的就是建筑的其他细部了。但是为了使建筑的鸟瞰部分更为逼真，建筑的各种板还需要增加厚度，而不仅仅是用一个面来表示。

　　（1）将视角移动到建筑次入口，单击【线】工具，绘制次入口的台阶线，台阶共有三步，台阶踏步宽度为 300mm，且台阶紧靠楼梯。之后将多余的线条删除，如图 3.107 所示。

　　再将视角移动到建筑主入口，单击【线】工具，绘制主入口的台阶线，因为室内外高差已经确定为 450mm，所以包括下文中所有连接室内外的台阶踏步均为三步，宽度为 300mm，之后不再赘述，如图 3.108 所示。

　　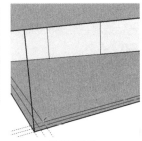

图 3.107 绘制台阶线　　　　图 3.108 绘制台阶线

　　（2）将视角移动到出站口平台，单击【线】工具，沿停车位边线向外绘制台阶线，如图 3.109 所示。之后单击【转动】工具和【平移】工具，视角移动到建筑底部。这里需要将建筑的室内外高差表示出来，方法是单击【推拉】工具，将房间的体块底面沿绿色轴向下拉伸 450mm。同时继续将仍为群组的体块炸开，如图 3.110 所示。

　　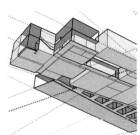

图 3.109 绘制台阶线　　　　图 3.110 推拉底面

　　（3）将视角移动到建筑次入口，单击【推拉】工具，将最外侧的台阶面沿绿色轴向下拉伸 300mm，中间的台阶面沿绿色轴向下拉伸 150mm，删除多余线条，之后单击【矩形】工具，将最外侧台阶的面补齐，如图 3.111 所示。可以看到这样台阶的建构就完成了。但请记得右击反转的面，选择【将面翻转】命令，将面的正反统一。之后单击【矩形】工具，沿着建筑该部分外墙面，将光标移动到适合的角点上，将建筑的地面补充完整，这样也不用再输入尺寸了，如图 3.112 所示。

图 3.111 推拉台阶　　　　　图 3.112 补充墙面

（4）将视角移动到建筑中连通候车厅和员工休息室的走道，单击【矩形】工具，寻找适合角点完成走廊地面，将面翻转到统一，如图 3.113 所示。再将视角移动到建筑主入口台阶处，单击【推拉】工具，将最外侧的台阶面沿绿色轴向下拉伸 300mm，中间的台阶面沿绿色轴向下拉伸 150mm，之后单击【矩形】工具，将最外侧台阶的面补齐，再单击【线】工具将之前绘制的柱子位置沿绿色轴向下延长 450mm，如图 3.114 所示。

（5）将视角移动到出站口，通过观察，可以感觉到覆盖停车位且跨度达 80000mm 的雨棚太大了，这样会使结构较难支撑，实际使用中也不需要雨棚将车辆完全覆盖，因此将其尺寸修改使其变小一点。单击【线】工具，在雨棚靠建筑主体一边，绘制一条 80000mm 的边线，之后删除外侧的边线，使雨棚的矩形尺寸变为 6000mm×80000mm，如图 3.115 所示。

再将视角移动到出站口台阶处，单击【推拉】工具，将最外侧的台阶面沿绿色轴向下拉伸 300mm，中间的台阶面沿绿色轴向下拉伸 150mm，之后单击【线】工具，将最外侧台阶的面补齐，再单击【线】工具将之前绘制的柱子位置沿绿色轴向下延长 450mm，如图 3.116 所示。

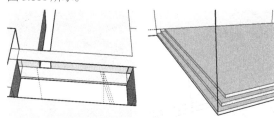

图 3.113 补充走道　　　图 3.114 推拉台阶

图 3.115 修改屋顶　　　图 3.116 推拉台阶

（6）将视角移动到建筑次入口二层楼板处，由于建筑层高为 4500mm，因此单击【推拉】工具，将楼板面沿绿色轴向下拉伸 100mm，如图 3.117 所示。

注意：该设计中建筑墙体厚度默认为 200mm，楼

板、屋顶厚度均为 100mm，暴露在外的柱子均为构造柱，平面尺寸为"400mm×400mm"。

将视角从建筑一层移动到到建筑二层影视厅的楼梯处，可以看到有一小段走廊连通餐厅和二层卫生间，单击【推拉】工具，将楼板面沿绿色轴向下拉伸 100mm。如图 3.118 所示。

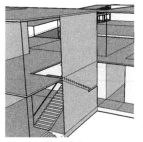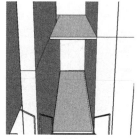

图 3.117 推拉楼板　　　图 3.118 补充楼板

（7）将视角移动到行包提取处外侧的空地处，该处设计为乘客下车后的缓冲地带，之后乘客将到行李提取处提取行李并沿走廊离开客运站。此处也有连通室内外的台阶，因此单击【线】工具，沿着建筑长边绘制台阶线，如图 3.119 所示。单击【推拉】工具，将最外侧的台阶面沿绿色轴向下拉伸 300mm，中间的台阶面沿绿色轴向下拉伸 150mm 即可，如图 3.120 所示。

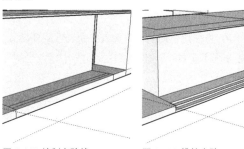

图 3.119 绘制台阶线　　　图 3.120 推拉台阶

（8）将视角移动到出站通道处，此处同时也是建筑右侧上到二层的楼梯另一端，紧靠楼梯处同样有台阶下到室外地坪。因此单击【线】工具，在走廊侧面绘制两条线将该面划分为三等分，即每份宽度为 150mm，如图 3.121 所示。之后单击【推拉】工具，将最下端的台阶面沿蓝色轴向外拉伸 600mm，中间的台阶面沿蓝色轴向外拉伸 300mm，即完成了该处的台阶踏步绘制，如图 3.122 所示。这种方法是不是更简单呢？

（9）将视角移动到出站口的雨棚下，单击【推拉】工具，将屋顶面沿绿色轴向下拉伸 100mm，如图 3.123 所示。之后依次将其他外部可见的楼板、屋面板沿绿

色轴向下拉伸 100mm。之后将视角移动到二层卫生间和餐厅之间走道的屋顶处。因为设计需要，候车厅层高和其他功能用房的二层层高不同，但是走道的楼板如果这样挑出并不合理，这里的屋顶面应有柱支撑。单击【线】工具，在屋面角点处沿绿色轴向下绘制一条线表示柱子，直到线与候车厅屋顶相连，如图 3.124 所示。

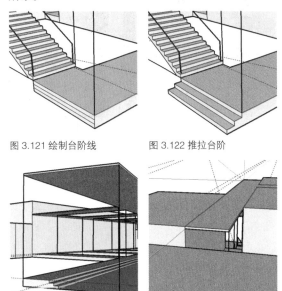

图 3.121 绘制台阶线　　　　图 3.122 推拉台阶

图 3.123 推拉屋面板　　　　图 3.124 补充柱子

（10）将视角移动到建筑次入口的二层屋顶部分，单击【矩形】工具，在建筑屋顶面的各个角点绘制一个矩形，尺寸为 200mm×200mm。之后将各个矩形连接起来。这里表示的是建筑女儿墙和屋顶檐口的位置。屋顶作为建筑重要的部分，需要考虑到建筑的排水问题。通常建筑做内排水，排水结构都隐藏在墙面内，因此设计者在建构模型时只需要表示出女儿墙的位置就可以了。最后在屋顶形成一个内框，且距离建筑边线 200mm。之后删除不必要的线条。使建筑女儿墙为一整体。单击【推拉】工具，将女儿墙部分沿绿色轴向上拉伸 600mm，如图 3.125 所示。接着将视角移动到售票厅上方。同样依照之前的方法，单击【矩形】工具，在角点绘制矩形，连接各个矩形，删除不必要的线，最后绘制出女儿墙的位置。单击【推拉】工具，将女儿墙部分沿绿色轴向上拉伸 600mm，如图 3.126 所示。

（11）将视角移动到候车厅屋顶，单击【矩形】工具，在建筑屋顶面的各个角点绘制一个矩形，尺寸为 200mm×200mm。将各个矩形连接起来，在屋顶

形成一个内框。单击【推拉】工具，将女儿墙部分沿绿色轴向上拉伸 600mm。再删除不必要的线条，如图 3.127 所示。

将视角移动到建筑右侧二层屋顶部分，单击【线】工具，沿着屋顶边线绘制距离边线 200mm 的内框。完成该部分女儿墙线后，单击【推拉】工具，将女儿墙部分沿绿色轴向上拉伸 600mm，如图 3.128 所示。

注意：其实绘制屋顶不一定局限于以上方法，还可以通过使用【量角器】工具，先将辅助线绘制出来，再直接用【线】工具勾勒轮廓。因为 SketchUp 还没有出现比较有效率的在复制同时缩放线条的功能或插件。而在绘制墙线时，因为屋顶面建筑的边线不能删除，所以在绘制时容易出现建筑面缺失等情况。

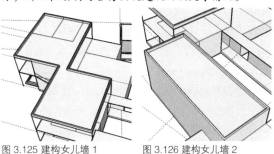

图 3.125 建构女儿墙 1　　　图 3.126 建构女儿墙 2

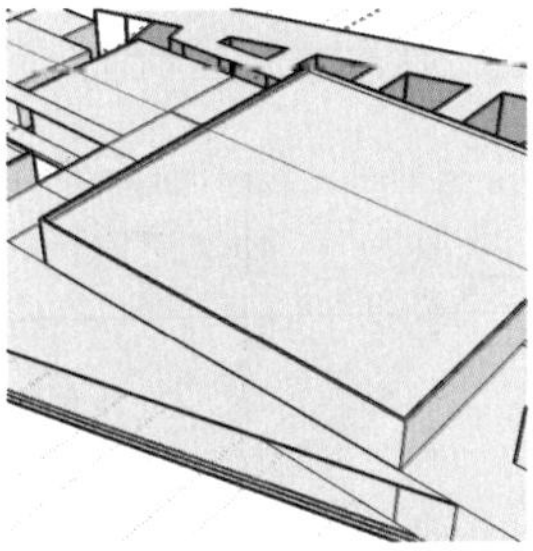

图 3.127 建构女儿墙 3 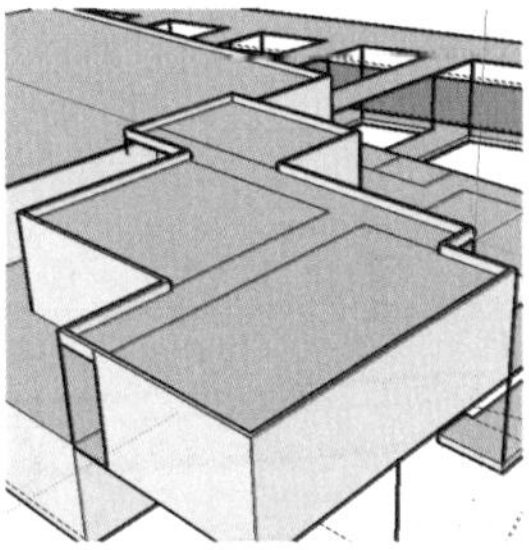　　　图 3.128 建构女儿墙 4

（12）将视角移动到建筑左侧二层楼板，单击【矩形】工具，光标移动到适合的角点，沿楼板边线绘制一个矩形表示栏杆位置。其高度为 1200mm。之后在楼梯旁边绘制栏杆平面，也是单击【矩形】工具，沿边线绘制宽度为 1200mm 矩形，如图 3.129 所示。

单击【线】工具，在楼梯与楼板相接处，沿绿色轴向上绘制一条 1200mm 的线段，单击【矩形】工具，光标移动到适合的角点，沿楼板边线绘制出楼梯旁其他栏杆的位置，如图 3.130 所示。

（13）同上面一样，继续单击【矩形】工具，光标移动到适合的角点，沿楼板边线绘制矩形表示栏杆位置，其高度均为 1200mm，之后不再重复说明，如图 3.131 所示。视角移动到影视厅旁的屋顶，单击【矩形】工具，直接连接适合的角点，表示出栏杆的位置，

如图 3.132 所示。

注意：这里并没有实际将栏杆的细部也构建出来。这并不是偷懒，而是因为有更好的方法表示栏杆，那就是贴材质图。SketchUp 本身带有渲染材质库，同时网络上还有大量其他共享的材质资源可添加进软件的材质库中去。使用材质贴图会比用软件绘制细部更为美观。

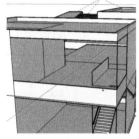
图 3.129 表示栏杆 1

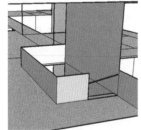
图 3.130 表示栏杆 2

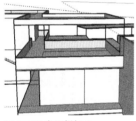
图 3.131 表示栏杆 3

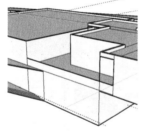
图 3.132 表示栏杆 4

同时，由于 SketchUp 制作的模型一般会比较粗糙，如果需要非常美观逼真的模型效果，实际还需要后期其他软件的辅助渲染。这显然脱离了使用 SketchUp 进行方案设计的初衷。同时，因为本身效果的粗糙，在实际绘制出栏杆的细部之后，由于栏杆会有较密集的线条，而系统显示的线条很粗，导致栏杆部分一片漆黑，很难看清楚实际的细部结构，同样在绘制其他细部时，在线条密集的部分，都会出现上述问题，因此不推荐设计者在设计初期在 SketchUp 中将模型建构得过于细致。如果要更深入了解 SketchUp 建构模型的后期处理，请参考后面章节的更多例子和说明。

（14）将视角移动到入口雨棚板上，单击【量角器】工具，绘制出距离边线 200mm 的辅助线框。单击【线】工具，绘制女儿墙内框，单击【推拉】工具，将女儿墙部分沿绿色轴向上拉伸 600mm。最后删除不必要的线条，如图 3.133 所示。

在绘制屋顶女儿墙时，因为设计时没有考虑到墙体厚度，造成女儿墙位置与建筑体块不能连接。其实

这没有很大关系，用 SketchUp 建模不需要非常精确。单击【推拉】工具，将建筑墙面向外推拉 200mm，并将受到推拉影响的建筑体块屋顶部分的女儿墙也向外推拉 200mm。这样，等于将建筑体块整体移动了 200mm，正好与厚度 200mm 的其他女儿墙部分接合起来。

同样，视角移动到行包提取处，单击【线】工具，绘制女儿墙内框，之后删除多余的线条，单击【推拉】工具，将女儿墙部分沿绿色轴向上拉伸 600mm，如图 3.134 所示。

（15）将视角移动到一层的屋顶，单击【矩形】工具，在建筑屋顶面的各个角点绘制矩形，尺寸为 200mm×200mm。将各个矩形连接起来，在屋顶形成一个内框，并删除多余的线条。单击【推拉】工具，将女儿墙部分沿绿色轴向上拉伸 600mm，再删除不必要的线条。这里因为有女儿墙与栏杆相连，因此栏杆是放置在墙中间的，单击【推拉】工具，将光标移动到这部分的墙体的侧面，向内推拉 100mm，如图 3.135 所示。之后建构出站口雨棚的屋顶面。由于形状复杂，最好先单击【量角器】工具，绘制出内框的辅助线，之后再单击【线】工具，完成女儿墙轮廓线的绘制。单击【推拉】工具，将女儿墙部分沿绿色轴向上拉伸 600mm。再删除不必要的线条，如图 3.136 所示。在这里同样有屋顶面与候车厅墙体脱节的情况，按之前说明过的方法推拉墙体即可。

图 3.133 建构女儿墙 5

图 3.134 建构女儿墙 6

图 3.135 建构女儿墙 7

图 3.136 建构女儿墙 8

最后，将视角移动到鸟瞰位置，单击菜单栏的【查看】命令，单击【坐标轴】和【辅助线】，把选项前面的勾选去掉。就可以看到一个相对完整的建筑模型了，如图 3.137 所示。

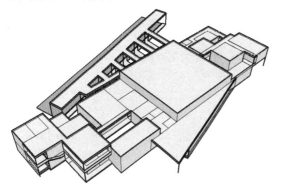

图 3.137 整体模型

3.3 完成模型

在本节中，将进一步细化建筑模型，并且完善建筑物周围的环境。在进行建筑设计时，一定要让建筑"生长"在环境之中。

3.3.1 绘制细部

可以看到建筑整体已经基本建构完成，接着将完善模型，将之前简略表示的模型部分完成。这样模型在经过后期处理之后才会更加好看。

（1）单击【矩形】工具，沿表示柱子的直线绘制一个矩形，尺寸为 400mm×400mm。全选这个建好的矩形，单击【移动 / 复制】工具，将其移动到旁边空白处。单击【推拉】工具，将此矩形面沿绿色轴向上拉伸 4950mm。之后全选生成的柱子，右击柱子，选择【创建群组】命令，将柱子变成一个块，如图 3.138 所示。将柱子移动到之前的角点使之成为建筑的一部分。单击【移动 / 复制】工具，复制一个柱子沿绿色轴向上移动 4950mm。然后右击复制的柱子，选择【编辑群组】命令，进入群组编辑后单击【推拉】工具，将柱子顶面向下推拉 450mm，如图 3.139 所示。

（2）按住 Ctrl 键，选中之前建好的一层二层两根柱子，单击【移动 / 复制】工具，复制这两根柱子到建筑左侧之前已标识的位置，注意移动时使用从角点到角点的对齐方式，如图 3.140 所示。选择一层的一根柱子，单击【移动 / 复制】工具，复制这根柱子

到建筑主入口雨棚处。由于柱子平面是正方形，与雨棚角落形状不符，所以在移动时将柱子向建筑内部靠拢一些，使柱子不暴露在雨棚之外，如图 3.141 所示。

（3）由于雨棚跨度大，无法仅靠墙体和两根柱子支撑，因此沿雨棚顶板将柱子排开。选择一根柱子，单击【移动 / 复制】工具，沿之前建好的辅助线复制四根柱子，柱子之间的距离为 6900mm，如图 3.142 所示。之后继续选择一层的一根柱子，单击【移动 / 复制】工具，复制该柱子并移动到二层影视厅下部分作为支撑部分。再选中之前建好的一层二层两根柱子，单击【移动 / 复制】工具，复制后移动到 T 型楼梯处作为支撑部分。注意复制时仍然将角点作为移动的参考点，如图 3.143 所示。

（4）这时候发现有一处栏杆未表示，单击【线】工具，在角点沿绿色轴向上绘制一条 1200mm 的线段，再单击【矩形】工具，将栏杆位置表示出来，如图 3.144

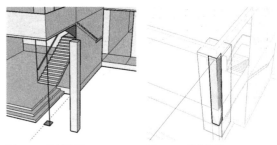

图 3.138 绘制柱子　　　　图 3.139 拉伸柱子

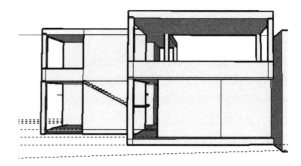

图 3.140 补充柱子

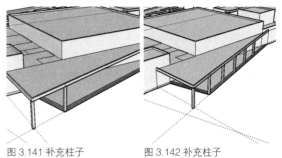

图 3.141 补充柱子　　　　图 3.142 补充柱子

所示。接着选择一层的一根柱子，单击【移动／复制】工具，复制该柱子并移动到行包提取处周围的走廊边作为支撑部分，如图 3.145 所示。

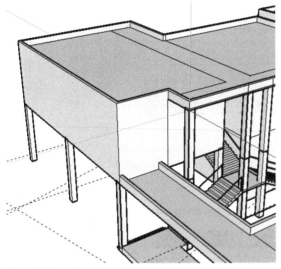

图 3.143 补充柱子

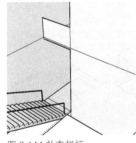

图 3.144 补充栏杆

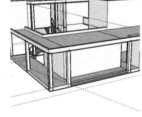

图 3.145 补充柱子

（5）选择二层的一根柱子，单击【移动／复制】工具，复制该柱子并移动到二层卫生间旁的走道屋面处，这里之前特意增添了一根柱子，如图 3.146 所示。

接着移动视角，可以看到 T 型楼梯的一部分缺少栏杆。将视角拉近，单击【线】工具，在角点沿绿色轴向上绘制一条与扶手等高的线段，单击【矩形】工具，将栏杆补充完整。而踏步与楼板之间有一小段地面没有厚度，单击【推拉】工具，将楼梯之前的面向下推拉 450mm，图 3.147 示。

（6）选择一层的一根柱子，单击【移动／复制】工具，复制该柱子并移动到出站口雨棚下作为支撑部分。但其高度不够，右击柱子，选择【编辑群组】命令，进入编辑后，将柱子沿绿色轴向上推拉 1500mm，完成编辑，如图 3.148 所示。选中柱子，单击【移动／复制】工具，复制并沿之前绘制的位置线将柱子移动到适合的位置，如图 3.149 所示。

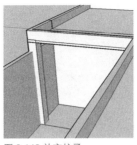

图 3.146 补充柱子

图 3.147 补充栏杆和地面

图 3.148 拉伸柱子

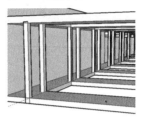

图 3.149 补充柱子

（7）选择雨棚下的一根柱子，单击【移动／复制】工具，复制该柱子并移动到出站口外侧雨棚下，这里的柱子应当与屋顶平行。单击柱子，选择【旋转】工具，将柱子在地坪面上旋转 15°与顶棚平行，如图 3.150 所示。选中柱子，单击【移动／复制】工具，复制并沿之前绘制的位置线将柱子移动到适合的位置，如图 3.151 所示。

（8）雨棚虽然经过修改，其长度依然很长，仍然需要柱子支撑。先单击【线】工具，将出站口停车位具体表示出来，每个停车位为矩形，尺寸为 12000mm×4000mm。之后选择雨棚下的一根柱子，单击【移动／复制】工具，复制该柱子并沿雨棚移动。柱子的底面中线与停车位边线重合，柱子共复制了四根，柱距大致保持在 8000mm 左右，如图 3.152 所示。之后转动视角检查建筑模型的错误。在 T 型楼梯与乘客出站走廊连接处，楼梯第一级下部分应当有支承。单击【推拉】工具，将走廊台阶的侧面向外推拉 300mm，如图 3.153 所示。

图 3.150 补充柱子

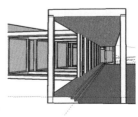

图 3.151 补充柱子

图 3.152 补充柱子

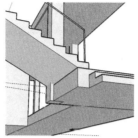

图 3.153 拉伸台阶

（9）结构部分完成后，建筑的门窗等部件也需要表示出来。但是这里并不需要设计者自己设计门窗。虽然也可以由设计者设计门窗，但是过程相当繁琐，这对于一个不要求极其细致的模型完全没有必要。SketchUp 为设计者提供了许多种建筑部件供使用，这就是其组件功能。单击【窗口】→【组件】命令，将弹出【组件】对话框，在对话框内可以看到组件的列表。从对话框内寻找到门的目录，单击一个门组件，将光标移动到需要门的位置，软件会自动将门附着在墙体上，设计者需要做的只是确定门的位置。确定位置后只需要单击一下光标即可，如图 3.154 所示。

组件是 SketchUp 非常强大的一个功能。组件库是一个可无限扩充的库，因为其具有易操作性，除了软件自带的组件库，网络上有更多组件可供使用，只需要添加到软件目录下的相应文件夹即可。建筑的一般组件门窗就不说了，其他各种组件如植物、柱式等种类也非常多。

入口处的门的宽度应该较大，将视角移动到其他单独的小房间处，这里的门较窄。从组件列表中选择一个较窄的门，将光标移动到需要门的位置，把组件附着在墙体上，如图 3.155 所示。

（10）视角移动到建筑右侧，继续选择一个合适的门组件，将光标移动到餐厅门的位置，把组件附着在墙体上，如图 3.156 所示。同样，之后在需要门的地方将其他外部可见的门补充完整。通常一个房间只需要一个门，有的开间过大的房间可在房间一面墙体的两端分别设置两个门。之后开始添加窗，从对话框内寻找到窗的目录，单击一个适合的窗组件，将光标移动到需要窗的位置，把组件附着在墙体上。通常房间的窗户设置一到两个即可。而窗台高度应当距离地面 900mm，本设计中建筑所有的窗都是如此。特别注意的是建筑内由售票厅和其他房间围合成的部分，围合部分内侧的窗也要表示出来，如图 3.157 所示。

这样建筑的细部就基本完成了，调整视图到相应的位置，就可以看到一个相对完整的建筑模型了，如图 3.158 所示。这就是整栋建筑的外貌。

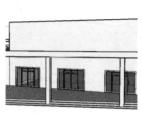

图 3.154 补充门 1

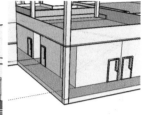

图 3.155 补充门 2

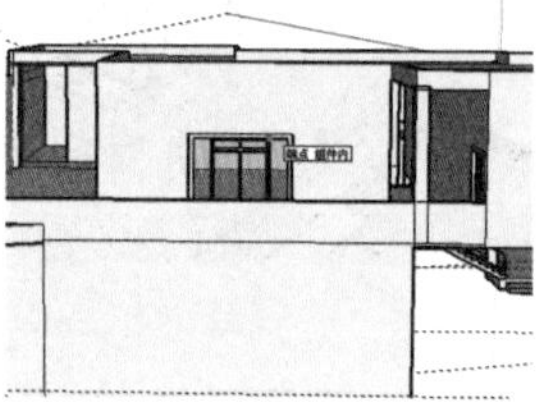

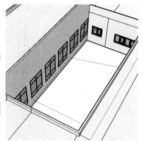

图 3.156 补充门 3

图 3.157 补充窗

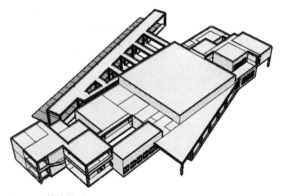

图 3.158 整体模型

3.3.2 改变外观

大量使用组件来完成建筑模型能够节省时间，但是设计者可能无法完全满足于稍微缺乏个性化的组件，特别是设计者对建筑形态通常有自己的想法。当然设计者不需要完全被组件限制住，设计者需要做的，无非是在模型上多花费一些时间，对建筑外观进行修改和调整。

（1）视角移动到售票厅处，删除掉客运站售票一侧的两个窗户。单击【矩形】工具，在墙面下部绘制一个矩形，尺寸为 3000mm×900mm，距离地面 1350mm。选择矩形的 4 条边，单击【移动 / 复制】工具，将矩形向上复制 3 个，4 个矩形之间距离均为 600mm，如图 3.159 所示。

之后单击【油漆桶】工具，在弹出的对话框内的材质列表中选择一种透明材质。这里先选择一种与墙面色彩相近的黄色透明材质，这时光标已经变成了油漆桶标志，将光标移动到绘制好的矩形上，单击一下矩形，材质就被赋予在绘制的矩形面上了。依次将 4 个矩形全部赋予该种材质，如图 3.160 所示。

图 3.161 绘制纵向分隔　　　　图 3.162 纵向分隔的材质

矩形距离售票厅右边墙线 200mm，距离售票厅墙面顶端 1150mm。距离墙面下部绘制一个矩形，尺寸为 3000mm×900mm。距离地面 1350mm。单击【油漆桶】工具，在弹出的对话框内的材质列表中选择透明材质以表示填充部分为玻璃，这里选择一种比较明显的蓝色透明材质，这时光标已经变成了油漆桶标志，将光标移动到绘制好的矩形上，单击一下矩形，材质就被赋予在矩形上了。由于之前采用的黄色透明材质不太明显，这里也把其材质换成该种蓝色材质，直接对其重新赋予材质即可，如图 3.163 所示。再将视角移动到候车厅右侧，同样在这里的墙面绘制一排透明的落地窗，单击【矩形】工具，绘制一个细长的矩形，尺寸为 7900mm×900mm。选择这个矩形，单击【移动 / 复制】工具，将线条向右复制 4 次，矩形之间的距离为 900mm。接着单击【线】工具，将矩形闭合以方便赋予材质。在主入口的门上部分也绘制一个矩形，尺寸为 21900mm×2400mm，把矩形移动到墙面的适合位置，再单击【油漆桶】工具，在弹出的对话框内的材质列表中选择之前选择过的蓝色透明材质，单击绘制好的矩形，将材质赋予在矩形上，效果如图 3.164 所示。

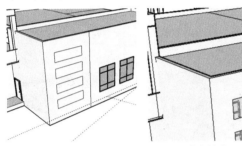

图 3.159 改变墙面　　　　图 3.160 改变材质

（2）继续为墙面增加一些变化，视角移动到售票厅处，单击【线】工具，绘制一条自上而下的线段，长度与墙高相同。之后选择这条线，单击【移动 / 复制】工具，将线条向右复制一条，移动距离为 300mm。接着选择这两条线，单击【移动 / 复制】工具，将线条向右复制两次，使线条形成 3 条带状，这 3 条带状部分彼此之间的距离为 600mm。这里是试图制造色块穿过透明部分的效果。之后单击【线】工具，将绘制的线条分段再重新绘制一次，这样才能形成完整的面。再删除不需要的线条，如图 3.161 所示。当然设计者完全可以营造其他的效果，这取决于设计者的喜好了，这里只是举出一种例子供参考而已。再单击【油漆桶】工具，在弹出的对话框内的材质列表中选择一种不同于之前的材质。这里选择一种类似于瓷砖的材质，金属光泽或木质的材质也很适合。这时光标也已经变成了油漆桶标志，将光标移动到绘制好的线框内，单击一下面，材质就被赋予在绘制的矩形面上了。依次将其他部分全部赋予该种材质，如图 3.162 所示。在赋予材质的时候，不同于使用【推拉】工具，被赋予的面上是没有任何提示将被赋予材质的，注意光标位置即可。

（3）单击【矩形】工具，在售票厅旁的一排窗户上绘制一个矩形，尺寸为 12000mm×1200mm，该

图 3.163 绘制高窗　　　　图 3.164 窗的材质

（4）视角移动到餐厅入口处，单击【矩形】工具，在入口墙体上绘制一个正方形，尺寸为 900mm×900mm，距离墙左边线 430mm，距离墙上边线为 1260mm。选择该矩形，单击【移动 / 复制】工具，沿矩形角点复制矩形，形成格纹般的形状，共

复制 9 个。单击【油漆桶】工具，在弹出的对话框内的材质列表中选择之前的蓝色透明材质，在这里使用这种材质表示所有的玻璃部分。将光标移动到绘制好的矩形上，分别单击绘制的正方形，赋予其材质，如图 3.165 所示。将视角移动到建筑左侧栏杆处，单击【油漆桶】工具，在弹出的对话框内的材质列表中找到栏杆材质部分，选择一种栏杆样式，将光标移动到之前表示栏杆的面上并单击面，赋予其材质。之后分别将该部分周围的栏杆都赋予该种材质，如图 3.166 所示。可以看到这样的栏杆并没有糊成一团漆黑，同时还具有透明感。

图 3.165 立面分隔　　　　图 3.166 扶手栏杆

注意：如果没有上述材质，可在网络上寻找相应的免费共享资源，之后安装到软件目录下即可。甚至可以利用设计者已有的图片来生成特殊的材质。

（5）单击【油漆桶】工具，在弹出的对话框内的材质列表中选择之前的蓝色透明材质，将光标移动到楼梯间四周的透明玻璃部分上，单击这些面，赋予其玻璃材质，以此简单表示玻璃幕墙，如图 3.167 所示。再单击【窗口】→【组件】命令，在弹出的【组件】对话框内寻找到交通工具系列组件，选择一种适合的公交车，单击车辆，将光标移动到之前绘制的出站口停车位处，将公交车组件放置在地面上，通过【旋转】和【移动/复制】工具，将车辆放置在适合的停车位内。最后选择车辆，单击【移动/复制】工具，将车辆复制一些零星放置在其他的停车位上，如图 3.168 所示。

再将视角移动到鸟瞰的位置，就可以看到一个相对完整的建筑模型了，如图 3.169 所示。

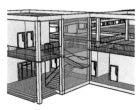

图 3.167 改变材质　　　　图 3.168 增加组件

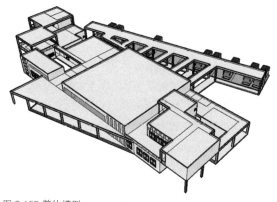

图 3.169 整体模型

按照自己的设计要求，对模型赋予相应的材质，如门、窗、墙、栏杆、广场砖等，完成后如图 3.170 所示。

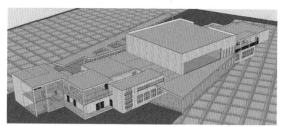

图 3.170 赋予材质

3.3.3　绘制基地基本环境

建筑模型已经完成了，但是还要把建筑放置在基地的合适位置上。缺少环境的建筑不能被称为是完整的建筑。根据设计任务书，基地内还需要大量的停车位以满足建筑所在地区及未来客运发展的需要，因此建筑周围将有大块集中空地用以布置停车位。而车辆和人流的流线道路也应表示出来。即使设计者可以通过后期用 Photoshop 来处理设计的渲染效果图等，建筑模型在基地中的定位仍然是必要的。

（1）增加广场喷泉。调整 SketchUp 的视角到站前广场处，在此处增加一个喷泉，如图 3.171 所示。喷泉直接调用配套下载资源中的现成组件。

（2）增加行道树。调整 SketchUp 的视角到站前广场与道路交汇处，在此处加入相应的行道树，如图 3.172 所示。行道树直接调用配套下载资源中的现成组件。

（3）增加人物配景。调整 SketchUp 的视角到站前广场处，在此处增添相应的人物配景，如图 3.173 所示。人物配景直接调用配套下载资源中的现成组件。

（4）增加停车场与小汽车。调整 SketchUp 的视角到站前公共停车场处，在此处增添相应的小汽车配景，如图 3.174 所示。小汽车配景直接调用配套下载资源中的现成组件。

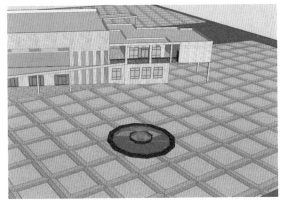

图 3.171 增加广场喷泉

图 3.172 增添行道树

图 3.173 增添人物配景

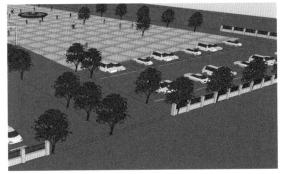

图 3.174 停车场

（5）增加公交车站。调整 SketchUp 的视角到站后停车场处，在此处增添一个公交站台，如图 3.175 所示。公交车站直接调用配套下载资源中的现成组件。

图 3.175 增加公交车站

（6）打开光影效果。单击【窗口】→【阴影】命令，在弹出的【阴影设置】面板中，按下【显示 / 隐藏阴影】按钮，并勾选【使用太阳制造阴影】选项，如图 3.176 所示。

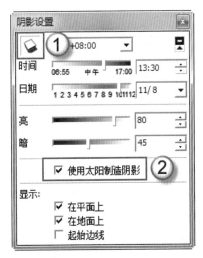

图 3.176 打开光影效果

（7）导出效果图。单击【文件】→【导出】→【二维图形】命令，在弹出的导出【二维图形】对话框中，做如图 3.177 所示的设置，然后导出一个 TIF 格式的图形文件。

（8）制作效果图。在导出 TIF 格式的文件后，利用 Photoshop 增加一些天空背景、建筑远景、人物与树木配影，可以制作人视效果图，如图 3.178、图 3.179 所示。也可制作鸟瞰效果图，如图 3.180 所示。

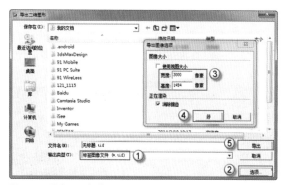

图 3.177 导出 TIF 文件

图 3.179 人视图 2

图 3.178 人视图 1

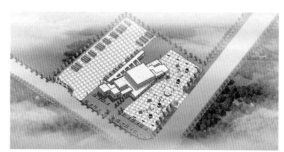

图 3.180 鸟瞰图

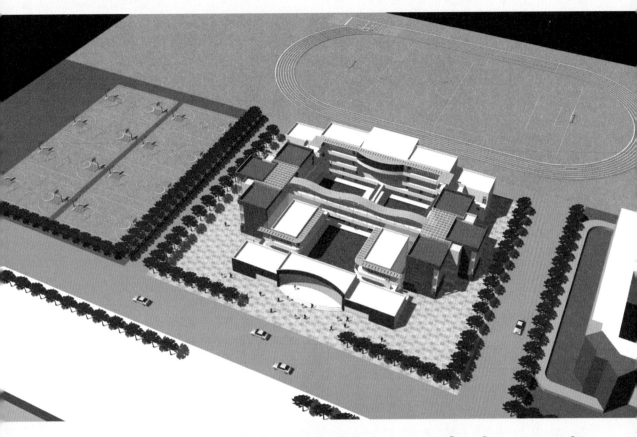

第 4 章　教育建筑——南中 18 班

在中国传统典故中，有一个"孟母三迁"的故事，讲的是一位母亲为了让孩子拥有良好的学习环境，不辞劳苦，三次搬家，直到搬到一所学校旁边，方觉满意。自古以来，中国人都十分重视教育。学校的教学楼作为学生生活学习的主要场所，自然承担着为学生提供良好学习环境（包括顺畅的通风、良好的采光等）的重要使命。因此教学楼的设计在保障功能顺畅和革新设计理念方面变得越来越重要。

SketchUp 在整个设计的过程中起到的不仅仅是建造模型的作用，在更多的时候，方案还没有完全敲定时，可以用 SketchUp 进行方案的推敲，十分方便、快捷。本章方案是在完全没有设计图纸的情况下运用 SketchUp 从最开始班单元的推敲到交通体系的形成再到最后方案的完善。对体块的尺度、组团之间的关系进行调整是 SketchUp 的强大优势所在，这样的方式还十分有利于和老师进行方案交流以及自己对方案进行修改。

4.1　方案构思

方案的构思是建筑设计的核心内容，一个成功的方案在构思阶段的准备往往十分充足。在对基地和建筑性质、功能进行全面而准确分析的基础上提出方案构想，并在符合规范和基本功能的同时努力实现构想。SketchUp 是能快速体现方案构思的绘图软件，既可以抽象地表现大体块之间的关系，又可以精细地描绘细节。

4.1.1　设计任务书要求

本次 18 班中学教学楼设计，总建筑面积为 3500~4000m²，要求功能分区，各出入口分工明确。其中：

◎ 普通教室：18 间，每间使用面积 72m²；

◎ 音乐教室：1 间，使用面积 72m²（另有辅助用房使用面积 18m²）；

◎ 美术教室：1 间，使用面积 96m²（另有辅助用房使用面积 18m²）；

◎ 化学实验室：2 间，每间使用面积 96m²（另有辅助用房使用面积 18m²）；

◎ 物理实验室：2 间，每间使用面积 96m²（另有辅助用房使用面积 18m²）；

◎ 生物实验室：1 间，使用面积 96m²（另有辅助用房使用面积 18m²）；

◎ 微机室：2 间，每间使用面积 96m²（另有辅助用房使用面积 18m²）；

◎ 语言教室：2 间，每间使用面积 96m²（另有辅助用房使用面积 30m²）；

◎ 合班教室：1 间，使用面积 150m²（另有辅助用房使用面积 30m²）；

◎ 教师办公室：20 间，每间使用面积 18m²。

门厅、走廊、卫生间等用房建筑面积自定。

在这些房间中，有特殊要求的房间必须单独考虑，比如：音乐教室要考虑噪音问题，尽量避免它对其他教室学生的影响；美术教室注意朝北开窗，使教室内光线维持稳定；化学实验室最好放于底层，防止污染问题；合班教室中有阶梯上下，设计时应注意层高问题。只有全面地考虑这些细节，才能使整个建筑功能更加完善。

在了解了任务书的要求之后，本着对设计负责的态度，设计者应该查阅相关的设计规范。本任务是某校建筑学学生大二的设计作业，大多数学生对规范都不太熟悉，所以认真地查看设计中需要注意的条款是非常重要的。《中小学校设计规范》（GB50099—2011）是国家规范，其中的第五章——"各类用房面积指标、层数、净高和建筑构造"和第六章——"交通与疏散"涉及本方案中应该注意的许多地方，希望读者朋友在今后的设计中能够养成自己查阅的好习惯。

4.1.2　基地分析

基地呈规则的矩形（如图 4.1 所示红色区域），和校图书馆相隔西面校园主干道（宽 15m），北面和东面分别是篮球活动场地和主体育场，南面是已经建

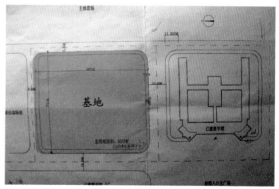

图 4.1 基地

成的 4 层教学楼，该教学楼面对校园入口主广场。

可以看出，西面是人流密集处，宜在这里设置教学楼的主入口，醒目且便于疏散人流。基地以北是篮球活动场地（图 4.2），为了保证良好的朝向，普通教室会被安置在南向和北向，要考虑到在篮球活动带给学生放松愉悦的同时，其对教学造成的干扰。东面是主体育场（图 4.3），视野开阔，可以考虑在这个朝向设置次入口，便于人流东西向的贯通。

图 4.2 基地北面篮球场　　图 4.3 基地东面体育场

通过对基地的分析，大体的方案雏形已经形成，流线也十分清晰了，这个时候，可以细致地进行初步定位设计，并将自己的想法和理念在方案推敲的过程中融入进去。

4.1.3 方案构思

班单元是教学楼设计的核心，因为它是学生学习和生活的主要场所，传统班单元的排列形式如图 4.4 所示呈直线，一边或者两边有走廊作为交通空间。设计者在进行构思时用 SketchUp 做了空间的模拟，发现如果将班单元以小组团的形式摆放会形成难得的共享空间，有利于学生们的交流和游戏，如图 4.5 所示。

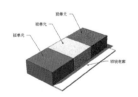 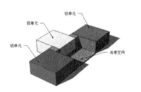
图 4.4 传统班单元组合示意图　　图 4.5 组团式班单元组合示意图

将班单元连接成长条形状，再将层数增加，形成如图 4.6 所示的组合形式，端头设置楼梯和卫生间，这是教学楼普遍采用的形式之一。休息时间，学生在走廊上远眺或者到操场上活动，这种传统的空间组合方式有效地解决了交通问题，但事实表明学生之间的交流不太积极。图 4.7 为组团式班级组合，在每个小团体之间形成共享空间，组团之间再以廊道相连，这

样的方式让学生有更多的空间和机会进行交流和分享学习心得。运用 SketchUp 可以轻松地模拟这两种情况。

为什么直线式的班级排列形式不利于交流呢？在学校中经常会发现这样的情况，学生们只喜欢在自己班级门口的空间里活动，如图 4.8 所示，班单元 1 和班单元 6 的学生是很少相互交流的。然而，在图 4.9 所示的空间中，班级门口形成了活动的公共空间，三个班级为一个部落，学生一出教室门就是共享空间，这样在空间上给了学生们更多交流的平台。

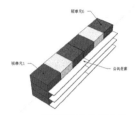 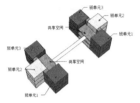
图 4.6 普通学校体块示意图　　图 4.7 组团式学校体块示意图

图 4.8 普通体块交流示意图　　图 4.9 组团式体块交流示意图

组团式的班单元组合在此方案中被称为"部落"，为了使部落有良好的采光和通风条件，将其放置在基地的南面和北面，部落和部落之间也需要交流，于是出现了连接部落南北向的廊道，设计者称之为"联盟"，这样不仅加强了班单元间的交流，也促进了部落之间的共享，有利于学生的交往和综合能力的培养。理念"当部落邂逅联盟"由此而来。方案同时加入"生态"思想，在建筑之间设计了 3 个大尺度中庭，使学生在学习之余可以享受观赏植物的轻松状态。老师办公区被安放在基地东面，和学生的部落有距离上的分隔，使老师有安静的批阅环境，学生有轻松的学习环境。

在整个方案大概构思完成后，便可以开始进行模型的建立，虽然没有精确的 CAD 图纸，只有初步的体块想法，SketchUp 仍能让设计者轻松地深入方案。

4.2 初步建模

在建模初期，一定要考虑建筑和基地的关系，例如建筑退基地红线的距离和建筑体块之间的相互关系，只有这些相互关系在心里有个大概的雏形时，

才会有比较高的建模效率。下面就开始正式进入 SketchUp 的建模阶段。

4.2.1 修改默认单位

在建模之前，要说明的是 SketchUp 最初打开的时候默认的单位是分数制，如图 4.10 所示。但是建筑上一般默认采用毫米作为单位，单位出现了不匹配的情况，因此在建模之前，有必要将 SketchUp 中的单位修改成毫米，具体方法如下：

长度 13448"

图 4.10 SketchUp 默认的单位

（1）单击菜单栏中的【窗口】，在左边罗列出的"尺寸"等菜单选项中选择【场景信息】，弹出如图 4.11 所示窗口：

（2）在窗口中选择【单位】，将单位修改成【十进制】，并把单位修改成【毫米】，如图 4.12 所示。这样就可以方便地用毫米作为度量单位了。

图 4.11 单位修改菜单

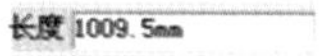

长度 1009.5mm

图 4.12 单位修改为毫米

（3）经过以上调整，已经可以开始建模了，但如果想进一步调整单位的精确度，可以再次单击菜单栏中的【窗口】，选择【场景信息】，弹出如图 4.13 所示窗口，选择【单位】，在"长度"下的"精确度"中选择需要的保留位数。同时还可以在"角度"中调整捕捉精度，通常视需要进行调整，如图 4.13 所示。

（4）如果单击菜单栏中的【窗口】，选择【场景信息】，弹出窗口，选择【位置】，可以调整"国家"（如选择中国）和"地理位置"（如选择北京），同时还可以调整地理角度，以便在模型中更真实地模拟日照状况，如图 4.14 所示。

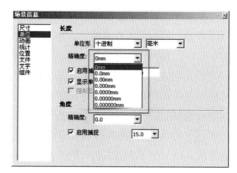

图 4.13 调整"长度"精确度

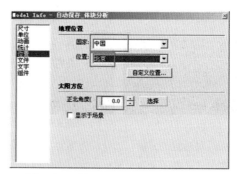

图 4.14 调整"位置"精确度

本节总结：在本章中每一个小节最后，都有一个总结。在建模的过程中不断地总结建造过程中的经验，会使学习软件达到事半功倍的效果。本节主要讲述 SketchUp 默认单位的修改和一些常用的参数调整，虽然只是建模前的简单工作，但是非常重要。

注意："磨刀不误砍柴工"，看似简单的工作会为今后的模型建造节约很多时间，并力求让效果达到最佳。

4.2.2 加载新组件

为了提高建模速度，SketchUp 里附带了一些已经制作好的组件，可以在需要的时候随时调用。但是 SketchUp 自带的组件在内容和形式上都是有限的，设计者可以从网络上获取更多已经制作完成的组件，这些新组件是可以加入到 SketchUp 的组件库的，方法十分简单，下面将做具体的介绍。

（1）打开自带组件。单击菜单栏中的【窗口】，在罗列出的菜单选项中选择【组件】，弹出窗口如图 4.15 所示，红色框中的部分便是 SketchUp 的自带组件，单击任何一个文件夹就可以浏览其中的内容，例如单击"建筑"，弹出窗口如图 4.16 所示。

图 4.15 打开自带组件

图 4.16 部分自带组件内容

图 4.21 成功添加新组件

图 4.22 浏览新组件内容

（2）添加新组件。在已经打开的窗口中，找到一个向右指的箭头，如图 4.17 中红色框所示，单击该箭头，选择【添加】选项，如图 4.18 所示。

图 4.17 找到添加箭头

图 4.18 选择【添加】选项

（3）添加新组件。单击【添加】选项后弹出的对话框如图 4.19 所示，可以用其浏览新组件的位置，选择要添加的新组件后选择【确定】，如图 4.20 所示。

图 4.19 浏览新组件位置

图 4.20 选择新组件

（4）浏览新组件。组件成功添加后，会出现"组件 <1>"选项，如图 4.21 所示，下面的文件夹中都是新添加的组件，单击任何一个文件夹都可以浏览其中内容。如单击"健身游乐器材"，内容如图 4.22 所示。

本节总结：本节讲述了怎样在 SketchUp 中添加新的组件，每一个设计者都有自己的组件库，组件库的丰富无疑对建模速度的提高有很大帮助，所以请读者朋友在平时注意搜集现成的组件，丰富自己的组件库。所谓站在巨人的肩膀上，就是这个道理。

4.2.3　建立基地环境模型

建筑模型的建立应该从环境开始，任何一座建筑都和它周边的环境有着密切的联系，较真实的环境有助于设计者思路的形成和发挥。SketchUp 有着强大的快速建模的特点，快速地建立环境体量，帮助设计者从三维的角度认识基地和周边环境的关系。在本方案中，基地环境建立的具体方法如下：

（1）绘制基地和道路。选择【矩形】工具，建立一个 90000mm×75000mm 的面（基地尺寸），然后在它的东、南、西、北面分别绘制宽度为7500mm、15000mm、15000mm、7500mm 的道路，如图 4.23、图 4.24 所示。

（2）绘制周边环境。选择【矩形】工具，分别绘制基地周围的场地，尺寸如图 4.25、图 4.26 所示。

（3）添加体育场景。单击菜单中的【窗口】→【组件】命令，打开"组件 <1>"中"各种球场"文件夹，选择"田径运动场"和"跑道"组件排放到合适位置，如图 4.27、图 4.28 所示。

图 4.23 绘制基地

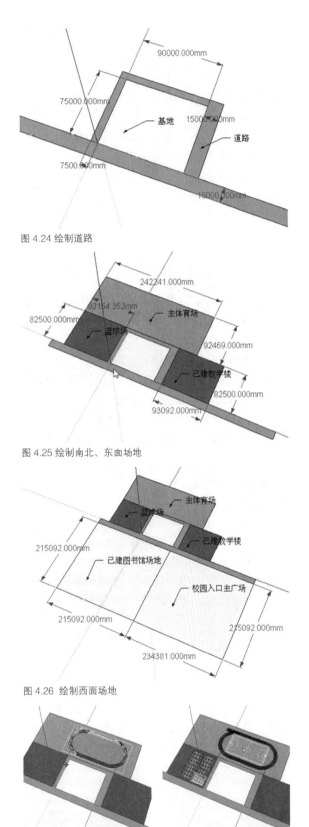

图 4.24　绘制道路

图 4.25　绘制南北、东面场地

图 4.26　绘制西面场地

图 4.27　添加田径运动场组件　　图 4.28　添加篮球场组件

（4）添加已建教学楼。选择【画笔】工具，按照任务书的要求和尺寸画出已建教学楼的平面形状，然后用【推拉】工具拉伸到要求高度（该高度可按照层数大概估算，不必精确），并赋予相应颜色。如图4.29、图 4.30 所示。

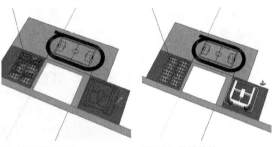

图 4.29　绘制平面　　　　　　图 4.30　拉伸体块

（5）添加已建图书馆。选择【画笔】工具，大致画出符合要求的矩形平面。然后用【推拉】工具拉伸到要求高度（该高度可按照层数大概估算，不必精确），并赋予相应颜色，如图 4.31、图 4.32 所示。

（6）制作组件。选择所有的模型，右击这些模型，选择【制作组件】命令，将环境制作成组件，如图 4.33、图 4.34 所示。

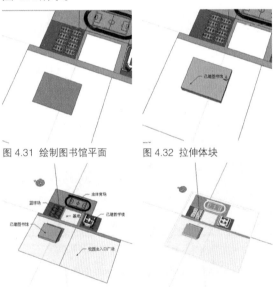

图 4.31　绘制图书馆平面　　　图 4.32　拉伸体块

图 4.33　建立班单元平面　　　图 4.34　建立班单元组件

注意：在 SketchUp 中建模的时候，高效建模者通常有一个很好的建模习惯，即在建立体块之后把它做成组件。SketchUp 的很多便捷功能都是通过编辑组件实现的，由于组件具有关联性，在修改一个的同时可以修改所有的相同组件，这样不仅可以节省很多宝贵时间，也可以在短时间内让设计者看到大量修改后的整体效果。

4.2.4 建立"部落"模型

班单元是中学设计的核心内容，所以应该首先建立由班单元组成的部落模型，完成后，连接部落的廊道，西面的实验室和东面的教师办公室就能围绕部落进行顺利安放，下面开始正式建立部落模型。

（1）首先用【矩形】工具建立一个 9000mm×9000mm 的平面（由于普通班单元面积要求为 72m²，班单元的形式采用正方形比较合理，所以选择这样尺度的平面），然后用【推拉】工具将其高度拉伸 3600mm，如图 4.35、图 4.36 所示。

（2）将图 4.36 中的体块选中，右击这个体块，选择【制作组件】命令，将其制作成组件。然后选择这个组件，切换成【移动】工具的同时，按下键盘上的 Ctrl 键，将体块复制两个，摆放位置如图 4.37 所示。随后建立部落的共享空间，也用同样的方法将其制作成组件，如图 4.38 所示。

图 4.37 中的所有体块已经构成了一个完整的班级部落。由于设计要求班级数量为 18 个，所以需要 6 个这样的部落。在基地的北面和南面分别安置 3 个部落，这样就可以完全满足任务书的要求。

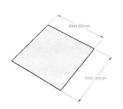

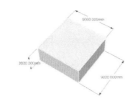

图 4.35 建立班单元平面　　图 4.36 建立班单元组件

图 4.37 建立部落　　　　图 4.38 建立部落的共享空间

（3）将图 4.38 中的所有体块选中，在选择【移动】工具的同时，按下键盘上的 Ctrl 键，将所有体块复制两份，如图 4.39 所示。用同样的方法，可以制作基地北面上下对齐的三层班级部落空间，如图 4.40 所示。

下面开始建立基地南面对称的部落空间，方案构思中提到设计者加入了"生态"的思想，在南北

两个班级部落之间有 3 个中庭，之间用楼梯和廊道连接。因此先确定中庭的尺度，就可以定出南面部落的位置。

（4）选择【工具】菜单中的【辅助测量线】工具，定出第一个中庭距离部落的位置和中庭的大小，如图 4.41 所示。用同样的方法定出所有中庭的位置，然后选择北面的体块，按下键盘上的 Ctrl 键，将所有体块水平复制一份，作为南面的班级，如图 4.42 所示。

然而南北两面实际上是对称的体块，所以仅仅复制还不能满足要求，我们需要将北面的体块镜像，并摆放到相应的位置，才能真正完成整个"部落"的制作。

图 4.39 建立部落　　　　图 4.40 建立部落的共享空间

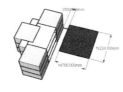

图 4.41 建立北面的部落和第　图 4.42 复制北面体块
　　　一个中庭

（5）将图 4.42 中南面的体块选中，并右击这些体块，选择【沿轴镜像】中的【红色轴方向】，体块就会按照要求被处理了，如图 4.43 所示。然后用【移动】工具按照指定的距离将南面的体块摆放到位，整个班级部落的建造就完成了，如图 4.44 所示。

注意：在 SketchUp 建模的时候，我们可以利用【工具】中的【辅助测量线】进行需要长度的定位，十分方便快捷。

本节总结：在建模的过程中有一个重要的原则，即用最简洁的操作方式达到最好的效果。本节中把建立的体块立刻编辑成组件是本原则的很好体现。SketchUp 中的组件类似于 CAD 中的"块"，相对于单独的线与面，不论在选择还是移动方面都比较方便。

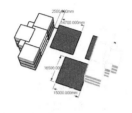

图 4.43 镜像北面部落

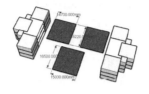

图 4.44 完成整个部落空间建立

4.2.5　SketchUp 的插件加载

很多绘图软件，例如 3ds Max 与 Photoshop 都可以添加插件，这些插件是在软件的发展过程中逐渐被制作出来的，熟练地使用可以提高使用者的绘图建模效率，因为这些插件可以帮助省略许多重复和机械劳动。SketchUp 中也可以添加类似的插件，可以大大方便建模者进行基础构建，如墙体、楼梯、杆件的建造，只要输入基础参数，就可以快捷地自动生成，并且是以组件的形式，因此在选择和关联修改方面都十分便捷。

4.2.6 节将具体介绍联盟模型的建造方法，联盟是方案中心的连接廊道，该廊道两边是钢制拉索构建，用 SketchUp 的基础工具【路径跟随】可以制作，但是过程相当麻烦，为了提高建模效率，可以加载 SketchUp 的插件，在对构建的精细程度要求不太高的情况下可以快速地完成联盟的建立。

插件加载的过程十分简单，下面将做具体的描述。

（1）运行 SUAPP 安装文件，即 SketchUp 的插件安装文件。在 SketchUp 没有安装插件之前，默认的工具栏只有一排，如图 4.45 所示。

图 4.45 SketchUp 默认的工具栏

（2）双击安装文件后出现如图 4.46 所示的窗口，然后单击【下一步】按钮，出现图 4.47 所示窗口。注意选择"我同意此协议"款项，再单击【下一步】按钮。

图 4.46 SUAPP 安装第一步　　图 4.47 SUAPP 安装第二步

（3）在步骤二的最后单击【下一步】按钮将出现如图 4.48 所示第三步，这里要特别注意把安装的地址选择为 SketchUp 的安装目录，然后单击【下一步】按钮，弹出第四个步骤，如图 4.49 所示，这里不更改默认选项，直接单击【下一步】按钮。

（4）完成步骤四单击【下一步】按钮之后弹出的窗口如图 4.50 所示，第五步也不更改默认设置，直接单击【下一步】按钮，最后弹出第六步，如图 4.51 所示，单击【完成】按钮，这时安装好插件的 SketchUp 将重新打开。

图 4.48 SUAPP 安装第三步　　图 4.49 SUAPP 安装第四步

图 4.50 SUAPP 安装第五步　　图 4.51 SUAPP 安装第六步

（5）重新打开的 SketchUp 将出现一排新的工具栏，即插件栏，插件栏中的插件将为 SketchUp 的模型制作提供便捷。另外，在菜单栏中将出现"插件"命令，其中有更多的插件，如图 4.52、图 4.53 所示。

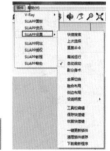

图 4.52 SketchUp 新增插件工具栏　　图 4.53 SketchUp 新增插件菜单栏

在下面的模型制作中将用到以上的插件工具，简化了复杂模型的制作，也给建模的过程带来了很多乐趣。关于在本模型中没有用到的其他插件，读者可以自己摸索。

注意：SketchUp 的插件只是辅助的建模工具，不能够完全依赖其构建，因为这类构建无论在形式上还是在规格上都有局限性，是最简易的形式，如果想要在造型等方面有所突破和亮点，建议建模者自己能够在建造模型的过程中多多留心，例如可以将自己制作出的细小构建制作成插件并保存下来，形成自己的插件库，用以弥补 SketchUp 自带插件的局限性。

4.2.6 建立联盟模型

本方案设计的理念是"当部落邂逅联盟"，部落指的是班级的组团形式，联盟则是部落之间的联系长廊。长廊是整个设计的标志中心，呈波浪形状，十分美观。廊道两边是钢制拉索结构，独特而美观，因此将其暴露在外，形成联盟的意向，如图 4.54、图 4.55 所示。模型中有曲面和圆柱拉索，在建模时有一定的复杂度，但是只要认真做好每一步，就能做出漂亮的模型。下面进入联盟模型的建立。

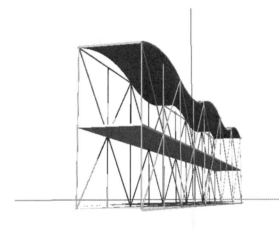

图 4.54 联盟建成意向图一

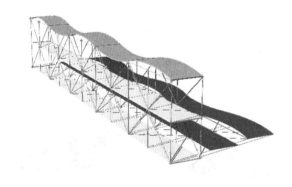

图 4.55 联盟建成意向图二

（1）廊道位于南北两个部落的中心。所以首先在中心位置用【矩形】工具画出宽度为 3000mm 的面域，注意该面域的中心线与南北部落的中心线重合，如图 4.56、图 4.57 所示。

注意：在 SketchUp 中，【线】工具在选择端点上十分智能，直接将该工具放于线附近，便能够自动地选择中点，该点将被表示成特殊颜色。线的端点和交点也能十分准确地捕捉，如图 4.56 所示。

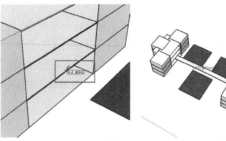

图 4.56 SketchUp 自动捕捉　　图 4.57 建立中心面域
　　　　中点示意

（2）然后选择这个面域的同时，按下键盘上的 Ctrl 键选中面域的任意一条边界线，右击选中的物体并选择【制作组件】命令，将其制作成组件，如图 4.58、图 4.59 所示。

注意：在这个步骤中，如果只是选择面域，并右击选中的物体，会发现菜单中没有【制作组件】的选择项，这是因为 SketchUp 只认定两个及两个以上的面域或线条或二者的组合为制作组件的基本条件。因此必须同时选择面域和它的一条边线才能完成组件的制作。

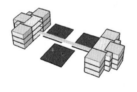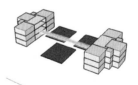

图 4.58 选择面域及其边界　　图 4.59 制作成组件

（3）双击这个组件，进入该组件的单独编辑状态，选择【推拉】工具，将楼板拉伸 100mm 的厚度。然后用【选择】工具选择整个楼板，用【油漆桶】工具赋予楼板白色。最后将工具切换成【选择】，在空白处单击，退出组件编辑，如图 4.60、图 4.61 所示。

注意：在这个步骤中，双击组件进入该组件单独编辑状态的时候，模型的其他部分将变淡并不能被编辑，只有组件内的元素可以被修改。这样非常便于选择，就算在框选的过程中选中了组件之外的部分，也不会变亮而进入被编辑状态。

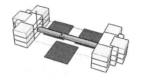

图 4.60 拉伸楼板 100mm 的厚度

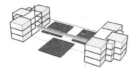

图 4.61 给楼板上颜色

（4）选择二层廊道楼板，在选择【移动】工具的同时，按下键盘上的 Ctrl 键，复制出三层廊道楼板并安放到位。然后在屋顶楼板的下檐处用【矩形】工具建立同步骤（1）中的面域。这个面域起辅助作用，在制作好"飘顶"之后将被删去。如图 4.62、图 4.63 所示。

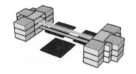

图 4.62 建立二层廊道楼板

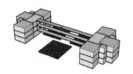

图 4.63 建立三层廊道楼板

注意：在模型制作过程当中，设计者经常会建立一些辅助设计的线或面，如步骤（4）中制作的顶层面域，由于这些辅助面在不同情况下能起到定位或者其他重要作用，在制作的时候方便了建模者的操作，所以十分必要，在需要的部分被建立好后，这些辅助面等将被删除。请读者在自己建模的时候注意这些辅助面域的使用，以提高自己的建模效率。

下面将进行飘顶的制作，廊道被等分成 5 份后，将建立相互连接的、如波浪般起伏的顶棚，在这个过程中会遇到等分线段的问题。

（5）首先，在三层面域的边缘右击边缘线，被选中的线条将变成高亮色以提示被选中，在同时出现的菜单中选择【等分】命令，边线上将出现一些红点，将光标向左或者向右移动会发现红点逐渐变多或者变少，将点数调整成为 6 点，即平均分成 5 段，光标停止移动时有方框提示被分成的段数和每段的宽度，然后左击屏幕空白处。这时选择【画笔】工具，当笔尖触碰到上述边缘线时在等分处会出现绿色的提示点，按照提示点在廊道两边画出 5 等分的辅助线，如图 4.64、图 4.65 所示。

注意："等分"在 SketchUp 建模中十分重要，在设计的时候为了形成整齐的效果或特殊的韵律感，

图 4.64 5 等分三层顶面板

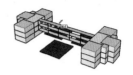

图 4.65 作出 5 等分辅助线

设计者经常会等分某些已有线段或者距离。上面介绍的是一种等分方式，还有另外一种方法也十分常用，在等分距离的时候十分方便。现在还是拿上面的例子进行补充介绍。

首先在端点处用【画笔】工具画出第一条直线，如图 4.66 所示，然后在选择【移动】工具的同时，按下键盘上的 Ctrl 键，将该直线复制一条到另一个端点，如图 4.67 所示。

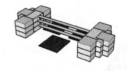

图 4.66 画出端点直线

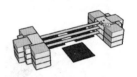

图 4.67 复制直线到另一个端点

接下来是这个方法的关键所在，在将上述步骤做完后，直接从键盘输入"/5"，这个符号代表"除以 5"，也就是将刚才画的两条直线之间的距离平均分成 5 份。输入的内容可以在界面右下角的"长度"栏中显示，如图 4.68 所示。

长度 /5

图 4.68 从键盘输入等分命令

在确定输入内容正确后按下键盘上的回车键，SketchUp 将在两条端点线之间自动生成 4 条直线，即把两条线之间的距离平均分成了 5 份，同样达到了"5 等分"的目的。然后用同样的方法作出廊道另一侧的 5 等分线，如图 4.69、图 4.70 所示。

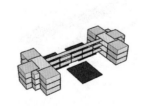

图 4.69 完成一侧 5 等分

图 4.70 完成另一侧的 5 等分

等分的辅助线条画出后就可以进行顶棚的建造了，具体步骤如下：

（6）首先用【圆弧】工具以第一和第二条直线的顶点为端点，画高度为 500mm 的圆弧，然后用同样的方法画高度为 600mm 的弧，中间 100mm 的差距代表顶棚的厚度，如图 4.71、图 4.72 所示。

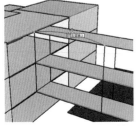

图 4.71　画高度为 500mm 的　　图 4.72　画高度为 600mm 的
　　　　　圆弧　　　　　　　　　　　　　　圆弧

（7）用【油漆桶】工具给圆弧面添加材质，然后用【推拉】工具将该面拉伸，使其宽度和廊道一样宽，完成后将这个元素做成组件方便以后编辑，如图 4.73、图 4.74 所示。

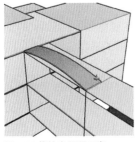
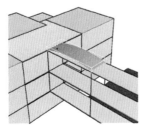

图 4.73　推拉出屋顶元素　　　图 4.74　制作组件

（8）选择上个步骤中的组件，在选择【移动】工具的同时，按下键盘上的 Ctrl 键，复制一份，然后右击新的组件，在弹出的菜单中选择【沿轴镜像】中的【组件的蓝轴】将组件翻转，如图 4.75、图 4.76 所示。

（9）将翻转的组件摆放到位，使其和第一个组件之间紧密结合，然后用同样的方法做出其他部分完成屋顶的建造，如图 4.77、图 4.78 所示。

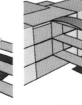

图 4.75　复制组件　　　　　图 4.76　翻转组件

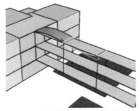
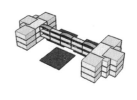

图 4.77　将新的组件摆放到位　　图 4.78　完成屋顶

下面将进行廊道拉索部分的建造，这个时候如果能够单独对廊道进行编辑会十分方便，因此采取了将其他部分"隐藏"的方式，模型建到现在并不大，所以隐藏其他部分时显示速度并不会明显变快，但是当模型的细节越来越多时，显示速度会明显变慢，到了那个时候隐藏其他部分就会明显提高重点建模部分的显示速度，之所以在前期这样做是培养建模的好习惯，这是提高建模效率的基础。

（10）分别选择左右两边的部落体块，右击对象选择【制作群组】命令将其制作成群组，如图 4.79、图 4.80 所示。

（11）选择除了廊道外的其他的部分，右击对象选择【隐藏】命令，只显示出廊道部分，如图 4.81、图 4.82 所示。

注意：在上面的步骤中，用到了【制作群组】，而之前的建模过程中使用过【制作组件】命令，它们都是将分散的点、线、面组合成一个整体。但是成为整体的"群组"和"组件"是有很大区别的，下面具体介绍一下两者的不同。

图 4.79　选择部落体块　　　　图 4.80　制作群组

图 4.81　选择除廊道外其他部分　　图 4.82　隐藏其他

通过对比就可以很清楚地看到【组件】和【群组】的区别，首先建立两个相同的体块分别赋予蓝色和红色。单击其表面和边线会发现它们是分散存在的，如图 4.83 所示。然后分别选择蓝块和红块并单击鼠标右键，分别选择【制作组件】和【制作群组】命令，将它们分别变成组件和群组，如图 4.84 所示。

图 4.83 建立两个相同的体块　　图 4.84 分别做成组件和群组

将建立的组件和群组复制一份，如图 4.85 所示。然后双击组件进入"编辑组件"状态，使用【推拉】工具增加组件的高度，会发现和它相同的组件也被增加了高度。然后双击群组进入"编辑群组"状态，同样使用【推拉】工具增加组件的高度，会发现和它相同的组件并没有改变，如图 4.86、图 4.87 所示。因此可以得出结论，组件是有关联性的，改变任何一个的属性，其他相同的组件的属性也会相应地改变。而相反的是群组并不具备关联性，编辑群组只能单独改变它本身的属性。但二者都能将分散的线面变成整体的块。因此什么时候使用组件，什么时候编辑群组完全要看建模者的需求。

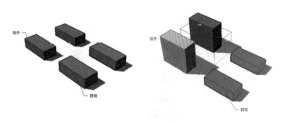

图 4.85 复制体块　　　　　图 4.86 组件具备关联性

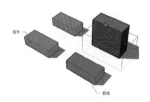

图 4.87 群组不具备关联性

（12）选择【画笔】工具连接一层和三层楼板 5 等分的中点，并完成整个廊道的连接，如图 4.88、图 4.89 所示。

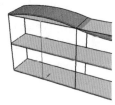 

图 4.88 连接中点　　　　　图 4.89 完成所有连接

（13）选择【画笔】工具连接各矩形对角线，并完成整个廊道所有对角线的连接，如图 4.90、图 4.91 所示。

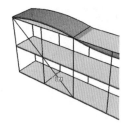 

图 4.90 连接对角线　　　　图 4.91 完成所有连接

所有的辅助线已经画完，现在可以进行钢管的建立，由于之前安装了 SketchUp 的插件，用插件可以直接生成钢管，而且操作也十分简单。

（14）选择需要生成钢管的直线，单击菜单栏中的【plugins】命令，在弹出的子菜单中选择【三维体量】中的【路径成管】命令，在弹出的对话框中输入需要的参数后单击【确定】按钮，生成第一根钢管，如图 4.92、图 4.93、图 4.94 所示。

 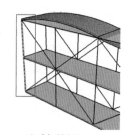

图 4.92 选择直线　　　　　图 4.93 生成钢管杆件

图 4.94 输入参数

注意：用插件生成的钢管或者其他模型都是自动以组件形式生成的，建模者可以双击直接进入编辑状态。

（15）选择上个步骤中生成的钢管，双击进入组件编辑状态，用【油漆桶】工具赋予和顶板一样的材质，如图 4.95、图 4.96 所示。

（16）选择需要生成钢管的对角线，单击菜单栏中的【plugins】命令，在弹出的子菜单中选择【三维体量】中的【路径成管】命令，在弹出的对话框中输入需要参数后点击【确定】按钮，生成斜钢管，并同样赋予材质，如图 4.97、图 4.98 所示。

图 4.95 选择钢管

图 4.96 赋予材质

图 4.97 选择对角线

图 4.98 生成斜钢管杆件

（17）用同样的方法选择剩下部分的辅助线并将它们变成钢管杆件，用【油漆桶】工具赋予材质，如图 4.99、图 4.100 所示。

注意：在用插件将直线变成钢管的时候如果贪图快捷，同时选择多条直线，再选择【路径成管】命令，则会出现如图 4.101 所示对话框，这是因为只要路径不连续，插件是不能识别的，因此建模者必须十分耐心地一根根处理。由于插件功能有限，会给建模过程带来麻烦，读者也可以自己思考新的建造方法。

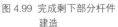
图 4.99 完成剩下部分杆件建造

图 4.100 完成全部杆件建造

图 4.101 插件无法识别

（18）检查是否每根杆件都正确建成，确定无误后用【橡皮擦】工具删除多余线和面，生成完整"廊道"模型。然后点击菜单中的【编辑】，选择【显示】中的【全部】，可以看到已经建造的全部模型，如图 4.102、图 4.103 所示。

图 4.102 删除多余线和面

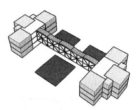
图 4.103 显示全部模型

本节总结：

1. 等分问题。本节中仔细介绍了两种等分方法，它们都十分便捷有效，根据不同的情况选择适当的等分方式能极大地方便模型的建造。另外，第二种等分方式还可以用在很多其他场合，在下面的章节中将详细介绍。

2. 组件和群组。组件和群组都是将分散的点、线、面集结成整体的块，方便选择和编辑，弄清楚组件和群组的区别和联系是十分必要的，相同的组件之间具有关联性，编辑其中一个的同时也改变其他，加快了建模速度。群组则不具备关联性，只能单独编辑。

3. 插件的运用。插件的运用在本节的钢管制作中表现得十分显著，运用插件可以直接生成许多不规则体块和复杂的规则形状，在建模的过程中多摸索有助于复杂模型的建立。

4.2.7　建立其他部分模型

在上节中，教学楼建筑的班单元和廊道部分初步模型已经建好，接下来建造实验室、教师办公室和音乐、美术教室等其他部分的初步模型，由于是无图纸设计，因此在安排功能的时候要仔细考虑功能的需求，同时组织交通空间的位置。

首先安排实验室的尺寸和位置，设计者将实

验室安排在主入口处，即基地的西面，综合考虑实验室的规定面积和辅助用房的面积后将尺寸定为 14000mm×8000mm，化学实验室应该摆放在一层，避免有毒试剂等的污染。本设计中考虑到实验室对班单元的影响，特地在二者之间插入"L"形绿化带，同时也起到了通风采光的作用。

再安排教师办公室和其他音乐、美术教室的位置，设计者将教师办公室安排在次入口处，即基地的东面，使老师有相对独立的办公空间和活动范围。将音乐教室放在教师办公室的上层能有效隔离噪音，也方便美术教室朝北向开窗。

最后是大概确定交通空间，初步确定在哪里安排楼梯和走道利于人流的组织，做到心中有数，方便后面的细节建模，如图 4.104、图 4.105、图 4.106 所示。

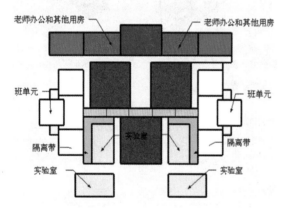

图 4.104 大概布局

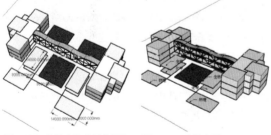

图 4.105 安排实验室的位置和　图 4.106 功能安排
　　　　尺寸

在大概清楚建模方向后就可以开始着手建造了。

（1）用【矩形】工具建立边长为 14000mm×8000mm 的矩形面，和班单元的距离为 3000mm，然后制作成组件，编辑这个组件，用【推拉】工具拉伸 3600mm 的高度，如图 4.107、图 4.108 所示。

（2）用【画笔】工具画出辅助线，定位物理实

验室，尺寸如图 4.109 所示。然后在选择【移动】工具的同时，按下键盘上的 Ctrl 键，复制上个步骤中建立的块，放到定位点，如图 4.110 所示。

（3）用【旋转】工具，选择蓝色圆盘，将圆盘的中心选在定位点，将组件旋转 90°，如图 4.111、图 4.112 所示。

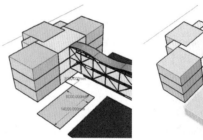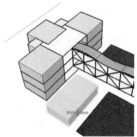

图 4.107 建立实验室平面　　图 4.108 赋予高度

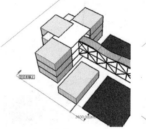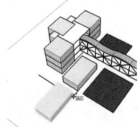

图 4.109 画辅助线　　　　图 4.110 复制块

图 4.111 选择旋转点　　　图 4.112 旋转 90°

注意：选择【旋转】工具后出现的圆盘有红、黄、蓝三种形式，分别代表三个坐标轴的方向，在旋转的过程中建模者可以根据自己的需要随意改变圆盘角度，达到全方位旋转体块的目的。另外，圆盘被等分为 24 份，每个刻度代表 15°，旋转的时候可以利用已有的刻度，也可以在键盘上直接输入需要旋转的角度。

（4）旋转后的体块位置发生了变化，选择【移动】工具，将块移到正确位置，然后选择【橡皮擦】工具擦除辅助线条，如图 4.113、图 4.114 所示。

（5）选择【画笔】工具建立"L"形平面，然后选择这个平面和任意一条边线，单击右键选择【制作组件】命令将其制作成组件，如图 4.115、图 4.116 所示。

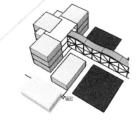
图 4.113 移动到位

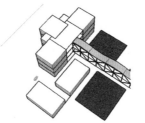
图 4.114 擦除辅助线

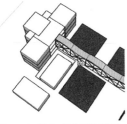
图 4.115 建立 "L" 形隔离带

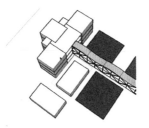
图 4.116 制作组件

（6）隔离带材质。选择【油漆桶】工具，在弹出的【材质】面板中，选择一种玻璃材质如"蓝色半透明玻璃"，如图 4.117 所示，并选择玻璃材质赋予给"L"面，如图 4.118 所示。

（7）拉伸并对称制作。选择【推拉】工具赋予"L"形平面 7200mm 的高度，退出块编辑，对称制作另一边的实验室和隔离带体块，如图 4.119、图 4.120 所示。

（8）制作卫生间体块。选择【画笔】工具定位，再用【矩形】工具建立 4500mm×3400mm 的平面，单击右键选择【制作组件】命令，双击编辑组件并赋予 3000mm 的高度，如图 4.121、图 4.122 所示。

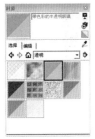
图 4.117 玻璃材质

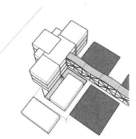
图 4.118 赋予玻璃材质

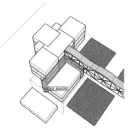
图 4.119 拉伸高度

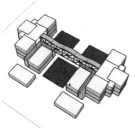
图 4.120 对称制作

图 4.121 定位并建立面

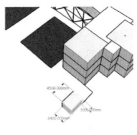
图 4.122 拉伸体块

（9）制作教师办公室体块。用【矩形】工具建立 4500mm×4500mm 的平面，单击右键选择【制作组件】命令，双击编辑组件并赋予 3000mm 的高度，如图 4.123、图 4.124 所示。

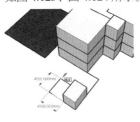
图 4.123 删除多余线和面　　图 4.124 显示全部模型

（10）制作单侧体块。在选择【移动】工具的同时，按下键盘上的 Ctrl 键，复制上个步骤中建立的块如图 4.125 所示。然后用同样的方式完成单侧体块，如图 4.126 所示。

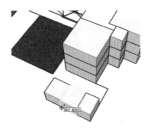
图 4.125 复制块

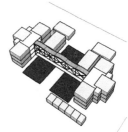
图 4.126 完成单侧体块

（11）完成办公室体块。用上个步骤中的方法制作另一侧体块，然后在选择【移动】工具的同时，按下键盘上的 Ctrl 键，复制出二层体块，如图 4.127、图 4.128 所示。

（12）制作辅助线面。用【画笔】工具建立辅助面，尺寸如图 4.129 所示，然后画出两侧的 4 等分线，如图 4.130 所示。

（13）制作圆柱。用【圆】工具建立圆形平面，半径为 300mm，然后将其制作成组件并拉伸至与教师办公室二层体块同高度，如图 4.131、图 4.132 所示。

85

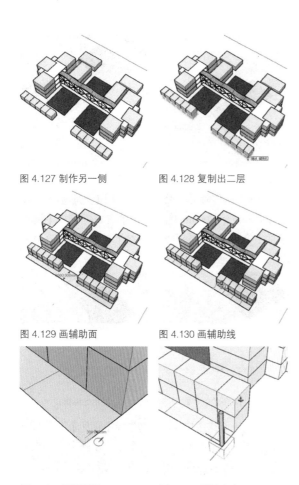

图 4.127 制作另一侧　　图 4.128 复制出二层

图 4.129 画辅助面　　图 4.130 画辅助线

图 4.131 画圆形面　　图 4.132 赋予高度

（14）制作圆柱列。在选择【移动】工具的同时，按下键盘上的 Ctrl 键，复制上一步制作的圆柱于正确位置，然后从键盘输入"4x"或者"4※"，被复制的柱子将会自动阵列，如图 4.133、图 4.134、图 4.135 所示。

注意：这里用到的"阵列"的方式其实是上节中讲的"等分方式"的相同用法，仔细研究会发现原理是一模一样的。熟练运用阵列将明显提高建模速度。

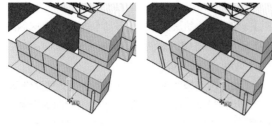

图 4.133 复制柱子　　图 4.134 阵列

图 4.135 键盘输入值

（15）制作圆柱列。重复使用上个步骤中的方法制作所有边柱，然后使用【橡皮擦】工具擦除辅助线，如图 4.136、图 4.137 所示。

（16）制作辅助线面。用【画笔】工具画出辅助线，尺寸如图 4.138 所示，然后用【圆】工具画出柱子平面，半径为 400mm，并制作组件，如图 4.139 示。

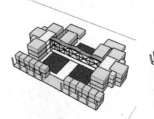

图 4.136 完成两侧圆柱　　图 4.137 擦除辅助线

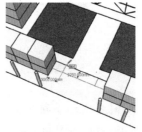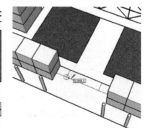

图 4.138 画辅助线　　图 4.139 画圆形平面

（17）制作圆柱。双击圆形平面进行组件编辑，赋予该面 9600mm 的高度，并用同样的方法制作另一根圆柱，如图 4.140、图 4.141 所示。

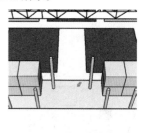

图 4.140 拉伸高度　　图 4.141 对称制作

（18）制作剩余圆柱。选择已经做好的中间圆柱，按下键盘上的 Ctrl 键，在选择【移动】工具的同时，复制出另外两根，摆放到位，如图 4.142、图 4.143 所示。

（19）制作其他体块。用【矩形】工具画出平面，然后赋予其 3600mm 的高度，并制作组件，如图 4.144、图 4.145 所示。

（20）制作其他体块。用【矩形】工具画出平面，然后赋予其 3600mm 的高度，并制作组件，如图 4.146、图 4.147 所示。

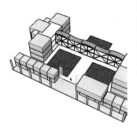

图 4.142 选择　　　　　　　　图 4.143 复制

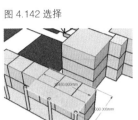
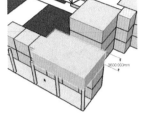

图 4.144 建立平面　　　　　　图 4.145 赋予高度

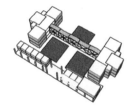
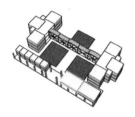

图 4.146 复制体块　　　　　　图 4.147 再复制体块

（21）制作其他体块。按下键盘上的 Ctrl 键，在选择【移动】工具的同时，复制出四层体块，摆放到位，然后对称制作，如图 4.148、图 4.149 所示。

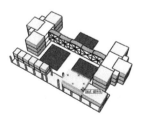
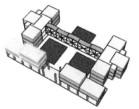

图 4.148 复制体块　　　　　　图 4.149 再复制体块

（22）制作合班教室。用【矩形】工具建立如图 4.150 所示的平面，并制作组件，编辑组件赋予面 3800mm 的高度，如图 4.151 所示。

（23）变化体块。选择上个步骤中建立体块的边线，然后选择【移动】工具将这条边线沿蓝轴垂直拉伸 1000mm，如图 4.152、图 4.153 所示。

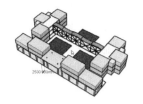
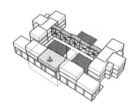

图 4.150 建立面　　　　　　　图 4.151 赋予高度

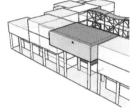

图 4.152 选中边线　　　　　　图 4.153 变化体块

（24）制作门厅体块。选择【矩形】工具建立矩形面并制作成组件，再用【圆弧】工具画出边缘，圆弧顶部高赋予 3000mm，如图 4.154、图 4.155 所示。

（25）制作门厅体块。选择【橡皮】工具删除多余线条，然后用【推拉】工具赋予体块 5100mm 的高度，如图 4.156、图 4.157 所示。

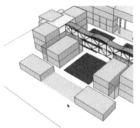

图 4.154 建立面　　　　　　　图 4.155 画弧

图 4.156 删除线　　　　　　　图 4.157 拉伸体块

（26）建立基地。按照任务书所示尺寸和要求建立基地，使建筑大概置于基地中间，然后制作组件，如图 4.158、图 4.159 所示。

模型建到这里，已经完成了初步建立，接下来的任务是进行细节建模，包括台阶、楼梯、遮阳板、走廊、顶棚等等。细节建模能让模型更加逼真耐看，也可以帮助设计者推敲整体建筑效果。

本模型建立的过程类似素描，有经验的美术老师会建议学生从大处下手先打好"形"，然后处理体积关系，在不断调整的过程中刻画细节，建模也是一样，先从大处着手建立体块，再根据各块之间的关系调整细节关系，这样的方式会避免单独处理细节却忽略整体关系的弊端。

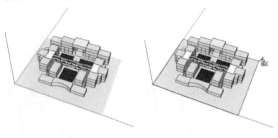

图 4.158 建立基地   图 4.159 制作组件

本节总结：

1. 本节建模过程中用到的阵列方法和上节中的等分方法十分类似，其实就是同一种方法的不同运用，读者也可以借此想到其实学到一种方法后能仔细思考，举一反三，建模就是一件十分有趣的事情。

2. 本节建模过程中的许多方法都是前面几节重点强调过的。

4.3 细节建模

上节中提到，建模的过程和画素描的原理是一样的，首先着手大的体块和明暗关系，然后精致细节。本节具体介绍该模型的细节部分的建立，分别包括室外台阶、楼梯、栏杆、教室门窗、女儿墙、立面色块、遮阳棚。这些细节能让模型丰富起来，同时也是设计者表达方案的必要元素。

细节部分在建立的时候需要细心和极大的耐心，因为本身的复杂性，建造的过程相对体块的建立更加复杂，但是它们对模型的贡献十分明显，漂亮的模型一般都具有精致而丰富的细节。下面将具体讲述本模型细节的制作过程。

4.3.1 整理模型

在上章"初步建模"中，相似的功能体块被制作成了组件，以便修改和整体编辑，但是选择起来仍显得十分麻烦。因此在进行细节建模以前，有必要将模型进行整理，原理是把模型分成几个相似的功能组群，这样能理清建模者的思路也方便了细节的建立。具体方法如下：

（1）建立组群。按下键盘上的Ctrl键，用【选择】工具同时选择最前方的实验室体块，右击这些体块，选择【制作群组】命令，将其制作成组群。用同样的方法将中间的实验室体块和绿化带制作成组群，如图4.160、图4.161所示。

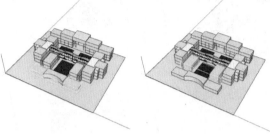

图 4.160 制作群组 1   图 4.161 制作群组 2

（2）建立组群。按下键盘上的Ctrl键，用【选择】工具同时选择南面和北面的班单元体块，右击这些体块，选择【制作群组】命令，将其制作成组群。用同样的方法将中间的廊道部分制作成组群，如图4.162、图4.163所示。

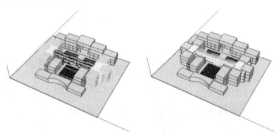

图 4.162 制作群组 3   图 4.163 制作群组 4

（3）建立组群。按下键盘上的Ctrl键，用【选择】工具同时选择东面的教室办公室和辅助教室体块，右击这些体块，选择【制作群组】命令，将其制作成组群。用同样的方法将东侧的柱廊制作成组群，如图4.164、图4.165所示。

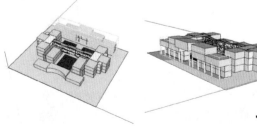

图 4.164 制作群组 5   图 4.165 制作群组 6

4.3.2 制作室内地面和台阶

建筑物室内的高度一般高于室外地平面，这是为了防止雨天雨水的流入。所以在进入建筑的时候通常会上三到四级台阶（一些有特殊要求的建筑甚至更多）。本方案设计者将室内外高差设定为 450mm，即室外到室内有三级台阶。

（1）描绘边线。双击基地组件，进入编辑状态，选择【画笔】工具，描绘出建筑的轮廓线，然后按下键盘上【I】键，隐藏其他体块，用【圆弧】工具画出台阶的边线，如图 4.166、图 4.167 所示。

（2）复制边线。选择边线，在切换成【移动】工具的同时，按下键盘上的 Ctrl 键，复制出两条边线，间隔为 500mm，如图 4.168、图 4.169 所示。

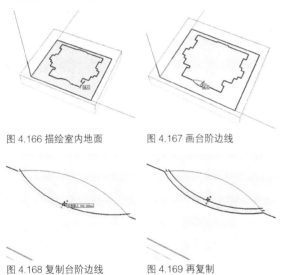

图 4.166 描绘室内地面　　图 4.167 画台阶边线

图 4.168 复制台阶边线　　图 4.169 再复制

（3）描绘边线。用【橡皮】工具删除多余的线条，用【画笔】工具描绘出东面台阶的边线，如图 4.170、图 4.171 所示。

（4）制作台阶和室内地坪。选择【推拉】工具拉伸台阶，每级赋予 150mm 的高度，同时拉伸出高于室外地面 450mm 的室内地坪，如图 4.172、图 4.173 所示。

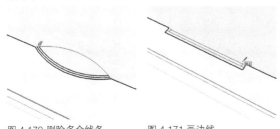

图 4.170 删除多余线条　　图 4.171 画边线

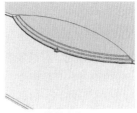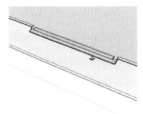

图 4.172 拉伸台阶　　　　图 4.173 拉伸台阶

（5）制作中庭。由于室内地坪被抬高，原先描画的中庭需要重新制作，用【矩形】工具画出中庭位置，再用【推拉】工具赋予深度，如图 4.174、图 4.175 所示。

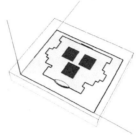

图 4.174 描绘中庭　　　　图 4.175 赋予深度

注意：隐藏与显现。按下键盘上的【I】键，可以使组件周围的体块隐藏或者显现，如图 4.176、图 4.177 所示。这个技巧在建模的过程中是经常被使用的，当隐藏其他的时候设计者可以专注编辑单一体块，同时由于显示物体的减少，电脑显示的速度会随之变快。其他物体显现时可以给设计者以参照。总之，可以根据建模者的需要自由调节。

（6）模型上移。选择所有模型群组，用【移动】工具将所有群组垂直上移 450mm，放于室内地坪上，如图 4.178、图 4.179 所示。

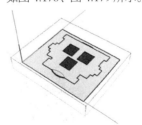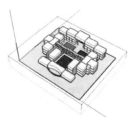

图 4.176 隐藏其他　　　　图 4.177 显现其他

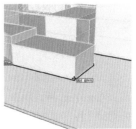

图 4.178 选择全部组群　　图 4.179 上移

4.3.3 制作楼梯

在建筑模型中，楼梯作为垂直的交通渠道是十分重要的部分。楼梯的建立也是十分麻烦的。有很多建模者喜欢直接调用 SketchUp 自带组件中的楼梯组件，当然这样的方法是可取的，也是十分快捷的，但是自带组件并不是万能的，不同建筑根据层高不同可能拥有不同数据参数的楼梯。另外，SketchUp 的插件工具也可以很方便地制作楼梯，只需要输入相应参数即可，在本方案中，设计者准备自己建造楼梯组件，一方面适应本身方案的需要，另一方面也方便和读者一起学习楼梯制作的过程。

本方案中有 5 处楼梯，分布地点如图 4.180 所示。其中 1 号和 2 号楼梯、3 号和 4 号都是对称的，可以只制作一边，然后复制另一边。5 号是剪刀梯，需要单独制作。轴测图上 5 个楼梯的位置分别如图 4.181 所示。

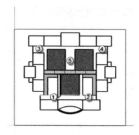
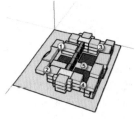

图 4.180 楼梯平面分布　　　图 4.181 楼梯轴测分布

（1）1 号楼梯：隐藏部分组件。选择如图 4.182 所示的组群，按下键盘上的【H】键，隐藏这部分组群，隐藏后的状态如图 4.183 所示。

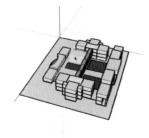
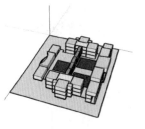

图 4.182 选择组群　　　　图 4.183 隐藏组群

（2）1 号楼梯：描画踏步。选择【画笔】工具，画出如图 4.184 所示台阶边线，高和宽分别为 150mm 和 280mm，选择这两条线，在切换成【移动】工具的同时，按下键盘上的 Ctrl 键，复制另外两条线，如图 4.185 所示。

图 4.184 复制台阶边线　　　图 4.185 再复制

（3）1 号楼梯：完成踏步组件。按照上个步骤中的方法复制出所有踏步，然后用【画笔】工具完成面的绘制，并制作成组件，如图 4.186、图 4.187 所示。

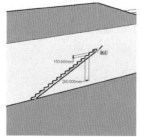
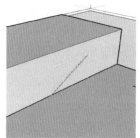

图 4.186 描绘楼梯面　　　图 4.187 制作组件

（4）1 号楼梯：赋予材质。双击该面进入组件编辑，选择【油漆桶】工具，赋予该面白色材质，如图 4.188、图 4.189 所示。

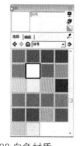

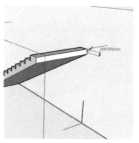

图 4.188 白色材质　　　　图 4.189 赋予材质

（5）1 号楼梯：拉伸。选择【推拉】工具，将该面向外拉伸 1500mm，然后切换成【画笔】工具，在端侧画出 100mm 的短线代表休息平台的厚度，如图 4.190、图 4.191 所示。

图 4.190 赋予厚度　　　图 4.191 定点

（6）1 号楼梯：制作休息平台。捕捉上个步骤中定好的 100mm 厚的点，用【画笔】工具画出距边线 100mm 的直线，然后用【推拉】工具拉伸 1500mm 的长度，如图 4.192、图 4.193 所示。

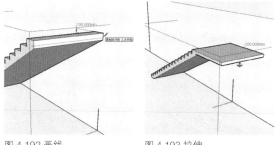

图 4.192 画线　　　　　　　　图 4.193 拉伸

（7）1 号楼梯：制作休息平台。用【画笔】工具将休息平台的侧面画出，再使用【推拉】工具拉伸长度到蓝色透明玻璃的边界，如图 4.194、图 4.195 所示。

（8）1 号楼梯：描画另一侧台阶。选择【画笔】工具描画出另一侧踏步的面，然后使用【油漆桶】工具赋予该面白色的材质，如图 4.196、图 4.197 所示。

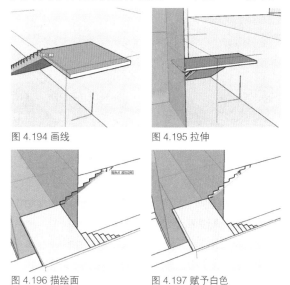

图 4.194 画线　　　　　　　　图 4.195 拉伸

图 4.196 描绘面　　　　　　　图 4.197 赋予白色

（9）1 号楼梯：拉伸制作组件。选择【推拉】工具将上个步骤中建立的面拉伸 1500mm，如图 4.198 所示，然后退出组件编辑。一号楼梯整体效果如图 4.199 所示。

（10）对称制作 2 号楼梯。选择 1 号楼梯，在切换成【移动】工具的同时，按下键盘上的 Ctrl 键，复制 1 号楼梯，然后单击右键，在【沿轴镜像】中选择【组件的绿轴】生成 2 号楼梯，再放置到合适的位置，如图 4.200、图 4.201 所示。

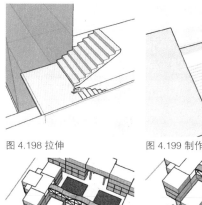

图 4.198 拉伸　　　　　　　　图 4.199 制作组件

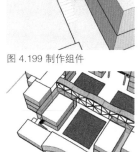

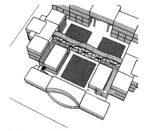

图 4.200 复制　　　　　　　　图 4.201 沿轴镜像

由于教室办公室的层高低于班单元，所以 3 号楼梯在数据参数上较 1 号楼梯有所不同，需要减少几步台阶，具体方式是用【橡皮擦】工具删除，这里不再赘述。

（11）制作 3 号楼梯。在 1 号楼梯的基础上用【橡皮擦】工具删除多余台阶，重新制作成组件，然后在切换成【移动】工具的同时，按下键盘上的 Ctrl 键复制二层的楼梯，如图 4.202、图 4.203 所示。

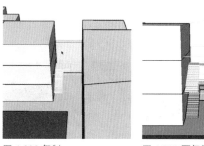

图 4.202 复制　　　　　　　　图 4.203 再复制

（12）制作 3 号楼梯。用同样的方法制作出三层的楼梯，并用【画笔】工具增加相应台阶数，如图 4.204 所示。3 号楼梯整体效果如图 4.205 所示。

（13）对称制作 4 号楼梯。将 3 号楼梯整体选择并制作群组，选择这个群组，复制、镜像制作 4 号楼梯，并将其放置到正确的位置。如图 4.206、图 4.207 所示。

（14）制作 5 号楼梯。使用【画笔】工具定出 5 号楼梯的位置，用上述步骤中同样的方法制作楼梯体块，注意东面通往教室办公室的楼梯级数比其他的少，如图 4.208、图 4.209 所示。

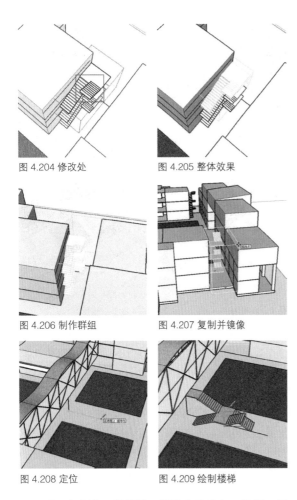

图 4.204 修改处　　　　图 4.205 整体效果

图 4.206 制作群组　　　　图 4.207 复制并镜像

图 4.208 定位　　　　图 4.209 绘制楼梯

（15）制作 5 号楼梯。删除定位线条，并将 5 号楼梯制作成组件，如图 4.210、图 4.211 所示。

图 4.210 复制台阶边线　　　图 4.211 制作组件

　　总结：楼梯的制作相对而言比较麻烦，但是原理是很简单的，用同样的原理可以制作出不同形式的楼梯。当然读者也可以自己探索制作楼梯的好方法，这也是在 SketchUp 的学习中自我提高的一种方式。另外，自己做的楼梯组件可以保留起来丰富自己的组件库，这样如果在以后的建模中遇到可以用到的地方就十分便捷了，而且很独特。

4.3.4　制作走廊

　　走廊是教学楼中水平交通的渠道，通过走廊，同层楼的学生们可以进行各种交流，走廊的制作并不复杂，主要用到【矩形】工具。

　　（1）创建矩形组件。用【矩形】工具创建如图 4.212 所示 2200mm×100mm 的矩形面，并将其制作成组件，如图 4.213 所示。

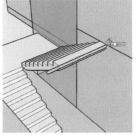

图 4.212 创建矩形面　　　图 4.213 制作组件

　　（2）创建路径。进入上个步骤中的组件编辑，选择【画笔】工具画出如图 4.214 所示边线和图 4.215 所示辅助线。

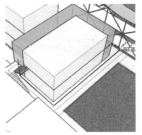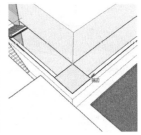

图 4.214 画边线　　　　图 4.215 画辅助线

　　（3）创建路径。选择【圆弧】工具，画出半径为 550mm 的圆弧，如图 4.216 所示，再用【橡皮擦】工具删除多余线条，如图 4.217 所示。

　　（4）创建面。选择上个步骤中的路径，在菜单栏中的【工具】中选择路径跟随，然后单击之前创建的面，便会出现走廊面。如图 4.218、图 4.219 所示。

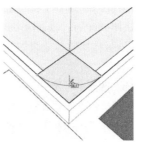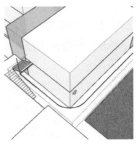

图 4.216 复制台阶边线　　　图 4.217 再复制

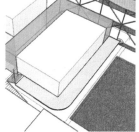

图 4.218 选择路径　　　　　图 4.219 路径跟随

（5）修改面。选择【画笔】工具，画出要删除的面的边线，如图 4.220 所示，然后用【推拉】工具调整宽度，如图 4.220、图 4.221 所示。

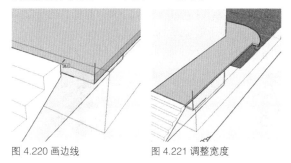

图 4.220 画边线　　　　　图 4.221 调整宽度

（6）修改面。选择【圆弧】工具，画出如图 4.222 所示圆弧，然后用【推拉】工具调整多余部分，如图 4.223 所示。

（7）赋予材质。按下键盘上的【Ctrl】+【A】键全选组件中的所有线面，用【油漆桶】工具赋予所有面白色的材质，如图 4.224、图 4.225 所示。

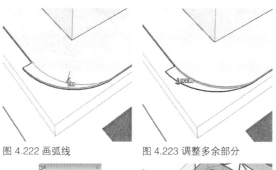

图 4.222 画弧线　　　　　图 4.223 调整多余部分

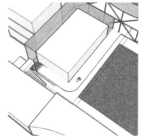

图 4.224 白色材质　　　　　图 4.225 赋予材质

（8）对称制作。选择上个步骤中做好的走廊组件，在切换成【移动】工具的同时，按下键盘上的 Ctrl 键，复制一份并沿绿轴镜像，放置到正确的位置，这样就完成了前面部分走廊的对称制作，如图 4.226、图 4.227 所示。

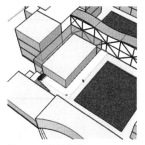
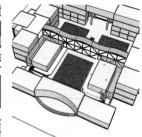

图 4.226 选择组件　　　　　图 4.227 复制并镜像

（9）制作东面二层走廊。用【矩形】工具画出东面需要制作成面的走廊处，并用【画笔】工具修补细节，同样赋予 100mm 的厚度和白色的材质，如图 4.228、图 4.229 所示。

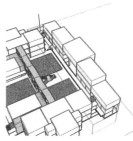
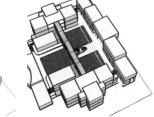

图 4.228 绘制面　　　　　图 4.229 制作组件

（10）制作东面二层走廊。用【画笔】工具画出班单元走廊的边界线，用【推拉】工具拉伸 1200mm，如图 4.230、图 4.231 所示。

（11）制作东面二层走廊。用【画笔】工具绘制出台阶的边线（由于班单元和老师办公室层高不同，所以需要台阶），并完成台阶侧面的制作，如图 4.232、图 4.233 所示。

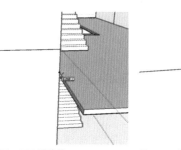
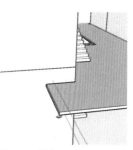

图 4.230 画边线　　　　　图 4.231 拉伸

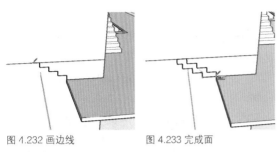

图 4.232 画边线　　　　图 4.233 完成面

（12）制作东面二层走廊。用【油漆桶】工具赋予该面白色的材质，再用【推拉】工具拉伸厚度，如图 4.234、图 4.235 所示。

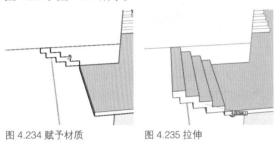

图 4.234 赋予材质　　　　图 4.235 拉伸

（13）制作东面二层走廊。选择【画笔】工具，画出如图 4.236 所示的直线，并用【推拉】工具调整厚度，如图 4.237 所示。

（14）做东面二层走廊。选择【橡皮擦】工具，删除多余的线条，退出组件编辑，查看台阶的状态是否正确，如图 4.238、图 4.239 所示。

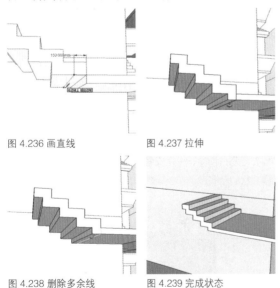

图 4.236 画直线　　　　图 4.237 拉伸

图 4.238 删除多余线　　　　图 4.239 完成状态

（15）做东面二层走廊。选择【橡皮擦】工具，删除多余的线条，并对称制作南面的走廊。如图 4.240、图 4.241 所示。

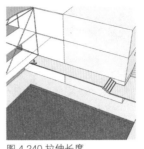

图 4.240 拉伸长度　　　　图 4.241 完成二层走廊

（16）制作东面三层走廊。用同样的方法制作三层的走廊，并注意台阶的数量有所改变，对称制作后完成并制作组件。如图 4.242、图 4.243 所示。

（17）制作四层东面走廊。用同样的方法制作出四层的走廊，合班教室前为圆弧形阳台，如图 4.244、图 4.245 所示。

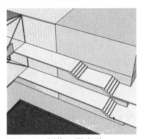

图 4.242 制作三层台阶　　　　图 4.243 完成单层走廊

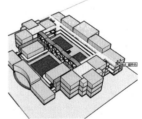

图 4.244 复制　　　　图 4.245 完成四层走廊

总结：走廊的制作相对简单，本节中讲到了【路径跟随】这一新的方法，这种方法适合制作一些不太规则的图形，只要先找好跟随路径，再点取所选的面就可以顺利生成许多形状。当然这个工具有的时候也会出现一些问题，比如跟随的时候会出现小的错误，这就需要用画笔工具修复等等。

4.3.5 制作栏杆

栏杆在教育建筑中起着很重要的作用，它关系到学生的安全，所以一定注意走廊的栏杆形式不能做成易于攀爬的栅格，高度一般也不应小于 1110mm。本方案中栏杆不做镂空，直接以板的形式呈现，厚度为

60mm，主要用到 SketchUp 中的【矩形】工具。

（1）画边线。选择【画笔】工具，定出离边界 100mm 的点，沿蓝轴画出长度为 1110mm 的直线，如图 4.246、图 4.247 所示。

图 4.246 定点

图 4.247 画直线

（2）生成栏杆组件。用【画笔】工具完成栏杆的侧面，然后选择该面，制作成组件，如图 4.248、图 4.249 所示。

（3）栏杆尽端描绘。进入栏杆的组件编辑模式，用【画笔】工具延长边线，沿着出现的桃红色轴线一直画到地面，然后连接其他直线。如图 4.250、图 4.251 所示。

图 4.248 描画侧面 　　图 4.249 制作组件

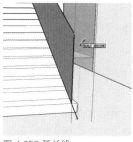
图 4.250 延长线

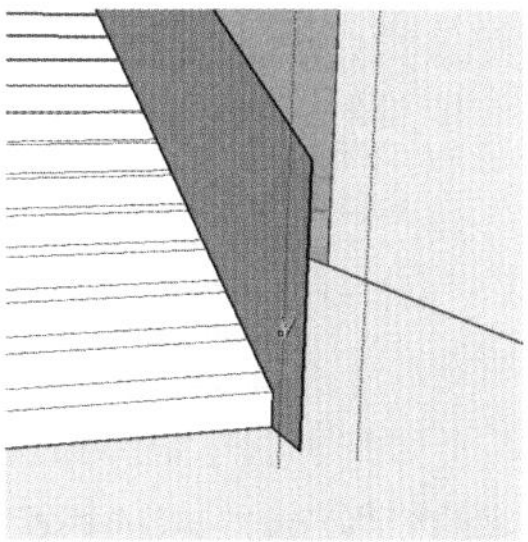

图 4.251 制作尽端面

注意：SketchUp 可以自动生成除红、黄、蓝轴以外的其他轴线，用桃红色表示，这样的轴线会延续模型中其他方向的直线。另外 SketchUp 也能自动捕捉到达表面的点，并用"在表面上"的文字告知设计者。

（4）栏杆转角处描绘。用【矩形】工具描画出 100mm×200mm 的矩形，如图 4.252 所示，再分别建立垂直方向上的面，如图 4.253 所示。

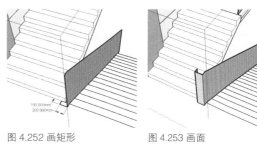
图 4.252 画矩形　　　　图 4.253 画面

（5）栏杆描绘。用同样的方式制作出第二跑楼梯的栏杆和二楼走廊处的栏板，如图 4.254、图 4.255 所示。

（6）赋予材质。全选组件中的面域，用【油漆桶】工具赋予它们白色的材质，如图 4.256、图 4.257 所示。

（7）赋予厚度。使用【推拉】工具赋予每个面 60mm 的厚度，由于面与面之间的相交性，有时需要用【画笔】和【矩形】工具修补出现的错误。如图 4.258、图 4.259 所示。

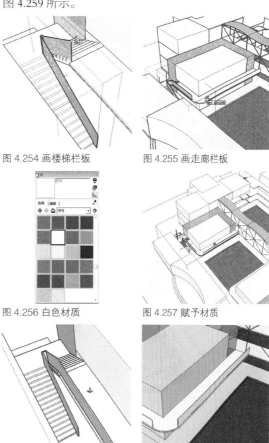
图 4.254 画楼梯栏板　　图 4.255 画走廊栏板

图 4.256 白色材质　　　图 4.257 赋予材质

图 4.258 赋予楼梯栏板厚度　图 4.259 赋予走廊栏板厚度

（8）栏杆转角面制作。用【圆弧】工具画出转角处的栏板平面，如图 4.260 所示。再用【推拉】工具

拉伸该面的高度至与其他栏板一致，如图 4.261 所示。

（9）柔化转角。在按下键盘上 Ctrl 键的同时，选择【橡皮擦】工具，擦去不需要的直线（实际上是直线被隐藏了），如图 4.262、图 4.263 所示。

图 4.260 画转角栏板平面

图 4.261 拉伸转角栏板

图 4.262 选择多余线

图 4.263 隐藏多余线

注意：在 SketchUp 的建模过程中有两种方式柔化模型。第一种是 Ctrl+【橡皮擦】工具，第二种是 Shift+【橡皮擦】工具。区别在于前者是隐藏边线，需要的时候还会再次显现，而后者是真正的柔化，也就是删除边线，这样柔化后线就不会再出现了，设计者应该根据自己的需要谨慎选择。

（10）对称制作。柔化完成转角后，一侧的栏板大致完成，再通过复制和镜像对称制作另一侧的栏板，如图 4.264、图 4.265 所示。

图 4.264 完成一侧

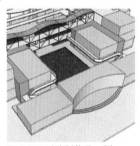
图 4.265 对称制作另一侧

（11）制作休息平台栏杆。用【矩形】工具以同样的方法制作休息平台和一层平台处的栏板，同时对称制作，如图 4.266、图 4.267 所示。

（12）制作廊道栏杆。用【矩形】工具在教学楼中间联盟两边分别制作栏板，如图 4.268、图 4.269 所示。

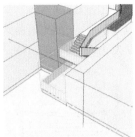
图 4.266 制作休息平台栏板

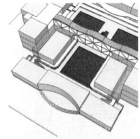
图 4.267 对称制作

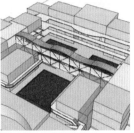
图 4.268 制作西面栏板

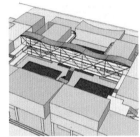
图 4.269 制作东面栏板

（13）制作东面廊道栏杆。用之前步骤中的方式制作东面廊道的栏板。每一层都有变化，在建模的时候需要特别仔细。然后用【画笔】工具画出走廊和东面二层走廊与剪刀梯之间的走廊面。如图 4.270、图 4.271 所示。

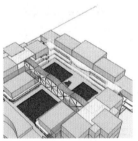
图 4.270 制作东面廊道栏杆

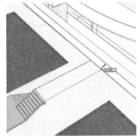
图 4.271 画走廊面

（14）制作廊道。用【画笔】工具画出辅助线，再用【推拉】工具拉伸走廊的长度。如图 4.272、图 4.273 所示。

（15）制作剪刀梯栏杆。用【矩形】工具画出走廊的栏板和剪刀梯的栏板。如图 4.274、图 4.275 所示。

图 4.272 做辅助线

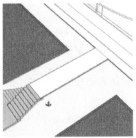
图 4.273 拉伸

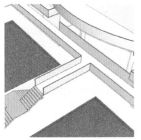

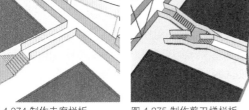

图 4.274 制作走廊栏板　　图 4.275 制作剪刀梯栏板

4.3.6　添加教室的门

教学楼的门设计在有外走廊的那边，因此也成了立面上不可缺少的元素。本设计中有 6 处需要安置门组件，位置如图 4.276 所示，分别为实验室、班单元、卫生间、教室办公室、音乐美术教室与合班教室。

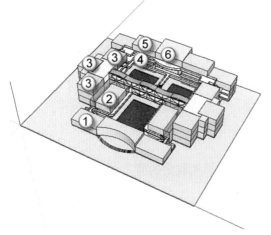

图 4.276 制作走廊栏板

由于有些需要安装门的地方被其他的体块遮挡，所以需要单独编辑这部分体块同时隐藏其他。这样的方法在建模过程中十分常见。

（1）隐藏其他。双击模型最西侧的实验室体块，按下键盘上的【I】键，隐藏其他体块，如图 4.277、图 4.278 所示。

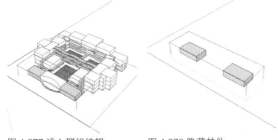

图 4.277 进入群组编辑　　图 4.278 隐藏其他

（2）添加门组件。在菜单栏的【窗口】中选择【组件】命令，调用【建筑】中的门组件，选择门板，赋予暗红色材质。如图 4.279、图 4.280 所示。

（3）添加组件窗。用同样的方式调用【建筑】中的窗组件，按下键盘上的【S】键，在窗组件上出现了 9 个绿色的点用来缩放该组件。如图 4.281、图 4.282 所示。

图 4.279 添加门组件　　图 4.280 赋予材质

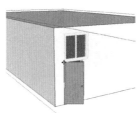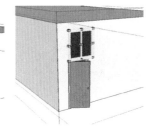

图 4.281 添加窗组件　　图 4.282 缩放准备

（4）制作新组件。按照自己的需要，利用窗组件上的 9 个缩放点将窗组件制作成合适的窗。然后将窗和门一起制作成新的组件。如图 4.283、图 4.284 所示。

（5）添加其他门组件。在切换成【移动】工具的同时，按下键盘上的 Ctrl 键将新制作的门组件复制到其他需要门的位置，如图 4.285、图 4.286 所示。

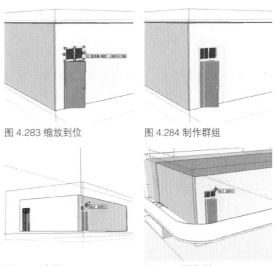

图 4.283 缩放到位　　图 4.284 制作群组

图 4.285 复制　　图 4.286 再复制

（6）对称制作。在切换成【移动】工具的同时，按下键盘上的 Ctrl 键，复制出另一侧的门组件，然后沿轴镜像制作另一端的门。如图 4.287、图 4.288 所示。

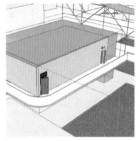
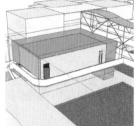

图 4.287 复制　　　　　　图 4.288 沿轴镜像

（7）添加班单元门组件。用同样的方式添加班单元的门组件，发现有方向不对的，就用【旋转】工具或者【沿轴镜像】来调整。如图 4.289、图 4.290 所示。

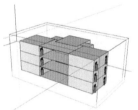

图 4.289 添加门组件　　　图 4.290 调整方向

（8）添加卫生间门组件。双击东侧群组，隐藏其他体块，进入卫生间体块编辑状态，加入门组件，如图 4.291、图 4.292 所示。

图 4.291 隐藏其他　　　图 4.292 添加卫生间门组件

（9）添加办公室门组件。双击东侧群组，隐藏其他体块，进入办公室体块编辑状态，加入门组件，如图 4.293、图 4.294 所示。

图 4.293 退出卫生间组件编辑　图 4.294 添加办公室门组件

（10）添加其他教室门组件。双击东侧群组，隐藏其他体块，进入附属教室和合班教室体块编辑状态，加入门组件，如图 4.295、图 4.296 所示。

（11）完成门组件的添加。将合班教室门体块的宽度调整为符合规范的 1500mm，然后退出组件编辑，如图 4.297 所示。整体效果如图 4.298 所示。

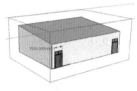

图 4.295 退出办公室组件编辑　图 4.296 添加合班教室门组件

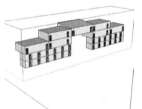
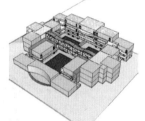

图 4.297 退出合班教室组件编辑　图 4.298 显示全部

4.3.7 添加教室的窗

窗的合理设计能给教室带来舒适的光线和健康的空气。同时也丰富了建筑的立面效果。本方案为南北对称，因此设计者选择先制作北面的窗，然后镜像制作南面，窗的位置如图 4.299 所示，下面将分别介绍窗户的制作过程。

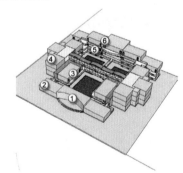

图 4.299 窗户位置一览图

（1）分割门厅落地门窗。进入门厅组件编辑状态，选择【画笔】工具将圆弧形的入口门厅做等量分割。如图 4.300、图 4.301 所示。

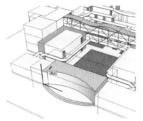

图 4.300 进入组件编辑状态　　图 4.301 分割弧形面

注意：SketchUp 中的弧形默认是由许多矩形面组成的，因此在弧形面上会自动显示出等分点，设计者可以根据这些点将弧面等分。

（2）赋予玻璃材质。选择【油漆桶】工具，给门厅里的落地门窗赋予灰色的玻璃材质。如图 4.302、图 4.303 所示。

图 4.302 灰色透明玻璃材质　　图 4.303 赋予材质

（3）添加实验室北侧窗。在菜单栏的【窗口】中选择【组件】命令，在【建筑】文件夹中调用窗户组件，如图 4.304 所示。按下键盘上的【S】键，将该组件缩放到合适大小，并根据需要复制，如图 4.305 所示。

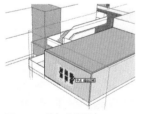
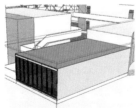

图 4.304 添加窗组件　　图 4.305 缩放并复制

（4）添加实验室南侧窗。在菜单栏的【窗口】中选择【组件】命令，在【建筑】文件夹中调用窗户组件，如图 4.306 所示。按下键盘上的【S】键，将该组件缩放到合适大小，并根据需要复制。如图 4.307 所示。

（5）添加班单元南侧窗。在菜单栏的【窗口】中选择【组件】命令，在【建筑】文件夹中调用窗户组件，如图 4.308 所示。按下键盘上的【S】键，将该组件缩放到合适大小，并根据需要复制。如图 4.309 所示。

图 4.306 添加窗组件　　图 4.307 缩放

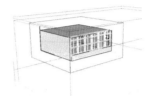

图 4.308 添加窗组件　　图 4.309 整体效果

（6）添加班单元北侧窗。用【画笔】工具画出班单元北侧窗户的分割情况，用【推拉】工具拉伸两侧矩形边缘，如图 4.310、图 4.311 所示。

（7）制作班单元北侧窗。选择【矩形】工具制作出 100mm×100mm 的矩形面，然后用【推拉】工具拉伸到需要的高度，并制作成组件。将该组件复制到竖向分割处。如图 4.312、图 4.313 所示。

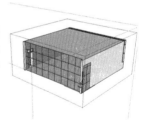

图 4.310 描绘分割情况　　图 4.311 拉伸边缘

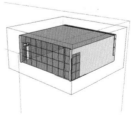

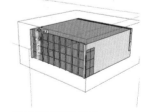

图 4.312 制作分隔条　　图 4.313 复制分隔条

（8）制作班单元天窗和其他圆窗。用之前步骤中的办法制作班单元顶处的天窗。用【推拉】工具制作黄色体块上的圆形窗，如图 4.314、图 4.315 所示。

（9）对称制作。由于组件的关联性，在制作单一组件的时候，所有班单元的体块也同时被编辑了，如图 4.316、图 4.317 所示。

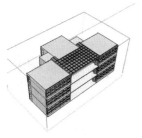

图 4.314 制作天窗

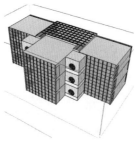

图 4.315 制作圆形窗

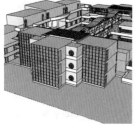

图 4.316 对称制作

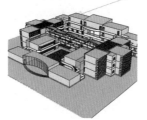

图 4.317 显示所有

（10）赋予材质并添加北窗。选择东面的组群，赋予白色的材质，如图 4.318 所示。在菜单栏的【窗口】中选择【组件】命令，在【建筑】文件夹中调用窗户组件，按下键盘上的【S】键，将该组件缩放到合适大小，并根据需要复制，如图 4.319 所示。

（11）添加东侧窗。在菜单栏的【窗口】中选择【组件】命令，在【建筑】文件夹中调用窗户组件，根据功能和立面的需要添加窗户，如图 4.320、图 4.321 所示。

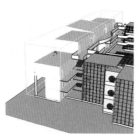

图 4.318 赋予白色

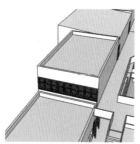

图 4.319 添加窗户

图 4.320 添加东侧窗户

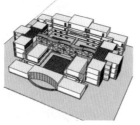

图 4.321 显示全部

4.3.8 制作女儿墙

女儿墙是建筑墙体中的一种形式，最早叫做女墙，又叫女垣，实际名称为压檐墙，民间称城垛子，是一种高出屋面和城墙的矮墙。

从建筑形式上讲，女儿墙是处理屋面与外墙形状的一种衔接方式，后来逐渐发展成为一种专门的防护用墙。女儿墙的来历非常有趣，据民间传说，在古代时大户人家由于受封建礼教的束缚，为了不让自己的女儿随便出门，在屋顶和墙垣上特意建造了一堵墙，而女孩子们在足不出户的情况下，却又禁不住外面世界的精彩和诱惑，于是便悄悄地攀上屋顶或高墙，隔着那道矮矮的防护墙向外眺望，久而久之，便被人称作女儿墙了。女儿墙的建筑形式多种多样，一般来说分为实心墙和带有望孔的墙。

屋面女儿墙作为围护墙体，属于非结构构件范畴。非结构构件自身及其与结构主体的连接需进行抗震设计。通常情况下，上人屋面的女儿墙需要设计成立面据臂式的，以免占据屋顶空间。

下面将具体介绍本方案中女儿墙的做法。

（1）制作西侧实验室女儿墙。进入实验室组件编辑状态，选择【偏移复制】工具，将顶面的边线偏移复制 200mm，然后用【推拉】工具赋予 600mm 的高度，如图 4.322、图 4.323 所示。

（2）修改调整。选择【画笔】工具，做出辅助线，再用【推拉】工具减少 600mm 高度，最后用【橡皮擦】工具删除多余线条。如图 4.324、图 4.325 所示。

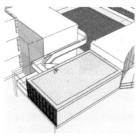

图 4.322 偏移复制

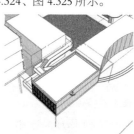

图 4.323 拉伸

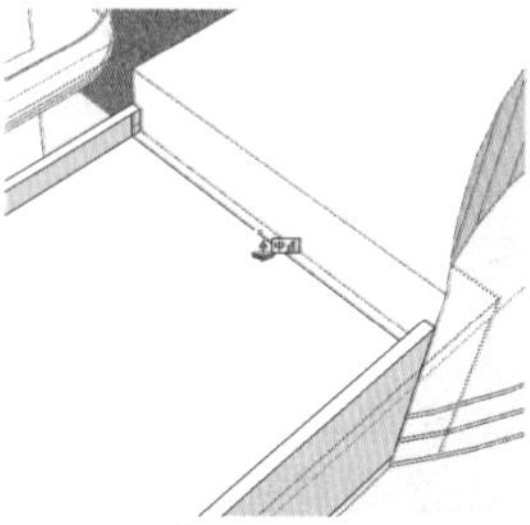

图 4.324 减少高度

图 4.325 删除多余线条

（3）制作门厅和实验室女儿墙。进入门厅组件编辑状态，选择【偏移复制】工具，将顶面的边线偏移复制 200mm，然后用【推拉】工具赋予 600mm 的高度。同理制作其他实验室的女儿墙，如图 4.326、图 4.327 所示。

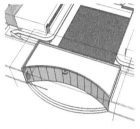
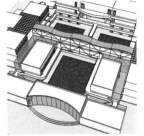

图 4.326 制作门厅女儿墙　　图 4.327 制作其他实验室女儿墙

（4）制作黄色体块女儿墙。进入黄色组件编辑状态，选择【偏移复制】工具，将顶面的边线偏移复制 200mm，然后用【推拉】工具赋予 600mm 的高度，如图 4.328、图 4.329 所示。

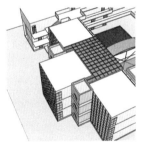
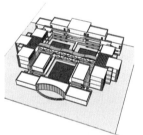

图 4.328 制作黄色体块女儿墙　　图 4.329 显示全部

4.3.9　制作立面色块

本方案教学楼属于校园规划中的单体，它的整体风格应该和周围的环境保持一致，本教学楼南面的已建教学楼中有红色的体块元素，因此，设计者考虑在该教学楼中点缀红色的体块元素与大环境相呼应。使用工具在前面几章中都有具体介绍，因此具体制作过程在这里简略讲述。

（1）制作门厅色块。选择【矩形】工具和【推拉】工具制作出如图 4.330 所示的体块，并赋予深红色材质，如图 4.331 所示。

（2）修补细节。用【画笔】工具修补体块与体块之间的断裂细节。用【橡皮擦】工具删除多余线条，如图 4.332、图 4.333 所示。

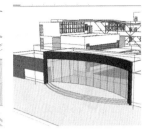

图 4.330 制作体块　　图 4.331 制作体块

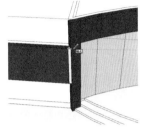
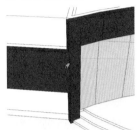

图 4.332 修补裂缝　　图 4.333 删除多余线条

（3）制作班单元色块。选择【矩形】工具和【推拉】工具制作出如图 4.334 所示的体块，并赋予深红色材质，如图 4.335 所示。

（4）复制体块。选择上个步骤中制作的班单元色块，切换成【移动】工具的同时，按下键盘上的 Ctrl 键，将体块复制，安放在正确的位置，如图 4.336、图 4.337 所示。

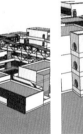

图 4.334 整体效果　　图 4.335 制作体块

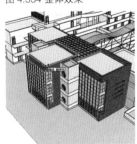
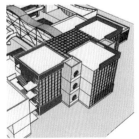

图 4.336 复制体块　　图 4.337 调整

（5）单独处理细节。右击中间的班单元色块，在出现的命令中选择【单独编辑】命令。然后双击进入该组件的编辑状态，处理没有封闭的屋顶女儿墙部分，如图 4.338、图 4.339 所示。

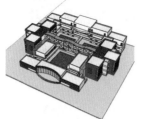

图 4.338 修补女儿墙　　　　图 4.339 显示全部

（6）赋予材质。右击班单元组件，在出现的命令中选择【单独编辑】命令。然后双击进入该组件的编辑状态，赋予屋顶暗红色。如图 4.340、图 4.341 所示。

（7）制作黄色体块。选择【矩形】工具和【推拉】工具制作出如图 4.342 所示的体块，并赋予黄色材质，整体效果见图 4.343。

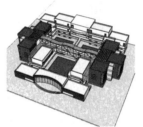

图 4.340 赋予材质　　　　图 4.341 显示全部

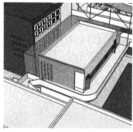

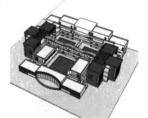

图 4.342 制作黄色体块　　　图 4.343 显示全部

4.3.10　制作遮阳板

本方案的基地在湖北省，这一地区夏天西晒十分严重，而本教学楼的主入口朝西，因此大部分教室西面都避免开窗，但是走廊处仍然需要开窗。因此设计者决定制作遮阳板来削弱夏天西晒的强度。具体制作方法如下：

（1）绘制面。选择【画笔】工具和【矩形】工具绘制如图 4.344 所示的面，然后用【油漆桶】工具赋予橙色材质，如图 4.345 所示。

（2）对称制作。选择【推拉】工具赋予 100mm 的厚度，然后在换成【移动】工具的同时，按下键盘

上的 Ctrl 键，将北面体块复制并沿轴镜像，放置到正确的位置，如图 4.346、图 4.347 所示。

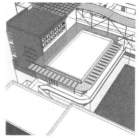

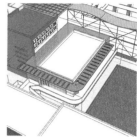

图 4.344 绘制面　　　　　图 4.345 赋予材质

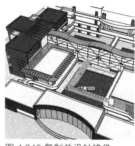

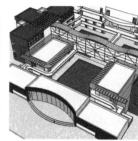

图 4.346 复制并沿轴镜像　　图 4.347 安放到正确位置

（3）制作东面遮阳板。选择【画笔】工具和【矩形】工具绘制需要的平面，再用【推拉】工具赋予 100mm 的厚度，然后用【油漆桶】工具赋予橙色材质。如图 4.348 所示。用【画笔】工具封住弧形阳台，并赋予灰色玻璃材质，如图 4.349 所示。

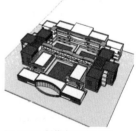

图 4.348 制作东面遮阳板　　图 4.349 密封弧形阳台

（4）打开阴影效果。显示模型整体效果，如图 4.350 所示，选择菜单栏中的【阴影】命令，调整里面的日期时间和光线明暗，效果如图 4.351 所示。

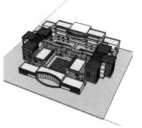

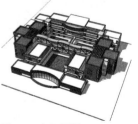

图 4.350 显示全部模型　　　图 4.351 打开阴影

4.4 后期制作

本节中将介绍使用增加一定的建筑小品、建筑配景，让建筑"生长"在环境之中。并设置光影效果，让图片更加真实。

4.4.1 增加配景

模型的建立是效果图中十分重要的步骤，精致漂亮的模型能够充分地表达设计者的想法和概念。不过好的效果图是由很多部分组成的，除了耐看的模型，优雅的环境与和谐的氛围也是不能缺少的。这就需要在后期对模型进行加工和修饰。配景就在这个时候起到了巨大的作用，树木、人物和车辆等配景的添加能起到渲染气氛的作用。本方案中设计者简单地做了模型的后期处理，具体方法介绍如下：

（1）显示环境。在菜单【编辑】里的【显示】中选择【全部】，显示环境模型。调整一个合适的角度，如图 4.352 所示。

（2）添加地面材质。进入地面组件编辑状态，用【油漆桶】工具赋予地面特定的地砖材质，调整地砖的大小至合适为止，最后效果如图 4.353 所示。

（3）在基地上添加树木。在菜单栏的【窗口】中选择【组件】命令，调用【组件 1】中的合适树木组件安置在基地周围，如图 4.354 所示。

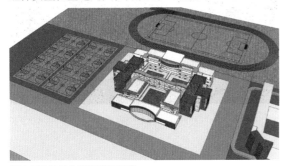

图 4.352 显示全部模型和环境

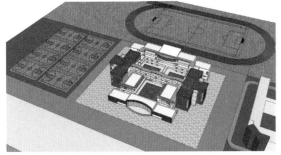

图 4.353 赋予地面材质

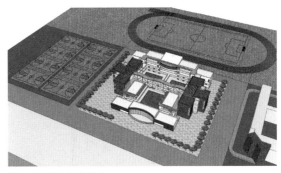

图 4.354 添加基地树木

（4）添加环境树木。在菜单栏的【窗口】中选择【组件】命令，调用【组件 1】中的合适树木组件安置在环境中，如图 4.355 所示。

（5）添加人物和汽车。在菜单栏的【窗口】中选择【组件】命令，调用适合的人物和汽车组件安放在场地中，如图 4.356 所示。

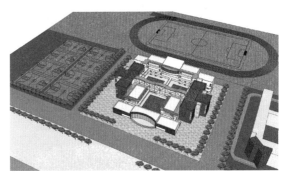

图 4.355 添加环境树木

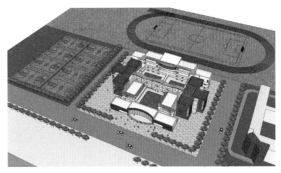

图 4.356 添加人物和汽车

（6）关闭边线并打开阴影。在菜单栏的【窗口】中选择【阴影】命令，按下【显示/隐藏阴影】按钮，并勾选【使用太阳制造阴影】选项，如图 4.357 所示。然后在菜单栏的【窗口】中选择【风格】命令，选择【边线属性】一栏，去掉所有勾选，最后效果如图 4.358 所示。

图 4.357 阴影参数

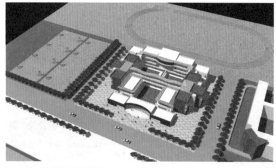

图 4.358 显示全部模型

4.4.2　立面效果

SketchUp 可以直接生成建筑的各个立面图、轴测图和总平面图。建模者只需要单击工具栏中的【视图】命令按钮即可，如图 4.359 所示。

图 4.359　视图

（1）显示西立面图。单击工具栏中的【视图】命令按钮，然后勾选【打开阴影】选项，即可看到如图 4.360 所示的效果。

（2）显示北立面图。单击工具栏中的【视图】命令按钮，然后勾选【打开阴影】选项，即可看到如图 4.361 所示的效果。

十八班中学教学楼设计的模型和效果图就处理到这里，当然这些都是基本操作，意在留给读者更大的空间去发挥和思考。SketchUp 是一款十分优秀的建筑设计软件，它的界面简单易懂，建模效果却十分出色。希望读者朋友们能通过本方案熟悉这个软件的基本操作，并用它来建造自己设计的方案模型，注意在建模的过程中要不断地思考更新和更简洁的方法，这才是本书的目的所在。

图 4.360　西立面图

图 4.361　北立面图

第 5 章　公共建筑
——单主题博物馆设计

博物馆是一个国家经济发展水平、社会文明程度的重要标志，同时也是一种精神上的传译文化，通过陈列的展品带给人一种文化感受。博物馆分为大、中、小型。大型馆（建筑规模大于 10000m²）一般适用于中央各部委直属博物馆和各省、自治区、直辖市博物馆；中型馆（建筑规模为 4000～10000m²）一般适用于各系统省厅（局）直属博物馆和省辖市（地）博物馆；小型馆（建筑规模小于 4000m²）一般适用于各系统市（地）、县（县级市）局直属博物馆和县（县级市）博物馆。小型的、专门针对某个单一主题的博物馆是当代博物馆的一个重要发展趋向。这类博物馆可以针对某一位艺术家，或某一类收藏品（公共的或个人的），或是当代文化的某一方面，如电影、工业设计、心理分析、女性艺术家、儿童等。这类博物馆也有助于宣传和推广地方文化，扩大了不同人群的选择范围，无论是儿童、老人，还是其他有着特殊兴趣爱好的人群都可以在不同主题的博物馆内找到自己的兴趣所在。

SketchUp 在整个设计的过程中起到的不仅仅是建造模型的作用，在更多的时候，方案还没有完全敲定，可以用 SketchUp 进行方案的推敲，十分方便快捷。本章方案是在完全没有设计图纸的情况下运用 SketchUp 完成从最开始的体块推敲到最后效果图的制作的。对体块的尺度、关系进行调整是 SketchUp 的强大优势所在，这样的方式还有利于和指导教师进行方案交流和设计者对方案进行修改。

5.1　方案构思

方案的构思是建筑设计的核心内容，一个成功的方案在构思阶段的准备往往十分充足。设计者应在对基地和建筑性质、功能进行全面而准确分析的基础上提出方案构想，并在符合规范和基本功能的同时努力实现构想。SketchUp 是能快速体现方案构思的绘图软件，既可以抽象地表现大体块之间的关系，又可以精细地描绘细节。

5.1.1　设计任务书要求

本课题的博物馆建设用地位于武昌区珞狮北路、八一路、珞珈山路所夹的三角形地块内（详见地形图）。学生根据基地区位、地段的现实条件（既包括城市物

质环境也包括城市经济与文化生活），合理地确定博物馆主题，总建筑面积控制在 3000m²（可上下浮动 5%），高度为 2~3 层。设计内容包括：

陈列部分：1800m²（含多媒体展示厅 200m²，珍品陈列室 100m²），可考虑人工照明和空调，但提倡自然采光和通风；

库房部分：不少于 250m²；

100 人小型报告厅（含放映间、控制室、储藏室）；

咖啡厅、纪念品商店：100m²；

技术及管理用房：450m²；

藏品工作室 3~4 间：每间 15m²；

办公室 3~4 间：每间 15m²；

专家研究室 2~3 间：每间 15m²；

小型会议室 2 间：每间 30m²；

馆长室 1~2 间（套间）：每间 30m²；

储藏室若干，消防控制室、变配电室各 1 间。

观众服务部门：门厅、值班、寄存、卫生间及休息厅等自定。

停车位不少于 6 个（含地面停车和室内车库），室外展场不少于 200m²，并进行相应景观（场地、道路、小品）设计。

门厅、走廊、卫生间等用房建筑面积自定。

任务书规定的功能比较复杂，设计者首先应该仔细分析各功能之间的关系以及各功能本身的特点和需要的空间，理清轻重关系，再开始有条理有逻辑地进行设计。

在了解了任务书的要求之后，本着对设计负责的态度，设计者应该查阅相关的设计规范。本任务是某校建筑学学生大三的设计作业，大多数学生对规范都不太熟悉，所以认真地查看设计中需要注意的条款是非常重要的。

5.1.2　基地分析

本课题的博物馆建设用地位于武昌区珞狮北路、八一路、珞珈山路所夹的三角形地块内，如图 5.1、图 5.2、图 5.3 所示。该地块的特殊位置和形状对设计者来说既是一次挑战也是一次机会。

本次博物馆的建设用地被武昌的三条干道包围，为三角地形，这样的地形相对特殊，在着手设计的时候要考虑更多的影响因素。设计者最好能够亲自到基地现场进行调研，对道路的状况，人流方向及密集程

图 5.1 Google 基地区位图

图 5.2 从西南面远望基地图

图 5.3 从北面远望基地图

度做具体调查和整理，然后大致决定建筑功能的摆放和主要入口的位置。本方案的设计者进行现场调查后发现基地东北方为武汉大学，人文景观较好，应在建筑东北向主要做观景廊处理，将主要建筑体块平行于珞狮北路和珞珈山路，形成整体的沿街立面。主入口则选择靠近珞珈山路，这条路行车相对缓慢，并方便机动车的停靠。

通过对基地的分析，大体的方案雏形已经形成，这个时候，可以细致地进行初步定位设计，并将自己的想法和理念在方案推敲的过程中融入进去。当然有不同设计想法的设计者可能得出不同的结论，但只要是适合基地状况的都应该加以考虑和深入。

5.1.3 方案构思

设计者经过仔细考虑，决定将本次设计的博物馆主题定为"双胞胎文化"，因为很多武汉市民对这个问题都十分感兴趣，而且武汉大学生命科学院距离基地很近，有利于提供专业上的支持。设计者了解到一些关于双胞胎形成的知识，并从中提取核心部分用于方案的设计。双胞胎又分为同卵双生和异卵双生两种。所谓同卵双生即两个宝宝长得一模一样；反之异卵双生即两个虽为双胞胎但长得不一样，其中龙凤胎便是一例。图 5.4 是同卵双胞胎的形成过程。

设计者从同卵双胞胎的形成过程中得到体块的启

图 5.4 同卵双胞胎形成示意图

发，决定将建筑体块分成相似的独立矩形，但由于有异卵双胞胎的存在，设计者也决定在细节部分做不同的处理，再根据建筑功能决定层数，根据地形调整体块位置和关系。如图 5.5 至图 5.8 所示。

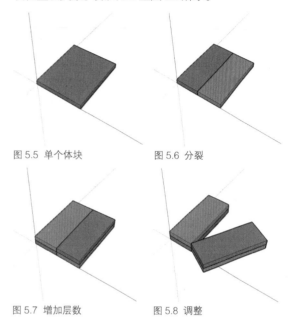

图 5.5 单个体块　　　　图 5.6 分裂

图 5.7 增加层数　　　　图 5.8 调整

体块关系大致决定后，设计者将重点放在了参观者的流线上，设计出两条完全不重合的独立流线，同时以大厅为出发点，即参观者需要从大厅出发两次，沿着不同且不重合的路线方能参观完整个展示内容。具体路线用红色和蓝色线表示出来，如图 5.9 所示。

方案大概构思完成后，便可以开始进行模型的建立了，虽然没有精确的 CAD 图纸，只有初步的体块想法，SketchUp 仍然能让设计者轻松地深入设计方案。

图 5.9 参观路线体块示意图

5.2 初步建模

在建模初期，一定要考虑建筑和基地的关系，例如建筑退基地红线的距离和建筑体块之间的相互关系，只有当这些相互关系在心里有个大概的雏形时，才会有比较高的建模效率。下面，就开始正式进入 SketchUp 的建模阶段。

5.2.1 修改默认单位

在建模之前要说明的是，SketchUp 最初打开的时候默认的单位是分数制，如图 5.10 所示。但是国内建筑行业中一般默认采用毫米作为单位，单位出现了不匹配的情况，因此在建模之前，有必要将 SketchUp 中的单位修改成毫米，具体方法如下。

长度 13448″

图 5.10 SketchUp 默认的单位

（1）单击菜单栏中的【窗口】，在左边罗列出的尺寸等菜单选项中选择【场景信息】，弹出如图 5.11 所示窗口。

图 5.11 单位修改菜单

（2）在窗口中选择【单位】，将单位修改成【十进制】，并把单位修改成【毫米】，如图 5.12 所示。这样就可以方便地用毫米作为度量单位了。

长度 1009.5mm

图 5.12 单位修改为毫米

（3）经过以上调整已经可以开始建模了，但如果想进一步调整单位的精确度，可以再次单击菜单栏中的【窗口】，选择【场景信息】，弹出如下窗口，选择【单位】，在"长度"下的"精确度"中选择需要的保留位数。同时还可以在"角度"中调整捕捉精度，通常视需要进行调整。如图 5.13 所示。

（4）如果单击菜单栏中的【窗口】，选择【场景信息】，弹出如下窗口，选择【位置】，可以调整"国家"（如选择中国）和"地理位置"（如选择北京），同时还可以调整地理角度，以便在模型中更真实地模拟日照状况。如图 5.14 所示。

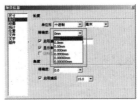

图 5.13 调整"长度"精确度　图 5.14 调整"位置"精确度

本节总结：在建模的过程中不断地总结建造过程中的经验，会使学习软件达到事半功倍的效果。本节主要讲述 SketchUp 默认单位的修改和一些常用的参数调整，虽然只是建模前的简单工作，但是非常重要。所谓磨刀不误砍柴工，这些简单工作会为今后的模型建造节约很多时间，并力求让效果达到最佳。

5.2.2 建立基地环境模型

建筑模型的建立应该从环境开始，任何一座建筑都和它周边的环境有着密切的联系，较真实的环境有助于设计者思路的形成和发挥。SketchUp 有着强大的快速建模的特点，能快速地建立环境，帮助设计者从三维的角度认识基地和周边环境的关系。在本方案中，基地环境建立的具体方法如下。

（1）绘制基地平面。选择【画笔】工具，建立如图所示的三角形面（基地尺寸如图 5.15 所示），然后将这个面制作成组件。如图 5.16 所示。

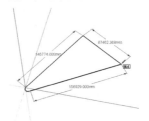
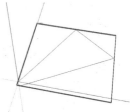

图 5.15 画三角面　　　　图 5.16 制作组件

注意：在 SketchUp 建模的时候，高效建模者通常有一个很好的建模习惯，即在建立体块之后把它做成组件。SketchUp 的很多便捷功能都是通过编辑组件实现的，由于组件具有关联性，在修改一个的同时可以修改所有的相同组件，这样不仅可以节省很多宝贵时间，也可以在短时间内让设计者看到大量修改后的整体效果。

（2）导入基地图片。单击菜单栏中的【文件】→【导入】命令，弹出如图 5.17 所示的对话框。注意勾选【作为图片】选项，单击【打开】按钮。

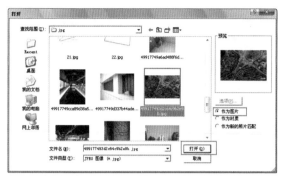

图 5.17 选择图片

（3）定位基地图片。单击【打开】后状态如图 5.18 所示，可以自由选择图片位置。将其定位在坐标原点并和之前画的基地平面相匹配，如图 5.19 所示。

（4）绘制道路。选择【画笔】工具按照基地平面上的位置描画出道路的位置，并将其制作成组件。如图 5.20、图 5.21 所示。

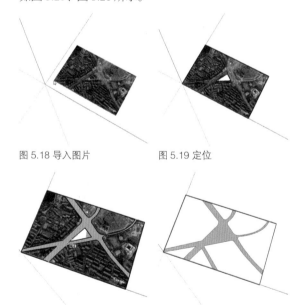

图 5.18 导入图片　　　　图 5.19 定位

图 5.20 绘制道路　　　　图 5.21 制作组件

（5）绘制周边环境。选择【矩形】工具按照基地平面上的位置描画出建筑物的平面，然后用【推拉】工具赋予其相应的高度。如图 5.22、图 5.23 所示。

（6）绘制周边环境。用【选择】工具全部选择建立的矩形体块，将其制作成组件。如图 5.24、图 5.25 所示。

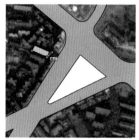
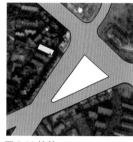

图 5.22 绘制矩形　　　　图 5.23 拉伸

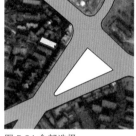
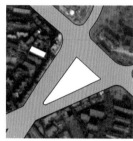

图 5.24 全部选择　　　　图 5.25 制作组件

（7）绘制周边环境。用同样的方法建立其他的建筑体块，完成基地西面所有体块的建立。最后完成基地周围所有体块的建立。如图 5.26、图 5.27 所示。

（8）绘制周边环境。用【选择】工具选择所有的西面体块，将其制作成群组。用同样的方式将同一个地域内的体块都制作成群组。如图 5.28、图 5.29 所示。

（9）赋予材质。按下键盘上的 B 键，在【符号】子目录中选择【灰色 4】，并将该色彩赋予周边的建筑体块。如图 5.30、图 5.31 所示。

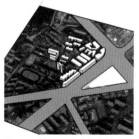

图 5.26 绘制西面建筑环境　　图 5.27 绘制整体建筑环境

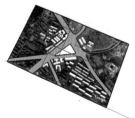

图 5.28 制作群组　　　　图 5.29 制作群组

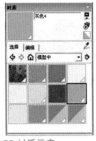

图 5.30 材质示意

图 5.31 赋予材质

基地环境的建立直观地表达了真实环境。让设计者从多个不同的角度了解基地状况。也为方案的继续深入做了铺垫。

5.2.3 建立展厅模型

展厅是博物馆摆放展示物品的场所，在功能上十分重要，因此展厅是本设计的主要建筑体块。不过其建造的过程并不复杂，用到的都是常用的基本工具。

（1）绘制面。双击基地组件进入组件编辑状态，选择【画笔】工具绘制矩形平面，如图 5.32、图 5.33 所示。

图 5.32 进入组件编辑

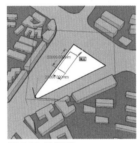

图 5.33 绘制面

（2）制作组件。用【选择】工具选择上个步骤中建立的矩形工具，右击对象选择【制作组件】命令。如图 5.34、图 5.35 所示。

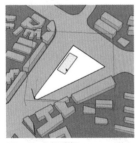

图 5.34 全部选择

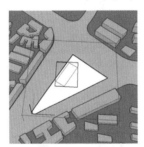

图 5.35 制作组件

（3）赋予材质。按下键盘上的 B 键，在【符号】子目录中选择【灰色 4】，并将该色彩赋予基地。如图 5.36、图 5.37 所示。

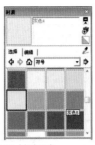

图 5.36 材质示意

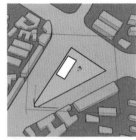

图 5.37 赋予材质

（4）绘制柱子平面。选择【画笔】工具画出定位辅助线，再画出柱子平面，尺寸为 400mm×400mm，如图 5.38 所示。最后用【橡皮擦】工具删除辅助线，如图 5.39 所示。

（5）制作柱子。将上个步骤中制作的柱子平面全部选择，制作成组件。再进入该组件的编辑状态，用【推拉】工具赋予 4200mm 的高度，如图 5.40、图 5.41 所示。

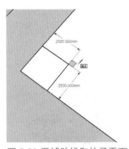

图 5.38 画辅助线和柱子平面

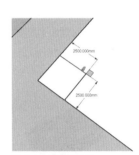

图 5.39 删除辅助线

图 5.40 制作组件

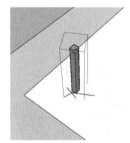

图 5.41 拉伸高度

（6）复制柱子。选择上个步骤中制作好的柱子组件，在切换成【移动】工具的同时按下键盘上的 Ctrl 键，连续复制两次。如图 5.42、图 5.43 所示。

（7）阵列。选择上个步骤中制作好的柱子组件，在切换成【移动】工具的同时按下键盘上的 Ctrl 键，按照图 5.44 所示距离复制，在键盘上输入"3×"，阵列绘制柱子，如图 5.45 所示。最后用【橡皮擦】工具删除辅助线。

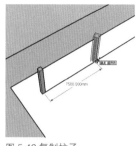

图 5.42 复制柱子　　　　　图 5.43 再复制

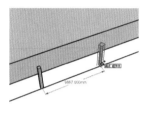
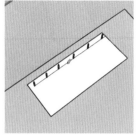

图 5.44 复制　　　　　　　图 5.45 阵列

（8）连排复制。选择上个步骤中所有的柱子，在切换成【移动】工具的同时，配合键盘上的 Ctrl 键，连排复制放到正确的位置，然后再复制，如图 5.46、图 5.47 所示。

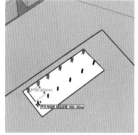
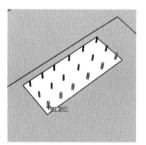

图 5.46 连排复制　　　　　图 5.47 再复制

（9）建立展厅体块。双击步骤（2）中建立的矩形体块，进入组件编辑状态，用【推拉】工具赋予 4200mm 的高度，如图 5.48、图 5.49 所示。

（10）修改柱子高度。双击任意一根柱子进入组件编辑状态，用【推拉】工具再次赋予 4200mm 的高

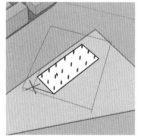
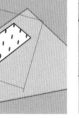
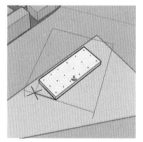

图 5.48 进入组件编辑　　　图 5.49 拉伸高度

度。然后复制步骤（9）中的矩形体块放到正确位置。如图 5.50、图 5.51 所示。

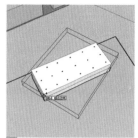

图 5.50 拉伸柱子高度　　　图 5.51 复制体块

（11）绘制面并制作柱子。选择【画笔】工具绘制出平行于另一条道路的矩形辅助线，然后制作同样的柱阵。如图 5.52、图 5.53 所示。

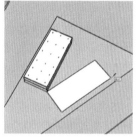

图 5.52 绘制面　　　　　　图 5.53 制作柱子

（12）制作面。选择【橡皮擦】工具，删除步骤（11）中的辅助线，再用【画笔】工具绘制矩形平面，如图 5.54、图 5.55 所示。

（13）拉伸高度。选择步骤（12）中建立的矩形平面，制作成组件。再进入组件编辑状态，用【推拉】工具赋予 4200mm 的高度。如图 5.56、图 5.57 所示。

本节总结：在建模的过程中有一个重要的原则，即用最简洁的操作方式达到最好的效果。本节中把建立的体块立刻编辑成组件是本原则的很好体现。SketchUp 中的组件类似于 CAD 中的"块"，相比起单独的线与面，组件不论在选择还是移动方面都比较方便。

图 5.54 删除辅助线　　　　图 5.55 绘制面

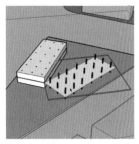

图 5.56 制作组件

图 5.57 拉伸高度

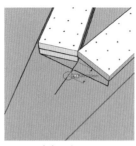

图 5.60 确定圆心

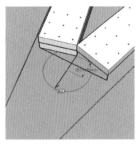

图 5.61 画圆

5.2.4　建立门厅模型

本章将讲述门厅模型的建立，方案中的门厅相对展厅的规则体块则显得有些复杂，用到了路径跟随和模型交错等工具，路径跟随工具在前面几章中都有介绍，模型交错工具则比较陌生。建筑设计的同学在大学一年级或者二年级都学习过一门课程——画法几何，在这门课程中同学们已经学会了如何运用几何的原理求出物体相互穿插时形成的截交线。在 SketchUp 中，模型交错工具就可以自动生成体块穿插时的截交线，大大提高了建模的效率，特别是面对许多复杂而不规则的图形相交，SketchUp 迅速地生成截交线，降低了建模的难度。要说明的是，使用"模型交错"工具的时候，会生成所有的截交线，有一些是建模过程中不需要的，设计者只需要用【橡皮擦】工具删除即可。

（1）画辅助线。用【画笔】工具确定体块到基地表面的高度，然后在基地面上画出其他辅助线，并确定圆心。如图 5.58、图 5.59 所示。

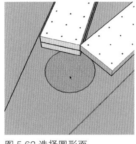

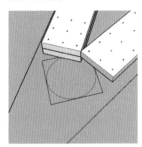

图 5.62 选择圆形面

图 5.63 制作组件

（4）编辑组件。双击步骤（3）中制作的组件，进入组件编辑状态，用【油漆桶】工具赋予白色材质，再用【推拉】工具赋予该面 4200mm 的高度。如图 5.64、图 5.65 所示。

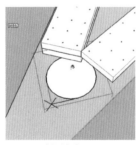

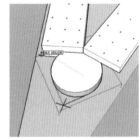

图 5.64 赋予材质

图 5.65 拉伸

（5）确定大厅高度。选择圆形组件的顶面，按下 Delete 键删除，再用【画笔】工具画出辅助线，确定大厅的高度为 13000mm。如图 5.66、图 5.67 所示。

（6）画三角面。选择【画笔】工具画出如图 5.68 所示的三角面，再用【圆】工具画出如图 5.69 所示圆面。

图 5.58 画辅助线

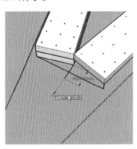

图 5.59 确定圆心和半径

（2）画圆形面。选择【圆】工具，将圆心定于步骤（1）中确定的点上，以 12000mm 为半径画圆，如图 5.60、图 5.61 所示。

（3）制作组件。用【选择】工具全部选择步骤（2）中画出的圆形面，右击对象，选择【制作组件】命令，将其制作成组件。如图 5.62、图 5.63 所示。

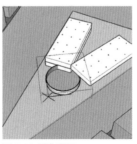

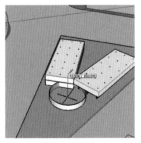

图 5.66 删除顶面

图 5.67 确定大厅高度

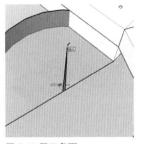
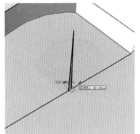

图 5.68 画三角面　　　　图 5.69 画圆形面

（7）路径跟随。选择步骤（6）中画出的圆边线为跟随路径，三角面为跟随面，用【路径跟随】工具制作圆锥体，再将其制作成组件。如图 5.70、图 5.71 所示。

（8）画圆形面。以 7500mm 为半径确定圆心，选择【圆】工具画出圆形面。该面为辅助面，完成定位任务后将被删除。如图 5.72、图 5.73 所示。

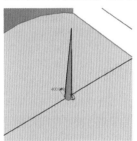
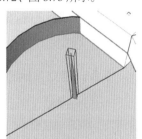

图 5.70 路径跟随　　　　图 5.71 制作组件

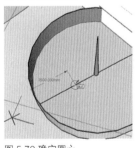
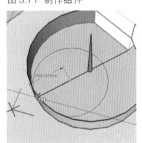

图 5.72 确定圆心　　　　图 5.73 绘制面

（9）制作新圆面。在按下键盘上 Ctrl 键的同时选择【移动】工具，复制步骤（8）中的圆形面，再用【推拉】工具赋予 100mm 的厚度。最后用【橡皮擦】工具删除辅助圆面。如图 5.74、图 5.75 所示。

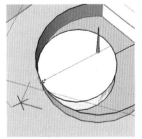
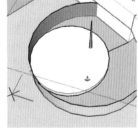

图 5.74 复制圆形面　　　　图 5.75 拉伸

（10）绘制截面。用【画笔】工具绘制三角形面，再选择【圆弧】工具画弧，高度输入为 916mm，如图 5.76、图 5.77 所示。

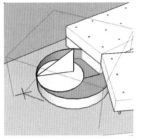
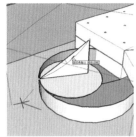

图 5.76 画三角形面　　　　图 5.77 画弧线

（11）路径跟随准备。用【橡皮擦】工具删除步骤（10）中三角形的斜边，再选择底边圆的边线为跟随路径，如图 5.78、图 5.79 所示。

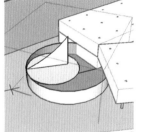
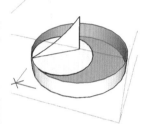

图 5.78 删除辅助线　　　　图 5.79 选择跟随路径

（12）路径跟随。选择步骤（11）中生成的面，使用【路径跟随】工具，制作出大厅的屋顶，如图 5.80、图 5.81 所示。

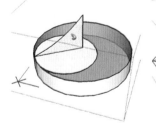
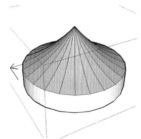

图 5.80 选择跟随面　　　　图 5.81 路径跟随

（13）赋予材质。按下键盘上的 B 键，在【透明】子目录中选择【蓝色半透明玻璃】，并将其赋予给顶棚。如图 5.82、图 5.83 所示。

（14）制作组件。用【选择】工具全部选择顶棚的线和面，将其制作成组件，按下键盘上的【I】键，隐藏其他，单独显示该组件。如图 5.84、图 5.85 所示。

注意：由于建模需要，经常需要单独编辑某部分体块同时隐藏其他。这样的方法在建模过程中十分

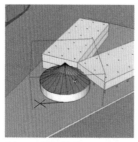

图 5.82 材质示意　　　　图 5.83 赋予材质

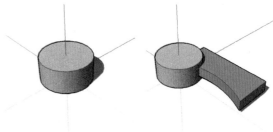

图 5.88 建立体块 1　　　　图 5.89 建立体块 1

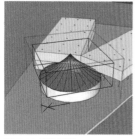

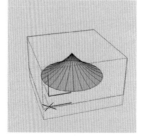

图 5.84 制作组件　　　　图 5.85 隐藏其他

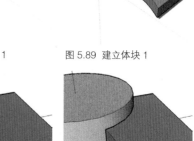

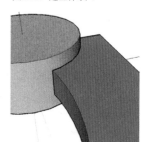

图 5.90 未模型交错　　　　图 5.91 模型交错后

常见。方法是在进入组件编辑状态后，按下键盘上的【I】键。

（15）模型交错。选择所有的组件，如图 5.86 所示，右击选中的对象，在【交错】中选择【模型交错】命令，生成的效果如图 5.87 所示。

5.2.5 建立其他部分模型

主体建筑完成之后，本小节介绍如何绘制连廊处的模型。在建模过程中，边建模型边推敲空间尺度，以达到设计的要求。具体操作如下。

（1）绘制平面。选择【画笔】工具画出所需建立体块的平面，然后用【油漆桶】工具赋予白色材质。如图 5.92、图 5.93 所示。

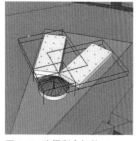

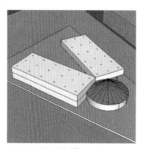

图 5.86 选择所有组件　　　　图 5.87 模型交错

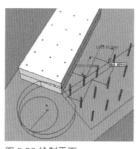

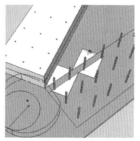

图 5.92 绘制平面　　　　图 5.93 赋予材质

在建筑设计中，体块的穿插是十分常见的，于是体块相交时的截交线也变得十分重要，用【模型交错】命令可以十分方便地生成截交线，如图 5.88 至图 5.91 所示。

本节总结：

1. 路径跟随的应用。本章讲述了【路径跟随】命令的使用，这个命令适合于建造不规则的形体，只要确定完整的跟随路径和跟随面，就可以制作出奇特的形体。在今后的建模过程中，读者可以自己体会。

2. 模型交错的应用。【模型交错】命令可以自动生成体块穿插相交时产生的全部截交线，建模者可以保留自己需要的，删除多余的。

（2）制作体块。选择【推拉】工具将步骤（1）中制作的面拉伸 4200mm 高度，然后删除多余的面，如图 5.94、图 5.95 所示。

（3）查看效果。退出所有组件编辑，显示全部模型。然后单击菜单栏中的【窗口】→【阴影】命令，勾选【显示阴影】选项。状态如图 5.96、图 5.97 所示。

模型建到这里，已经完成了初步建立，接下来的任务是进行细节建模，细节建模能让模型更加逼真耐看，也可以帮助设计者推敲整体建筑效果。

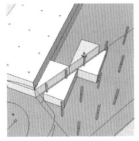
图 5.94 拉伸平面

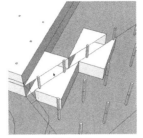
图 5.95 删除多余面

图 5.96 完成效果

图 5.97 打开阴影

其实模型建立的过程类似画素描，有经验的美术老师会建议学生从大处下手先打好"形"，然后处理整体的明暗体积关系，在不断调整的过程中刻画细节，建模也是一样，先从大处着手建立体块，再根据各体块之间的关系调整细节关系，这样的方式可以避免单独处理细节却忽略整体关系。

5.3　细节建模

上节中提到，建模的过程和画素描的原理是一样的，首先着手大的体块和明暗关系，然后处理细节。本节即为具体介绍该模型的细节部分的建立，细节能让模型丰富起来，同时也是设计者表达方案的必要元素。

细节部分在建立的时候需要细心和极大的耐心，因为其本身的复杂性，建造的过程相对体块的建立更加复杂，但是它们对模型的贡献十分明显，漂亮的模型一般都具有精致而丰富的细节。下面将具体讲述本模型细节的制作过程。

5.3.1　整理模型

在上章"初步建模"中，相似的功能结构被制作成了组件，以便修改和整体编辑，但是选择起来仍显得十分麻烦。因此在进行细节建模以前，有必要将模型进行整理，原理是把模型分成几个相似的功能群组，

这样既能理清建模者的思路也方便了细节的建立。具体方法如下：

（1）制作群组。按下键盘上的 Ctrl 键，用【选择】工具同时选择两个矩形体块，如图 5.98 所示，右击这些体块，选择【制作群组】命令将其制作成群组，如图 5.99 所示。

（2）制作群组。按下键盘上的 Ctrl 键，用【选择】工具同时选择同一面上的柱子组件，右击这些组件，选择【制作群组】命令，将其制作成群组。如图 5.100、图 5.101 所示。

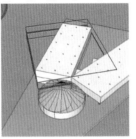
图 5.98 选择组件

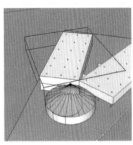
图 5.99 制作群组

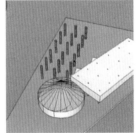
图 5.100 选择组件

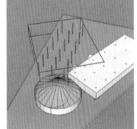
图 5.101 制作群组

（3）制作群组。用同步骤（2）的方法将另一个矩形面上的柱群制作成群组，如图 5.102 所示。同理制作如图 5.103 所示群组。

图 5.102 制作群组

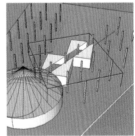
图 5.103 制作群组

5.3.2　制作入口和台阶

建筑物室内的高度一般高于室外地平面，这是为了防止雨天雨水的流入。所以在进入建筑的时候通

常会上三到四级台阶（一些有特殊要求的建筑甚至更多）。本方案设计者将室内外高差设定为 450mm，即室外到室内有三级台阶。

（1）制作入口细节。选择【画笔】工具画出入口处细节的平面形状，然后用【推拉】工具赋予一定高度。如图 5.104、图 5.105 所示。

（2）制作入口台阶。选择【推拉】工具将台阶面拉伸 450mm 的高度。然后用【画笔】工具画出第二级台阶边线，如图 5.106、图 5.107 所示。

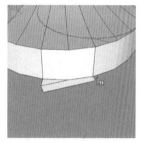

图 5.104 画辅助线

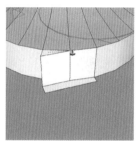

图 5.105 拉伸

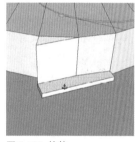

图 5.106 拉伸

图 5.107 画台阶线

（3）制作入口台阶。用同步骤（2）的方法制作出所有台阶，台阶面宽为 300mm，高度为 150mm，如图 5.108、图 5.109 所示。

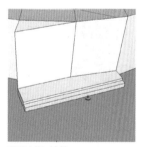

图 5.108 拉伸

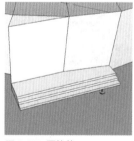

图 5.109 再拉伸

（4）安置入口大门。单击菜单栏中的【窗口】命令，选择【组件】中的【建筑】选项，挑选一个门的组件安放在合适位置，如图 5.110 所示。

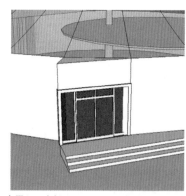

图 5.110 安置入口大门

5.3.3 制作展厅

由于本方案力求设计出两条互不干扰的人流流线，因此展厅被设计成外廊环绕型，展厅本身为茶色玻璃外包的通透体块。由于形体简单，所以制作过程比较简单，下面将做详细介绍。

（1）偏移复制。双击如图 5.111 所示体块进入组件编辑状态，选择顶面边线，使用【偏移复制】命令，距离输入为 2500mm。如图 5.112 所示。

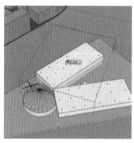

图 5.111 偏移边线

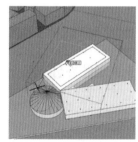

图 5.112 偏移复制边线

（2）制作展厅体块。选择【推拉】工具将中间的矩形体块向下挤压 4200mm。然后用【画笔】工具将顶面封口，如图 5.114 所示。

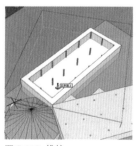

图 5.113 推拉

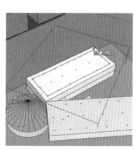

图 5.114 封面

（3）制作展厅体块。双击如图 5.115 所示体块进入组件编辑状态，选择顶面边线，使用【偏移复制】命令，距离输入为 2500mm。用【推拉】工具将中间的矩形体块向下挤压 4200mm 后再用【画笔】工具封面，如图 5.116 所示。

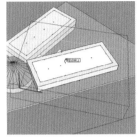 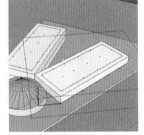

图 5.115 偏移复制边线　　　图 5.116 封面

（4）制作突出部分。选择如图 5.117 所示组件，右击该体块选择【单独编辑】命令，进入组件编辑状态，用【推拉】工具将顶面中间矩形向上拉伸 1000mm，如图 5.118 所示。

 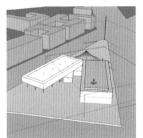

图 5.117 单独编辑组件　　　图 5.118 推拉

（5）赋予材质。按下键盘上的 B 键，在【透明】子目录中选择【Gray Glass1】，并将其赋予给展厅外侧（赋予材质时隐藏了体块顶面），如图 5.119、图 5.120 所示。

（6）赋予材质。按下键盘上的 B 键，在【透明】子目录中选择【Gray Glass1】，并将其赋予给另一侧展厅外侧（赋予材质时隐藏了体块顶面），如图 5.121、图 5.122 所示。

图 5.119 材质示意　　　图 5.120 赋予材质

 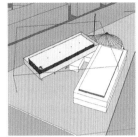

图 5.121 显示全部　　　图 5.122 赋予材质

5.3.4 制作廊道和栏杆

走廊是博物馆中水平交通的渠道，同层楼的人流可以通过走廊进行交通活动，走廊的制作并不复杂，主要用到【画笔】工具。

（1）创建路径和面。选择【画笔】工具连接如图 5.123 所示连接端点，再创建如图 5.124 所示的矩形面。

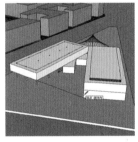 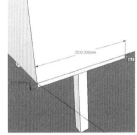

图 5.123 画线　　　图 5.124 创建面

（2）路径跟随。选择步骤（1）中创建的路径，使用【路径跟随】工具选择步骤（1）中创建的面，制作廊道。如图 5.125、图 5.126 所示。

图 5.125 选择路径　　　图 5.126 路径跟随

（3）制作组件。选择步骤（2）中创建的面，右击这个面和任意一根边线，选择【制作组件】命令，将其制作成组件。如图 5.127、图 5.128 所示。

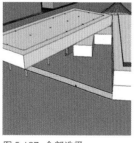

图 5.127　全部选择　　　　图 5.128　制作组件

（4）创建廊道面。选择【画笔】工具画出辅助线，如图 5.129 所示，然后继续创建出二层的廊道，如图 5.130 所示。

（5）制作和编辑组件。选择步骤（4）中创建的面，将其制作成组件，然后选择【推拉】工具赋予该廊道 100mm 的厚度。如图 5.131、图 5.132 所示。

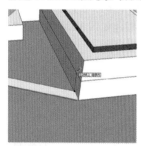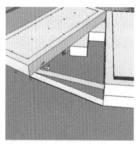

图 5.129　画辅助线　　　　图 5.130　画廊道面

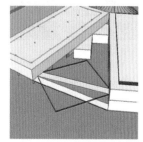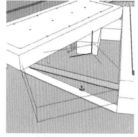

图 5.131　制作组件　　　　图 5.132　拉伸

（6）画栏杆面。选择【画笔】工具画出最外边的廊道栏杆面，如图 5.133 所示。然后用同样的方法画出所有的廊道栏杆面，如图 5.134 所示。

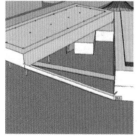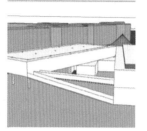

图 5.133　画栏杆面　　　　图 5.134　画所有栏杆面

（7）赋予材质。按下键盘上的 B 键，在【栏杆】子目录中选择【Fencing_Ralling_Metal2】材质，并将其赋予给栏杆面，如图 5.135、图 5.136 所示。

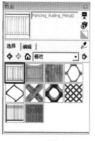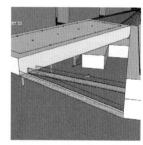

图 5.135　显示全部　　　　图 5.136　赋予材质

总结：走廊的制作相对简单，本节中又讲到了【路径跟随】这一方法，这种方法适合制作一些不太规则的图形，只要先找好跟随路径，再点取所选的面就可以顺利生成许多形状。当然这个工具有的时候也会出现一些问题，比如跟随的时候会出现小的错误，这就需要用画笔工具修复等等。

5.3.5　添加门窗

门窗是重要的建筑构件，此处主要是介绍大块面的落地玻璃窗以及出入口门的绘制方法，具体操作如下。

（1）制作门洞。选择【画笔】工具画出门洞的位置。再选择这个面，按下键盘上的 Delete 键删除这个面。如图 5.137、图 5.138 所示。

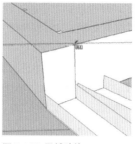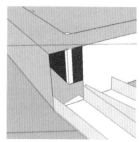

图 5.137　画辅助线　　　　图 5.138　删除面

（2）制作其他门洞。选择【画笔】工具画出门洞的位置。再选择这些面，按下键盘上的 Delete 键删除这些面。如图 5.139、图 5.140 所示。

（3）制作窗。选择【矩形】工具描画出如图 5.141 所示矩形面，按下键盘上的 Delete 键删除这个面。如图 5.142 所示。

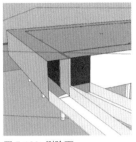

图 5.139　删除面

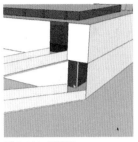

图 5.140　删除面

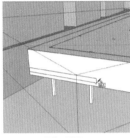

图 5.141　画矩形面

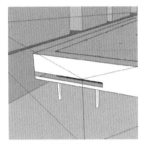

图 5.142　删除面

（4）制作窗。选择【矩形】工具描画出如图 5.143 所示矩形面，按下键盘上的 Delete 键删除这个面，如图 5.144 所示。

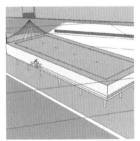

图 5.143　画矩形面

图 5.144　删除面

（5）制作窗。选择【矩形】工具画出如图 5.145 所示矩形面，按下键盘上的 Delete 键删除这个面。如图 5.146 所示。

（6）赋予材质。按下键盘上的 B 键，在【透明】子目录中选择【安全半透明玻璃】，并将其赋予给走廊外侧，如图 5.147、图 5.148 所示。

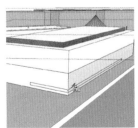

图 5.145　画矩形面

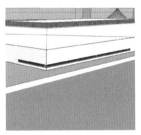

图 5.146　删除面

图 5.147　赋予材质

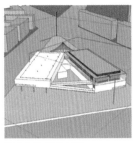

图 5.148　赋予材质

（7）查看效果。退出组件编辑，显示全部模型，如图 5.149 所示。然后单击菜单栏中的【窗口】→【阴影】命令，勾选【显示阴影】选项，状态如图 5.150 所示。

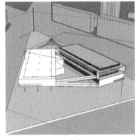

图 5.149　显示全部

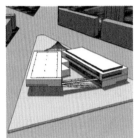

图 5.150　打开阴影

5.3.6　添加女儿墙

下面将具体介绍本方案中女儿墙的做法。

（1）进入展厅的组件编辑状态，选择顶面边线，使用【偏移复制】工具，输入数据为 200mm，确定后用【拉伸】工具赋予 600mm 的高度，如图 5.151、图 5.152 所示。

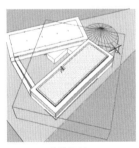

图 5.151　偏移复制

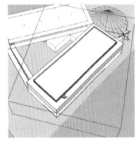

图 5.152　拉伸

（2）进入另一展厅的组件编辑状态，选择顶面边线，使用【偏移复制】工具，输入数据为 200mm，确定后用【拉伸】工具赋予 600mm 的高度，如图 5.153、图 5.154 所示。

图 5.153 偏移复制　　　　图 5.154 拉伸

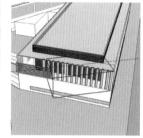

图 5.157 阵列　　　　图 5.158 创建新群组

5.3.7 添加细节

细节部分能使模型更加精致耐看，本方案中需要增加的细节是一些立面的构架，添加完细节之后读者将会看到模型显得丰富许多。

（1）制作构架组件。选择【画笔】工具创建如图 5.155 所示平面，并用【推拉】工具赋予 30mm 厚度，然后将其制作成组件，如图 5.156 所示。

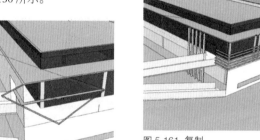

图 5.159 阵列　　　　图 5.160 创建群组

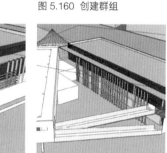

图 5.161 复制　　　　图 5.162 规律摆放

图 5.155 创建面　　　　图 5.156 制作组件

（5）制作立面条状组件。先制作单根组件，在按下键盘上的 Ctrl 键的同时切换成【移动】工具复制组件，阵列后如图 5.163 所示，然后如图 5.164 所示摆放。

（6）查看效果。退出组件编辑，显示全部模型，如图 5.165 所示。然后单击菜单栏中的【窗口】→【阴影】命令，勾选【显示阴影】选项。状态如图 5.166 所示。

（2）阵列和再制作。在按下键盘上的 Ctrl 键的同时切换成【移动】工具复制步骤（1）中的组件，然后从键盘输入"6X"，阵列组件如图 5.157 所示。用同样的方法制作如图 5.158 所示群组。

（3）创建群组。在按下键盘上的 Ctrl 键的同时切换成【移动】工具复制步骤（2）群组中的组件，然后阵列，并将结果制作成群组。如图 5.159、图 5.160 所示。

（4）制作立面条状组件。先制作单根组件，在按下键盘上的 Ctrl 键的同时切换成【移动】工具复制组件，阵列后如图 5.161 所示，然后如图 5.162 所示摆放。

图 5.163 阵列　　　　图 5.164 规律摆放

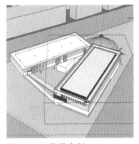

图 5.165 显示全部

图 5.166 打开阴影

5.4　后期制作

在主体建筑完成后，需要增加配景、生成建筑物周围的环境。本节中，将介绍这样操作的常规手法。操作步骤虽然不复杂，但是很出效果。

5.4.1　增加配景及调整

模型的建立是效果图中十分重要的步骤，精致漂亮的模型能够充分地表达设计者的想法和概念。不过好的效果图是由很多部分组成的，耐看的模型、优雅的环境与和谐的氛围都是不能缺少的。这就需要在后期对模型进行加工和修饰。配景就在这个时候起到了巨大的作用，树木、人物和车辆等配景的添加能起到渲染气氛的作用。本方案中设计者简单地做了模型的后期处理，具体方法介绍如下：

（1）选择角度。选择【转动】工具，从各个角度观看模型，寻找适合做效果图的角度，如图 5.167所示。

图 5.167 选择角度

（2）关闭边线。单击菜单中的【窗口】→【风格】命令，在对话框中的【边线设置】里取消【显示边线】的勾选，如图5.168所示。关闭边线的效果如图 5.169所示。

图 5.168 边线设置

图 5.169 关闭边线

（3）变成黑色背景。单击菜单中的【窗口】→【风格】命令，在对话框中的【背景设置】选项里将背景设置为黑色，如图 5.170 所示。

（4）添加环境树木。单击【窗口】→【组件】命令，调用【组件1】中的合适树木组件安置在基地周围，如图 5.171 所示。

图 5.170 变成黑色背景

图 5.171 选择角度

（5）添加人物和汽车。单击【窗口】→【组件】命令，调用适合的人物和汽车组件，安放在场地中，如图 5.172 所示。

图 5.172 选择角度

（6）打开阴影。单击【窗口】→【阴影】命令，勾选【显示阴影】选项，调整参数如图 5.173 所示。最后效果如图 5.174 所示。

本方案有许多角度可供选择用以制作最后的效果图，在这里，作者选择了如图 5.174 所示的角度作为范例，其他角度的效果图的制作方法都是相同的，有兴趣的读者可以自己尝试更多角度效果图的制作。

图 5.173　阴影参数

图 5.174　最终效果

5.4.2　立面效果

SketchUp 可以直接生成建筑的各个立面图、轴测图和总平面图。建模者只需要单击工具栏中的【视图】工具栏中的视图命令按钮即可。如图 5.175 所示。

（1）显示南立面图。单击工具栏中的【视图】工具栏中的视图命令按钮，然后勾选【打开阴影】选项，即可以看到如图 5.176 所示的效果。

图 5.175　工具栏

图 5.176　南立面图

（2）显示东立面图。单击工具栏中的【视图】命令按钮，然后勾选【阴影】选项，即可以看到如图 5.177 所示的效果。

图 5.177　东立面图

单主题博物馆的模型和效果图就处理到这里，当然这些都是基本操作，意在留给读者更大的空间去发挥和思考。SketchUp 是一款十分优秀的建筑设计软件，它的界面简单易懂，建模效果却十分出色。希望读者朋友们能通过本方案熟悉这个软件的基本操作，并用它来建造自己设计的方案模型，并注意在建模的过程中要不断地思考更新和更简洁的方法，这才是本书的目的所在。

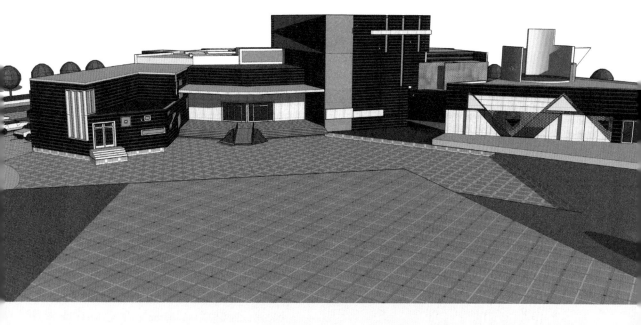

第6章 高新技术体验发布中心

本章将以一高新技术体验发布中心的设计为例，介绍 SketchUp 在建筑设计中的实际应用。这个设计来源于 Autodesk Revit 杯大学生建筑设计竞赛。题目为《信息时代的建筑表现——某高新技术体验发布中心设计》。

高新技术体验发布中心是伴随着 IT 界不断发展而新兴的一种建筑形式，若按内容分类，常见的有某电脑产品的体验发布，某游戏的体验发布，某概念汽车的体验发布等等。按技术分类，常见的有某电子信息技术的体验发布，某材料技术的体验发布，某 3D 动画制作技术的体验发布等。而本章则以导航技术体验发布中心为例，介绍 SketchUp 在此类建筑当中的应用。

6.1　方案构思

方案构思及其方法是整个建筑设计过程中的关键部分，它与"发现问题、明确问题""设计图纸绘制""模型或原型的制作""施工图纸的绘制"等组成设计过程的整体。

本节所讲的内容都是在思维层面上的，对设计的思维提出挑战，同时提供了一个展现创造力的机会。

方案构思一般有 4 种方法，分别是：

（1）草图法：表现设计构思，进行设计交流，激发新的灵感，形成新的构思。

（2）模仿法：通过别人的构思、想法，创造自己的思维，激发自己的灵感。

（3）联想法：通过对比想象，为构思找到别样的方法或一条形成方案的途径。

（4）奇思法：奇特性构思所形成的方案一般具有原创性。

最后一种构思方法在历史上很少实现，甚至有些构思在当前的科学、技术、经济条件下无法实现。但这样的奇思妙想往往更具有吸引力。

6.1.1　竞赛要求

1. 设计背景

信息技术已渗透至城市生活的每个层面，彻底改变了人类的工作和生活模式。在建筑设计领域，计算机辅助设计 (CAD) 技术的普及运用为建筑学的创新开辟出新的途径，"数字建筑"的探索方兴未艾。

为促进各高校建筑数字技术教学，全国高等学校建筑学学科专业指导委员会拟举办此次含"建筑信息模型（BIM）"技术的建筑设计竞赛。

2. 举办单位

主办单位：全国高等学校建筑学学科专业指导委员会

协办单位：清华大学建筑学院

资助单位：欧特克（Autodesk）软件（中国）有限公司

网络支持：www.ABBS.com.cn

3. 参赛者

参加者为全日制在校本学生和研究生，以 1～3 人为小组参加。每小组指导教师不超过 2 人。凡在提交作品的内容、表现、分析等任何方面有使用到 Autodesk Revit 软件的，均可参加此次竞赛。

4. 题目

（1）场地。

设计场地位于寒冷地区的某 500 万人口级大城市，夏季主导风为东南风，冬季主导风为西北风。

建设用地位于该城高新技术科技园区的中心地带，用地面积约为 11350m²。用地西侧和北侧为园区内部的交通干道（人车混行模式）；南侧紧邻需保留的明清时代古宅院；东侧为整个科技园区的标志性建筑物——120m 高塔楼；东南侧是餐饮和商业中心。

（2）功能。

建筑面积约为 3000m²（不超过 4000m²），占地面积不超过 2000m²。建筑主体不超过 3 层，高度不超过 15m。各主要功能房间的面积指标见表 1。

以上房间面积均允许上下浮动 10%，另应根据需要设置走廊、楼梯、厕所及其他必要辅助功能部分，但不能突破前述总面积要求。锅炉间、水处理、排泄物处理等其他附属设施由园区统一建设，故在本基地内可以不用考虑。

（3）要求。

参加者可自选作为体验对象的高新技术，建筑空间与设计风格应针对该技术有相应的表现。

用地范围内的环境设计要同建筑设计一起考虑，室外应设计可供技术展示、发布的露天场所。绿化率不低于 30%，停车位要求地面能停车 30 辆。

图纸内容中鼓励使用分析或推导等形式的图解对

表 1

	功能	面积 / m²	数量	合计面积 / m²
技术体验部分	未来技术体验区	300	1	300
	身边技术体验区（含销售）	400	1	400
	青少年体验区	200	1	200
信息发布部分	大发布厅（兼多功能厅，含音响控制室）	150	1	150
	小发布厅（兼商务洽谈）	30	4	120
餐饮部分	大餐厅	100	1	100
	小包间	30	2	60
	厨房	100	1	100
	咖啡厅	60	1	60
后勤办公部分	主任办公室（含接待室）	120	1	120
	办公室	30	8	240
门厅	（含咨询、休息）	300	1	300
合计				2150

思路进行表达。

考虑无障碍设计，包括设置主入口的残疾人坡道，以及残疾人专用厕位、电梯等。

鼓励提供室内外漫游动画（最后文件建议为 avi 格式，时间不超过 3min）。

6.1.2 设计图纸

随着卫星、航天飞机广泛应用，GPS 等高新技术越来越受到重视，本设计以导航技术为主题，灵感来自中国古代四大发明之一指南针，结合中国古代人们以观星象识方位的方法，抽象出具有指向性的建筑。

本方案最终图纸如图 6.1、图 6.2。

6.1.3 周边环境

本方案用地位于北京中关村地区，为高新技术科技园区的中心地带，总用地面积约为 11350m²。如图 6.3 为 GOOGLE 航拍图。用地西侧和北侧为园区内部的交通干道（人车混行模式）；南侧紧邻需保留的明清时代古宅院；东侧为整个科技园区的标志性建筑物——120m 高塔楼；东南侧是餐饮和商业中心。图 6.4、图 6.5 为基地周边环境照片。

图 6.1 设计图纸 1

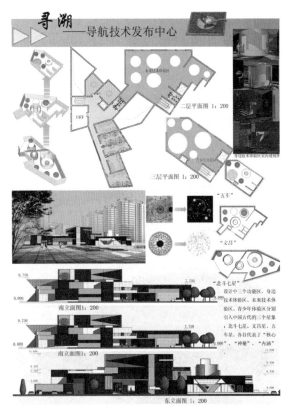

图 6.2 设计图纸 2

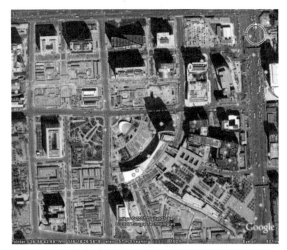

图 6.3 GOOGLE 鸟瞰图

图 6.4 基地周边环境 1

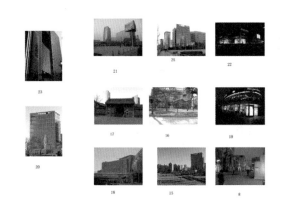

图 6.5 基地周边环境 2

6.2 方案分析

在确定了基地周边的环境状况后，需要对其进行各方面的分析。主要包括基地道路分析、基地功能分析、基地气候分析、建筑影响分析等。

6.2.1 基地分析

（1）园区道路分析。本方案基地位于高新技术科技园区的中心地区。整个园区道路主要分为 4 级，北部与东部和外界相连的黄绿色道路为城市主干道，西部与南部和外界相连的灰色道路为城市次干道。基地周边的红色道路为园区主干道，为人车混行模式。园区内部还有黄色的园区支路与园区小道。如图 6.6 所示。

（2）园区功能分析。如图 6.7 所示，灰绿色区域为商业办公区，主要分布在园区的西部、北部以及东部地区，而且靠近城市道路。橙色区域为城市管理

图 6.6 基地道路分析

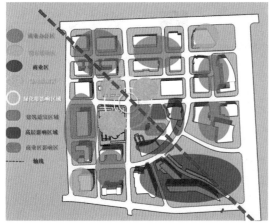

图 6.7 园区功能分析

区，均匀分布在园区的西南角、中央、东北角，很好地控制了整个园区。浅绿色区域为绿地休闲区，供活动休憩用。紫色区域为商业区，位于基地的东南方向。基地中受影响的是深绿色区域，受东侧高层建筑影响的为蓝色区域。

综上所述，在基地中，适宜修建建筑的区域为红色区域。除此之外，从园区建筑功能分类上来看，由西北到东南形成了一条中轴线，而基地恰好位于整个园区的核心地带。

（3）基地气候分析。由于此次设计自选城市，为寒冷地区 500 万人口大城市即可。所以以北京地区为例，进行基地气候模拟分析。该地区处于亚洲大陆东岸，地处暖温带半湿润地区，气候受蒙古高压的影响，属大陆性季风气候，年降水量约 644mm。

该地区四季分明，冬季干燥，春季多风，夏季多雨，秋季晴朗温和，年平均气温约 12℃。春季和秋季很短，

分别为两个月和一个半月左右；而夏季和冬季则很长，分别为三个月及五个多月。 北京的西北面有高山阻挡，东南面与华北大平原和海洋连接，这种靠山倚水的地形，影响了北京气候的特点。

在冬季，由西北部吹来的冷空气受高山阻挡，下沉时又有增温作用，因此北京冬季比其他同纬度地区温暖，无霜期为 180 至 200 天。

春天雨水少和风沙多。入春后气温上升得很快，湿润的海洋性气流还未移动到这里，于是天气干燥，土地干旱，空气湿度较低，植物还未长得茂盛，沙土很容易便被刮起。

进入夏季，北京的气温转为炎热，白天一般达 34℃，而且暴雨较多，降雨量占全年总降雨量的 70%。夏季有东南暖温气流带来的海洋调节作用，但其效用大致被城市化带来的增温作用所抵消。

每年 9 至 10 月为秋季，气候宜人，空气质量最佳，是一年中最美的季节。

如图 6.8 所示，该地区夏季主导风为东南风，冬季主导风为西北风。

图 6.8 基地气候分析

6.2.2　设计思路来源

当基地分析透彻之后，接下来就是将自己的设计理念融入到方案。本设计将高新技术定为导航技术。导航，顾名思义，为引导航向、指引方向的意思。而在这项技术的历史发展当中，中国可以说是该技术的发源地。

在古代的中国，人们已经可以借助多种方式辨认方向，其中一种方法是借助工具。早在战国时代，中国劳动人民就发明了具有指示方向功能的司南，如图

6.9 所示。中国古代四大发明之一的指南针即为司南演变而来，而图 6.10 中的轮盘也是古代用于测定方位的一种工具。

另一种方法是借助自然条件。例如，通过观察太阳的方位来辨别方向，通过观察植物来判定方向，还有一种奇特的方法就是在夜晚的时候，对天空的星象进行辨识。古星象学中人们把天上的星星按照想象的图像或某种特定的含义等来进行分类，如织女、七公、北斗七星等。如图 6.11 所示，该图为古人对夜晚天空星象的绘制图。

图 6.12 建筑透视图

图 6.9 司南图

图 6.10 古代轮盘

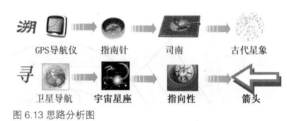
图 6.13 思路分析图

图 6.11 古代星象

6.2.3 设计构思

当今社会飞速发展，各种各样的高新技术层出不穷。导航技术在很多领域广泛应用，GPS 导航系统在飞机、汽车、手机上已经相当普遍，导弹制导系统、导弹拦截系统等武器的导航系统更是不断发展。

而当要表现一个关于导航技术的体验发布中心的设计时，如何既展现出时代的特性，又具有中国特色是一个困难的问题。设计者结合之前的分析与联想，认为可以把古代的指南针、星象学融入到建筑中以表达现代导航技术是基于前辈的智慧产生的。另外以新材料、新技术运用到建筑中去来表现当今的科技水平。整体模型图如图 6.12 所示。

本设计就是通过这样一个思路来表现导航技术与建筑是如何结合在一起的。整体思路分析如图 6.13 所示。

6.2.4 设计表现

设计中三个功能区为身边技术体验区、未来技术体验区、青少年体验区，分别对应中国古代的三个星象：北斗七星、文昌星、五车星。它们各自代表了"核心""神秘""内涵"。如图 6.14 所示为设计中的"北斗七星"——身边技术体验区。如图 6.15 所示为设计中的"文昌星"——未来技术体验区。如图 6.16 所示为设计中的"五车星"——青少年体验区。

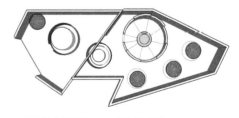
图 6.14 身边技术体验区——"北斗七星"

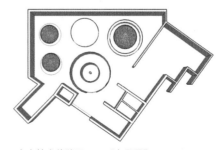
图 6.15 未来技术体验区——"文昌星"

图 6.16 青少年体验区——"五车星"

6.2.5 体块分析

总体思路已经确定，即通过指向型的建筑给人以强烈的方向感。而整个建筑又不能被打散，所以注定这个建筑必须是一个完整的整体，在一个完整的整体内创造丰富的建筑形象，看似矛盾，但又有解决办法。

在建筑设计当中，切割法与增补法是比较常用的方法。本设计则通过切割与重新组合将一个长方体变成棱角分明、指向性强的建筑组合体。

如图 6.17 所示，首先将长方体一分为二，然后不断切割重组，直至组合成一个建筑体块。

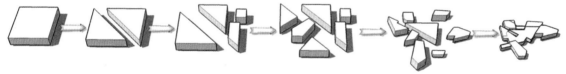

图 6.17 体块分析

6.3 绘制基地

本方案建设用地位于该城高新技术科技园区的中心地带，用地面积约为 $11350m^2$。用地西侧和北侧为园区内部的交通干道（人车混行模式）；南侧紧邻需保留的明清时代古宅院；东侧为整个科技园区的标志性建筑物——120m 高塔楼；东南侧是餐饮和商业中心。由于基地的 AutoCAD 文件比较复杂，不易绘制，因而需要首先精简图纸，然后导入 SketchUp 进行建模。

6.3.1 优化图纸

AutoCAD 的图纸中有一些不必要的内容，如标注、轴线、专用建筑符号、填充图案等等。而在

SketchUp 中建模并不需要这些元素，所以设计者在依据 AutoCAD 图纸建模之前必须精简 DWG 文件。简单的线性图形导入到 SketchUp 中后可以直接生成面。

（1）观察基地总平面图。如图 6.18 所示，通过观察总平面图，可以看出基地有很多小块的组团，中间红色斜线填充区域为建筑用地范围，场地面积比较大，而且有很多曲线。本例中绘制外轮廓的方法是将平面图导入到 SketchUp 中进行描绘。

（2）优化 AutoCAD 图纸。导入到 SketchUp 中的 AutoCAD 图只需要建筑的外部轮廓就可以，所以在 AutoCAD 中，不需要的对象可以进行删除，将剩下的建筑基地全部设置在"0图层"中，如图 6.19 所示。

（3）写块。在 AutoCAD 中输入"Wblock"（写块）命令，在弹出的【写块】面板中选择导出 DWG 文件的文件名与路径，设置单位为"毫米"，然后选择需要导出的图形，如图 6.20 所示。

（4）打开 SketchUp，在菜单栏中选择【窗口】→【图层】命令，在弹出的【图层】对话框中，单击"+"按钮，添加一个新图层，给其命名为"基地道路"，如图 6.21 所示，单击新建的图层，将其设置为当前图层。

图 6.18 一层平面图

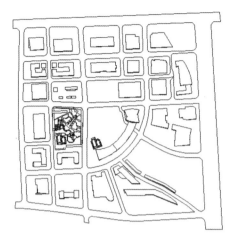

图 6.19 优化图纸

图 6.20 写块

图 6.21 新建图层

6.3.2 设置绘图环境与导入

在将图形导入到 SketchUp 之前，要对 SketchUp 的绘图环境进行一些设置，以利于制图者制图，避免图形导入到 SketchUp 中产生错误和不必要的麻烦。设置完成后就可以将需要的图形导入到 SketchUp 中进行绘制了。

（1）设置绘图环境。单击【窗口】→【风格】命令，在弹出的【风格】对话框中单击【编辑】→【面设置】按钮，然后单击【正面色】对应的颜色按钮，弹出【选择颜色】对话框。移动颜色滑块，调整颜色为黄色，单击确定按钮。这样就完成了对模型面的设置，如图 6.22 所示。

注意：在 SketchUp 中，模型的正面颜色是白色，与软件的界面背景色相同，为了更好地区分以免出错，笔者建议把正面的颜色改为 SketchUp 低版本中默认的颜色——黄色。

（2）导入。单击【文件】→【导入】命令，在弹出的【打开】对话框中选择保存的图块文件，将图块导入到 SketchUp 中。按下键盘组合键 Ctrl+【A】键，将对象全部选择。然后右击选择的全部对象，选择【创

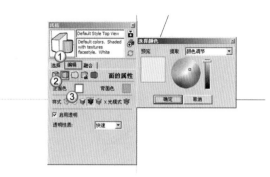

图 6.22 设置场景

建群组】命令，将其制作成组件，如图 6.23 所示。

（3）描边。使用【线】和【圆弧】工具，沿着基地的外轮廓线进行描绘，最终得到如图 6.24 所示的建筑平面。一般情况下，在 DWG 文件准确的情况下，SketchUp 会自动生成面。

（4）翻转面。右击绘制的建筑平面，选择【翻转面】命令，将面进行翻转，使正面面向相机，如图 6.25 所示。

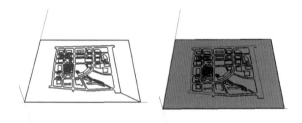

图 6.23 导入

图 6.24 描边

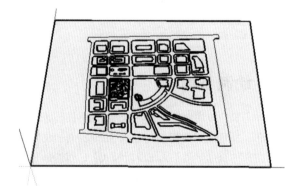

图 6.25 翻转面

6.3.3 绘制基地周边

周边基地的绘制分两个部分，一部分是道路，一部分是建筑。为了方便以后对文件进行修改，需要设置两个图层。具体操作如下：

（1）新建图层。在菜单栏中选择【窗口】→【图层】命令，在弹出的【图层】对话框中，单击"加号"按钮，

添加一个新图层，给其命名为"周边建筑"，如图6.26所示，单击新建的图层，将其设置为当前图层。

（2）分离建筑。将建筑的轮廓线全部选中，右击选择"实体信息"，如图6.27所示，在"图层"的下拉菜单中，选择周边建筑。

周边建筑不需要绘制得很精细，通过【推拉】工具将绘制的平面图沿着蓝轴（z 轴）方向向上拉出建筑的层高，表达出基地与周边建筑的关系即可。【推拉】是SketchUp从二维到三维的最主要的建模工具。

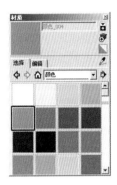

图6.30 材质

图6.26 新建图层　　图6.27 实体信息

（3）绘制单个建筑。如图6.28所示，选中需要建模的平面。按下键盘上的 P 键，将绘制的面向上拉伸450mm的距离，配合 Ctrl 键，再将其向上拉伸24000mm的距离，如图6.29所示，得到立体模型。将模型的各个面全部选择，右击模型，选择【创建群组】命令，将其进行群组。

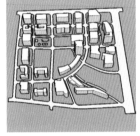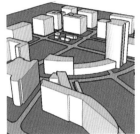

图6.31 基地模型鸟瞰　　　图6.32 基地模型透视

6.4　绘制主体建筑

任何建筑都必然处在一定的环境之中，并与环境保持着某种关系，环境的好坏对于建筑的影响很大。而只有当建筑和环境融合在一起，并和周围的建筑共同组合成为统一的有机整体时，才能充分地显示出它的价值和表现力。建筑如果脱离了环境、群体而孤立地存在，即使本身尽善尽美，也不可避免地会因为失去了烘托而大为失色。

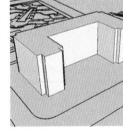

图6.28 选中平面　　　图6.29 拉伸楼层

（4）绘制其他建筑。使用同样方法，将基地周边的其他建筑依据层数及层高拉伸并创建群组，得到模型。

（5）调整颜色。为了使整体基地颜色美观，建筑与道路之间的关系明了，需要将建筑、道路以及地面的颜色变换。在菜单栏中选择【窗口】→【材质】命令，如图6.30所示，在弹出的【材质】对话框中，在"颜色"中选择4号色，定为地面的颜色。使用同样方法，将建筑定为白色。道路颜色不变，为黄色。这样填过颜色以后，模型美观简洁，如图6.31、图6.32所示。

6.4.1　优化图纸

之前已经介绍过，AutoCAD 的图纸中有一些不必要的内容，如标注、轴线、专用建筑符号、填充图案等等。而在 SketchUp 中建模并不需要这些元素，所以建筑师在依据 AutoCAD 图纸建模之前必须精简DWG 文件。简单的线性图形导入到 SketchUp 中可以直接生成面。

（1）观察一层平面图。如图6.33所示，通过观察一层平面图，可以看出该建筑的外部轮廓为许多不同多边形拼合而成，多边形体块比较大，而且为不规则多边形。本例中绘制外轮廓的方法是将平面图导入到 SketchUp 中进行描绘。

（2）优化 AutoCAD 图纸。导入到 SketchUp 中的 AutoCAD 图只需要建筑的外部轮廓就可以，所以在 AutoCAD 中，不需要的对象可以进行删除，将剩下的建筑轮廓全部设置在"0图层"中，如图6.34所示。

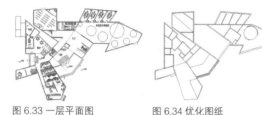

图 6.33 一层平面图　　　图 6.34 优化图纸

（3）写块。在 AutoCAD 中输入"Wblock"（写块）命令，在弹出的【写块】面板中选择导出 DWG 文件的文件名与路径，设置单位为"毫米"，然后选择需要导出的图形，如图6.35所示。

（4）打开 SketchUp，在菜单栏中，选择【查看】→【工具栏】→【图层】命令，在弹出的【图层】对话框中，单击"+"按钮，添加一个新图层，给其命名为"平面"，如图6.36所示，单击新建的图层，将其设置为当前图层。

图 6.35 写块　　　　　　图 6.36 新建图层

6.4.2 设置绘图环境与导入

为了减少电脑内存使用，需把主体建筑绘制在新的 SketchUp 文件中，所以在将图形导入到 SketchUp 之前，要对 SketchUp 的绘图环境重新进行一些设置，以利于制图者制图，避免图形导入到 SketchUp 中出现错误和不必要的麻烦。设置完成后就可以将需要的图形导入到 SketchUp 中进行绘制了。

（1）设置绘图环境。单击【窗口】→【风格】命令，在弹出的【风格】对话框中单击【编辑】→【面设置】按钮，然后单击【正面色】对应的颜色按钮，弹出【选择颜色】对话框。移动颜色滑块，调整颜色为"黄色"，单击"确定"按钮。这样就完成了对模型"面"的设置，如图6.37所示。

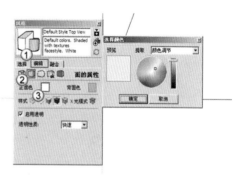

图 6.37 设置绘图环境

注意：在之前6.3.2节中已经介绍过 SketchUp 中绘图环境的设置，无论基地的绘制还是建筑主体的绘制，对于设置场景而言是相同的。在此书中对绘图环境的设置是一般设置方法。因此在熟练之后，绘制 SketchUp 模型可根据个人习惯而定。

（2）导入。单击【文件】→【导入】命令，在弹出的【打开】对话框中选择保存的图块文件，将图块导入到 SketchUp 中。按下键盘组合键 Ctrl+【A】键，将对象全部选择。然后右击选择的全部对象，选择【创建群组】命令，将其制作成组件，如图6.38所示。

（3）描边。使用【线】和【圆弧】工具，沿着建筑的外轮廓线进行描绘，最终得到如图6.39所示的建筑平面。

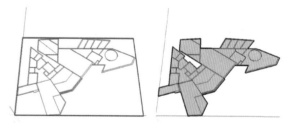

图 6.38 导入　　　　　　图 6.39 描边

（4）翻转面。右击绘制的建筑平面，选择【翻转面】命令，将面进行翻转，使正面面向相机，如图6.40所示。

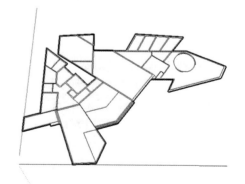

图 6.40 翻转面

6.4.3　推出建筑墙体

绘制主体建筑轮廓通常有两种方法，分别是推出
墙体法和推出表皮法。前者是当需要表达室内空间做
法或者研究剖面等其他用途时所采用的方法，此法建
筑完整但操作复杂。后者是 SketchUp 建模中通常采
用的方法，此法建筑简洁，操作简单。

1. 绘制首层建筑

（1）选中墙体。按下键盘上的【P】键，将【推拉】
光标移动到需要拉伸的墙体的面上，如图 6.41 所示。

（2）拉伸墙体。将绘制的面向上拉伸 600mm 的
距离，配合 Ctrl 键，再将其向上拉伸 4400mm 的距离，
如图 6.42 所示。

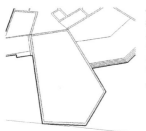 

图 6.41 选中墙体　　　　图 6.42 拉伸墙体

（3）拉伸其他墙体。使用同样方法，依据层高
将其他墙体也拉伸相应高度，如图 6.43 所示。

（4）绘制楼板。绘制完成一层墙体之后，将一
层顶部盖上楼板，其实将一层顶面封闭即可。由此，
一层内部墙体及外部围护墙体都绘制完成，如图 6.44
所示。

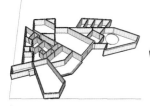 

图 6.43 拉伸其他墙体　　　图 6.44 绘制一层顶部

2. 绘制二层墙体

（1）优化 AutoCAD 图纸。打开 AutoCAD 文件
"二层平面图"，如图 6.45 所示。导入到 SketchUp
中的 AutoCAD 图只需要建筑的外部轮廓就可以，所
以在 AutoCAD 中，不需要的对象可以进行删除，将
剩下的建筑轮廓全部设置在"0 图层"中，如图 6.46
所示。

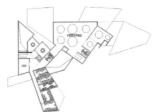 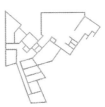

图 6.45 二层平面图　　　图 6.46 精简二层平面图

（2）导入及描边。导入 AutoCAD 文件，如图 6.47
所示。使用【线】工具，沿着建筑的墙线进行描绘，
最终得到如图 6.48 所示的二层建筑平面。

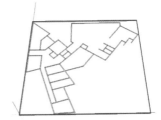 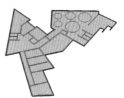

图 6.47 导入　　　　图 6.48 描边

（3）翻转面。右击绘制的建筑平面，选择【翻转面】
命令，将面进行翻转，使正面面向相机，如图 6.49 所示。

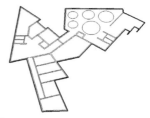

图 6.49 翻转面

（4）绘制墙体。按下键盘上的 P 键，将【推拉】
光标移动到需要拉伸的墙体的面上，如图 6.50 所示。
选中需要绘制的墙面，将其向上拉伸 4500mm 的距离，
如图 6.51 所示。

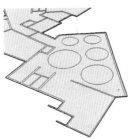 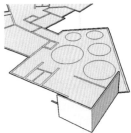

图 6.50 选中墙体　　　　图 6.51 拉伸墙体

（5）拉伸其他墙体。使用同样方法，依据层高，
将其他墙体也拉伸相应高度，如图 6.52 所示。

（6）绘制楼板。绘制完成二层墙体之后，将二
层顶部盖上楼板，其实将二层顶面封闭即可。由此，

二层内部墙体及外部围护墙体都绘制完成，如图 6.53 所示。

3. 绘制三层墙体

（1）优化 AutoCAD 图纸。打开 AutoCAD 文件"三层平面图"，如图 6.54 所示。导入到 SketchUp 中的 AutoCAD 图只需要建筑的外部轮廓就可以，所以在 AutoCAD 中，不需要的对象可以进行删除，将剩下的建筑轮廓全部设置在"0 图层"中，如图 6.55 所示。

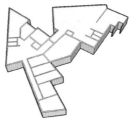

图 6.52 拉伸其他墙体　　　图 6.53 绘制二层顶部

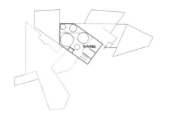

图 6.54 三层平面图　　　图 6.55 精简三层平面图

（2）导入及描边。导入 AutoCAD 文件，如图 6.56 所示。使用【线】工具，沿着建筑的墙线进行描绘，最终得到如图 6.57 所示的三层建筑平面。

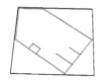

图 6.56 导入　　　　　　图 6.57 描边

（3）翻转面。右击绘制的建筑平面，选择【翻转面】命令，将面进行翻转，使其正面面向相机，如图 6.58 所示。

（4）绘制墙体。按下键盘上的 P 键，将【推拉】光标移动到需要拉伸的墙体的面上，如图 6.59 所示。选中需要绘制的墙面，将其向上拉伸 4500mm 的距离，如图 6.60 所示。

（5）拉伸其他墙体。使用同样方法，依据层高，将其他墙体也拉伸相应高度，如图 6.61 所示。

（6）绘制楼板。绘制完成三层墙体之后，将三层顶部盖上楼板，其实将三层顶面封闭即可。由此，三层内部墙体及外部围护墙体都绘制完成，如图 6.62 所示。

图 6.58 翻转面

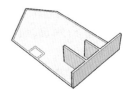

图 6.59 选中墙体　　　　图 6.60 拉伸墙体

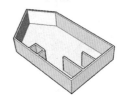

图 6.61 拉伸其他墙体　　图 6.62 绘制三层顶部

4. 建筑组合

（1）创建群组。框选全部一层模型，如图 6.63 所示。右击选择【创建群组】命令，如图 6.64 所示。

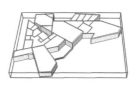

图 6.63 选中模型　　　　图 6.64 创建一层群组

（2）创建其他群组。使用同样方法，将其他两个楼层模型也编辑成群组，如图 6.65、图 6.66 所示。群组之后的模型更利于管理。

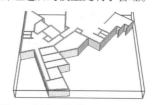

图 6.65 创建二层群组　　　　图 6.66 创建三层群组

（3）叠加一、二层模型。按下键盘上的【M】键，将【移动 / 复制】光标移动到二层模型底部一个点上，如图 6.67 和图 6.68 所示。将二层模型移动到与一层模型相对应的点上。

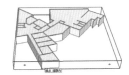

图 6.67 移动二层模型

图 6.68 叠加一、二层模型

（4）叠加其他楼层。应用同样方法，选中三层模型上的一点，将其移动到二层模型与之相对应的点上，完成全部模型的叠加，如图 6.69、图 6.70 所示。

至此，如图 6.71 所示，建筑的整体主体已初见端倪。用这种方法绘制建筑模型利于编辑修改，利于对内部空间进行分析。费时、对计算机要求高也是它不可忽视的缺点。

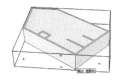

图 6.69 移动三层模型

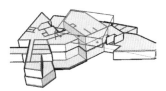

图 6.70 叠加二、三层模型

图 6.71 叠加后的模型

6.4.4 推出建筑轮廓

另一种绘制建筑模型的方法就是"推出表皮法"，此法省时，多用于前期推敲建筑体块，但缺点是对建筑内部无法详细表达。

主体建筑是通过【推拉】工具将绘制的平面图沿着蓝轴（z 轴）方向向上拉出建筑的层高而成。【推拉】是 SketchUp 从二维到三维的最主要的建模工具。具体操作如下。

（1）精简轮廓。删除如内墙等不必要的线，只保留外墙线和入口台阶线，如图 6.72 所示。

（2）拉伸模型。按下键盘上的【P】键，将绘制的面向上拉伸 600mm 的距离，配合 Ctrl 键，再将其向上拉伸 4500mm 的距离，如图 6.73 所示，得到一层的立体模型。将模型的各个面全部选择，右击模型，选择【创建群组】命令，将其进行群组。

通过同样方法，将二层轮廓拉伸成模型。如图 6.74、图 6.75 所示。并将其创建群组。

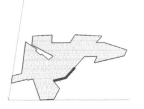

图 6.72 删除建筑内墙线

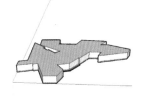

图 6.73 拉伸楼层

图 6.74 删除建筑内墙线

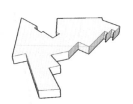

图 6.75 拉伸楼层

将三层平面轮廓拉伸成模型。如图 6.76、图 6.77 所示。并将其创建群组。

（3）叠加模型。按下键盘上的 M 键，将【移动 / 复制】光标移动到二层模型底部一个点上，将二层模型移动到与一层模型相对应的点上。同样将三层也一起叠加上去，如图 6.78 所示。完成后建筑模型如图 6.79 所示。

图 6.76 删除建筑内墙线

图 6.77 拉伸楼层

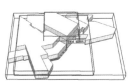

图 6.78 移动模型

图 6.79 叠加后的模型

6.5　绘制建筑入口

本节绘制的主要是建筑外的阶梯。通过观察平面图，可以看出建筑外共有两个主要阶梯，分别位于建筑南面主入口和西面次入口处。

6.5.1 绘制主入口

此建筑中，室内外高差为 600mm，南面台阶为四步。台阶的踏步宽为 400mm，高为 150mm。绘制方法采用的是绘制阶梯的平面投影，然后使用【推拉】工具，进行直接拉伸，具体操作如下。

（1）绘制阶梯平面。旋转视图定位到模型南方，主入口的位置。按下键盘上的 T 键，沿边线向外作辅助线，输入"400"，得到第一条辅助线，同理，沿另一边线做 400mm 辅助线。再按下键盘上的 L 键，根据平面图所示，在主入口楼梯处绘制如图 6.80 所示的阶梯平面。然后依次绘制完成其余 3 步台阶的平面。如图 6.81 至图 6.83。

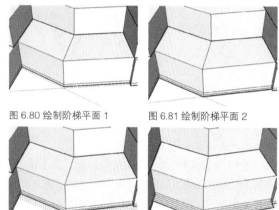

图 6.80 绘制阶梯平面 1　　图 6.81 绘制阶梯平面 2

图 6.82 绘制阶梯平面 3　　图 6.83 绘制阶梯平面 4

（2）台阶材质。按下键盘上的 B 键，在弹出的【材质】面板中，选择一种石材材质，如"灰色纹理石"，如图 6.84 所示。选择石材材质赋予给阶梯的各个面，如图 6.85 所示。

（3）拉伸台阶。按下键盘上的 P 键，选择台阶的面以 150mm 高度分别拉伸，形成主入口台阶的模型，如图 6.86 所示。

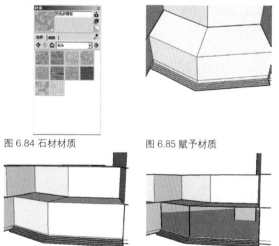

图 6.84 石材材质　　　　图 6.85 赋予材质

图 6.86 入口台阶　　　　图 6.87 删除面

（4）绘制平台。删除建筑入口处平台外围的两个面，如图 6.87 所示。按下键盘上的 L 键，选中雨篷与建筑连接部中间一点，沿平行于蓝轴的方向，绘制到底层表面上，如图 6.88 所示。使用同样方法，绘制两端另外两条线，如图 6.89、图 6.90、图 6.91 所示。

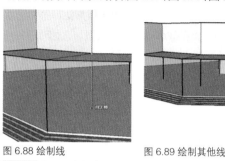

图 6.88 绘制线　　　　图 6.89 绘制其他线

图 6.90 绘制面　　　　图 6.91 绘制其他面

（5）平台材质。按下键盘上的 B 键，在弹出的【材质】面板中，单击【创建材质】按钮，弹出【创建材质】对话框，给其命名，勾选【使用贴图】选项，从文档中选择一张地面拼花贴图，如图 6.92 所示。然后将材质赋予平台并删除中间多余的一条线，如图 6.93 所示。

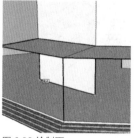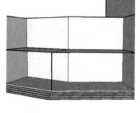

图 6.92 创建材质　　　　图 6.93 贴材质

（6）绘制雨篷。旋转相机至合适角度，选中雨篷的底面，如图 6.94 所示。按下键盘上的 P 键，向下拉伸 120mm，形成雨篷的模型，如图 6.95 所示。

（7）雨篷材质。按下键盘上的 B 键，在弹出的【材质】面板中，单击【创建材质】按钮，弹出【创建材质】对话框，给其命名，勾选【使用贴图】选项，从文档中选择一张地面贴图，如图 6.96 所示。然后将材质赋予平台并删除中间多余的一条线，如图 6.97 所示。

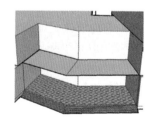

图 6.94 旋转角度

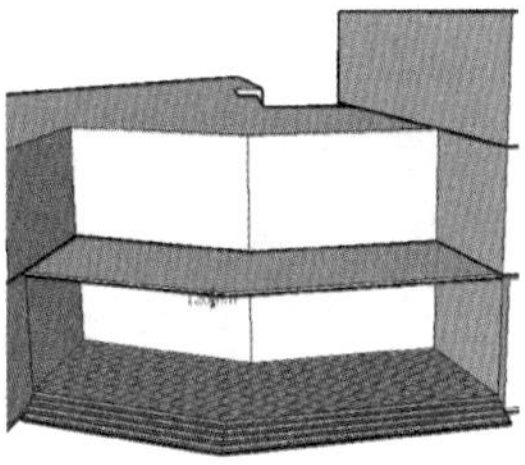

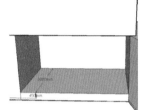

图 6.95 拉伸雨篷

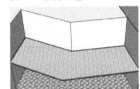

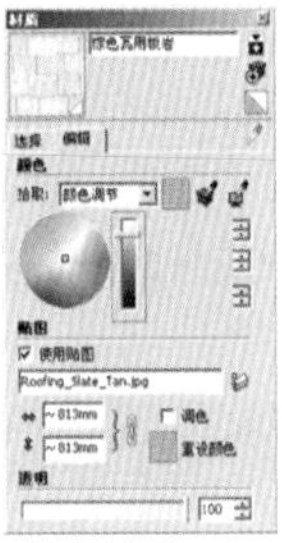

图 6.96 创建材质

图 6.97 贴材质

6.5.2 绘制次入口

建筑在西面的入口一般供工作人员使用，为建筑的次入口。室内外高差为 600mm，台阶为 4 级。台阶的踏步宽为 300mm，高为 150mm。绘制方法采用的是绘制阶梯的平面投影，然后使用【推拉】工具，进行直接拉伸，具体操作如下。

（1）推出入口。首先旋转相机到建筑的西面，如图 6.98 所示。按下键盘上的 L 键，沿右端墙体绘制 8300mm 长的线段，如图 6.99 所示。以线段终点为起点，再沿平行蓝轴的方向绘制线，使之形成面，如图 6.100 所示。按下键盘上的 P 键，将刚刚形成的面向内推 6000mm，如图 6.101 所示。

（2）绘制平台。按下键盘上的 P 键，将平台沿蓝轴方向拉伸 450mm，如图 6.102 所示。再按下键盘上的 L 键，在离入口 2800mm 处，绘制一条平行于边线的线，如图 6.103 所示。按下键盘上的 P 键，将平台向内推 2800mm，如图 6.104 所示。

（3）绘制台阶。按下键盘上的 T 键，平行于平台长边绘制间隔 300mm 的辅助线三条。如图 6.105 所示。按下键盘上的 L 键，沿三条辅助线绘制台阶的平面投影线，如图 6.106 所示。按下键盘上的 P 键，将最内侧台阶向上拉伸 450mm，如图 6.107 所示。使用同样方法，绘制其他台阶，完成后如图 6.108 所示。

（4）绘制雨篷。按下键盘上的 P 键，选中雨篷底面沿蓝轴方向向下拉伸 120mm，如图 6.109 所示。

图 6.102 拉伸平台

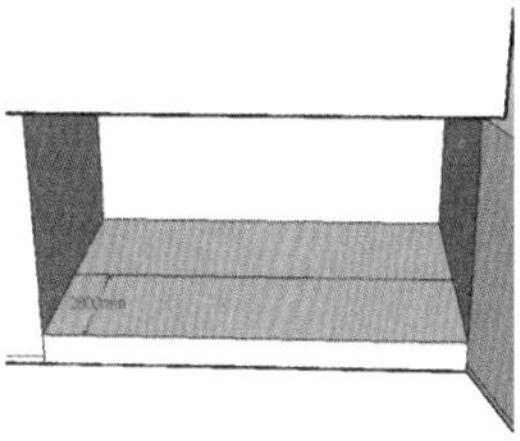

图 6.103 绘制线

图 6.104 推平台

图 6.105 绘制辅助线

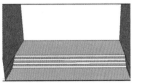
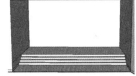

图 6.106 绘制线

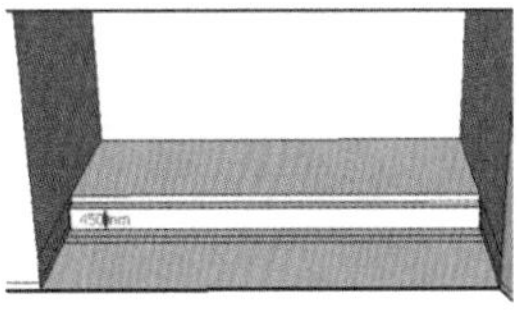

图 6.107 拉伸台阶

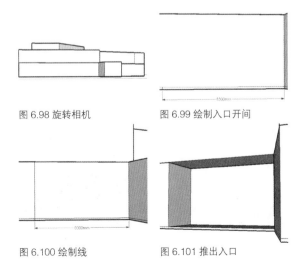

图 6.98 旋转相机

图 6.99 绘制入口开间

图 6.100 绘制线

图 6.101 推出入口

图 6.108 拉伸其他台阶

图 6.109 绘制雨篷

（5）台阶材质。按下键盘上的 B 键，在弹出的【材质】面板中，单击【提取材质】按钮，如图 6.110 所示。提取之前主入口台阶的材质并赋予给次入口台阶的各个面，如图 6.111 所示。

 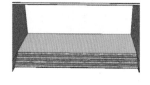

图 6.110 台阶材质   图 6.111 粘贴材质

（6）平台材质。按下键盘上的 B 键，在弹出的【材质】面板中，单击【提取材质】按钮，如图 6.112 所示。提取之前主入口平台的材质并赋予给次入口台阶的各个面，如图 6.113 所示。

（7）雨篷材质。按下键盘上的 B 键，在弹出的【材质】面板中，单击【提取材质】按钮，如图 6.114 所示。提取之前主入口雨篷的材质并赋予给次入口台阶的各个面，如图 6.115 所示。

图 6.112 平台材质   图 6.113 粘贴材质

 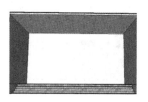

图 6.114 雨篷材质   图 6.115 粘贴材质

6.6 绘制建筑立面

建筑的大体模型建立完毕后，就该对其立面进行细化绘制了。本案例中，建筑的立面稍显复杂，需要按照步骤耐心绘制完成。

6.6.1 入口立面

首先绘制南立面入口的门窗。为了绘图简便并节约时间，绘制时，可以将其制作成组件，直接进行复制。

（1）绘制门。按下键盘上的 L 键，分别绘制 3600mm 长的水平线、2500mm 长的竖直线作为门洞线。如图 6.116 所示。

（2）绘制门框。按下键盘上的 F 键，将门的轮廓线向内偏移复制 100mm 的距离，如图 6.117 所示。按下键盘上的 L 键，沿两边分别向内绘制 800mm 的分隔线，如图 6.118 所示。使用同样方法，绘制中间门的分隔线、门上的窗线，然后分别将轮廓线向内偏移 50mm，如图 6.119 所示。

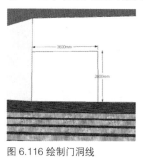 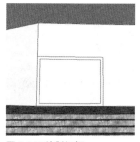

图 6.116 绘制门洞线   图 6.117 绘制门框

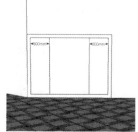 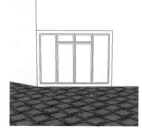

图 6.118 绘制分隔线   图 6.119 绘制门框

（3）拉伸门并赋予材质。按下键盘上的 P 键，将绘制的门框向外拉伸 50mm 的距离，将内框向内推 50mm，将所有玻璃再向内推 20mm，如图 6.120 所示。删除不必要的线，将门的各个面全部选择，右击门，选择【创建群组】命令，将门制作成组件，如图 6.121 所示。

 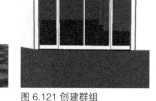

图 6.120 绘制门框   图 6.121 创建群组

（4）选择制作的门的组件，配合 Ctrl 键，使用【移动】工具，将其移动复制到右侧的墙壁上，使用【移动】工具，将门移动到合适的位置，如图 6.122 所示。

（5）粘贴材质。按下键盘上的 B 键，在材质库里选择一种石材，并将其赋予墙面。如图 6.123 所示。

由于此方案中建筑并没有严格规整的某个立面，因而绘制的方法可以选取入口为起点，沿逆时针的方向对立面进行绘制。

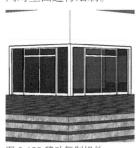

图 6.122 移动复制组件

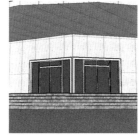

图 6.123 粘贴材质

6.6.2 东南立面

将相机由入口沿逆时针方向旋转，调整至合适角度，对准接下来所要绘制的立面。如图 6.124 所示。双击三层组件，进入编辑模式。如图 6.125 所示。

图 6.124 旋转相机

图 6.125 编辑组件

（1）绘制三层线。以右端为起点，向左绘制平行于右边线的长度分别为 1200mm、500mm、1800mm、500mm、1800mm、500mm 的竖向线。然后以上端为起点，向下绘制平行于上边线的分别为 1600mm、500mm 的水平线。如图 6.126 所示。然后删除多余的线，如图 6.127 所示。

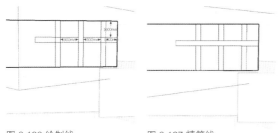

图 6.126 绘制线   图 6.127 精简线

（2）绘制二层线。双击二层模型，进入编辑模式，如图 6.128 所示。按下键盘上的 L 键，沿三层绘制过的线向下继续绘制两条竖线，间距依旧为 500mm，如图 6.129 所示。

（3）绘制一层线。调整相机，如图 6.130 所示。按下键盘上的 L 键，在一层东南侧立面上绘制两个矩形，其大小及位置详见图 6.131。

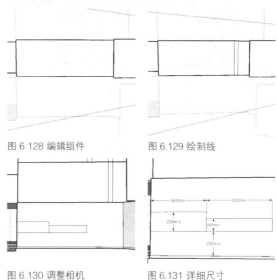

图 6.128 编辑组件   图 6.129 绘制线

图 6.130 调整相机   图 6.131 详细尺寸

（4）推拉挡板及窗洞。双击三层模型，进入编辑模式。将横向挡板向外拉 400mm，将窗洞向内推 400mm，如图 6.132 所示。双击二层模型，进入编辑模式，将窗洞向内推 400mm，如图 6.133 所示。双击一层模型，进入编辑模式。将横向挡板向外拉 400mm，如图 6.134 所示。完成后整体效果如图 6.135 所示。

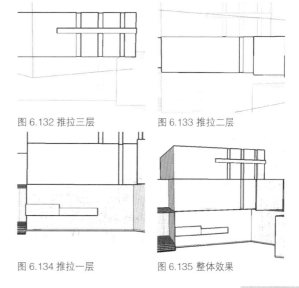

图 6.132 推拉三层   图 6.133 推拉二层

图 6.134 推拉一层   图 6.135 整体效果

（5）粘贴材质。按下键盘上的 B 键，在材质库里选择一种黑色石质贴面，赋予墙面，如图 6.136 所示。选择透明的青绿色作为玻璃的颜色，如图 6.137 所示。最后选择入口墙面材质作为挡板的材质，如图 6.138 所示。

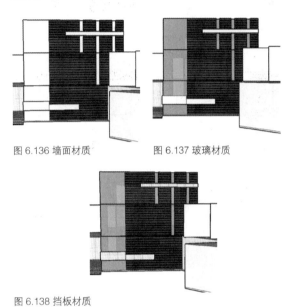

图 6.136 墙面材质　　　图 6.137 玻璃材质

图 6.138 挡板材质

6.6.3 西南立面

绘制完上组立面后，将相机由入口沿逆时针方向旋转，调整至合适角度，对准接下来将要绘制的立面，如图 6.139 所示。

（1）粘贴材质。按下键盘上的 B 键，在材质库里选择之前的黑色石质贴面，赋予墙面。如图 6.140 所示。再选择透明的青绿色作为玻璃的颜色，如图 6.141 所示。最后选择入口墙面材质作为挡板的材质。如图 6.142 所示。

（2）拉伸楼层。旋转相机至合适角度，如图 6.143 所示。依据设计，选中顶面，沿蓝轴方向竖直向上拉伸 900mm，如图 6.144 所示。

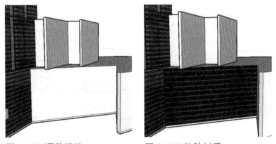

图 6.139 调整相机　　　图 6.140 粘贴材质

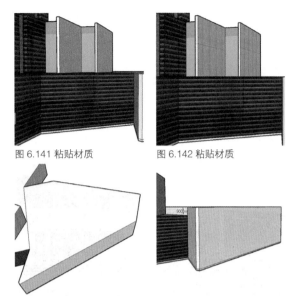

图 6.141 粘贴材质　　　图 6.142 粘贴材质

图 6.143 旋转相机　　　图 6.144 拉伸楼层

（3）绘制横竖线。旋转相机至所画立面，如图 6.145 所示。按下键盘上的 L 键，沿两端中点绘制一条分隔线，如图 6.146 所示。然后依据设计用横向线条将上半部分进行 5 等分，每份分隔为 550mm，如图 6.147 所示。再以竖向线条将下半部分加以分隔，从左端起，每段分隔宽度依次为 1200mm、1200mm、1200mm、1200mm、1200mm、900mm、1500mm、900mm、1200mm、1200mm、1200mm、1200mm、1400mm、1400mm、3750mm，如图 6.148 所示。

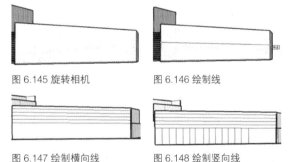

图 6.145 旋转相机　　　图 6.146 绘制线

图 6.147 绘制横向线　　　图 6.148 绘制竖向线

（4）绘制斜线。与绘制横竖线条一样，按下键盘上的 L 键，依据设计，连接特殊点完成绘制。绘制步骤如图 6.149 至图 6.151 所示。完成之后，精简不必要的线，结果如图 6.152 所示。

（5）推拉模型。按下键盘上的 P 键，如图 6.153 所示，将最左端两分档向内推 400mm，第三分档不变，同样，依次再将其他被斜线阻断的其余竖向分档分别向内推 400mm，如图 6.154 所示。然后将立面上半部分的两个三角形向内推 400mm，如图 6.155 所示。

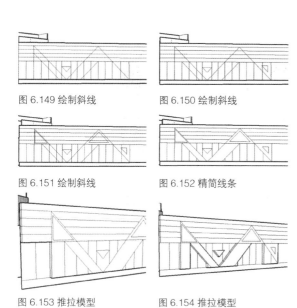

图 6.149 绘制斜线　　　图 6.150 绘制斜线

图 6.151 绘制斜线　　　图 6.152 精简线条

图 6.153 推拉模型　　　图 6.154 推拉模型

（6）粘贴材质。按下键盘上的 B 键，在材质库里选择之前的黑色石质贴面，赋予墙面。如图 6.156 所示。选择石质材质作为挡板的材质，如图 6.157 所示。再选择透明的青绿色作为玻璃的颜色，如图 6.158 所示。最后，选择一种网面材质，将斜向部分填充，如图 6.159 所示。

（7）粘贴其他材质。首先旋转相机，按下键盘上的 B 键，在材质库里选择之前的黑色石质贴面，赋予侧边墙面，如图 6.160 至图 6.162 所示。选择石质材质作为挡板的材质，如图 6.163 所示。再选择透明的青绿色作为玻璃的颜色，如图 6.164 所示。

图 6.155 推拉模型　　　图 6.156 贴面材质

图 6.157 石质材质　　　图 6.158 玻璃材质

图 6.159 网面材质　　　图 6.160 贴面材质

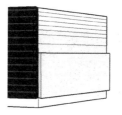

图 6.161 绘制线　　　图 6.162 贴面材质

图 6.163 石质材质　　　图 6.164 玻璃材质

6.6.4 东北立面

完成西南方向的立面绘制后，将相机继续沿逆时针方向旋转至东北立面，调整至合适角度。如图 6.165 所示。具体绘制步骤如下：

（1）绘制线。按下键盘上的 L 键，首先沿上边线平行的方向绘制离上端 200mm 的一条线。然后在右边线分别取间距为 600mm、600mm、600mm、600mm 的点并与左端中点相连，绘制完成如图 6.166 所示。

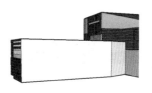
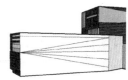

图 6.165 调整相机　　　图 6.166 绘制线

（2）粘贴材质。按下键盘上的 B 键，在材质库里选择之前的黑色石质贴面，赋予墙面。如图 6.167 所示。选择石质材质作为挡板的材质，如图 6.168 所示。再选择透明的青绿色作为玻璃的颜色，如图 6.169 所示。最后旋转相机，用黑色石质贴面赋予侧面墙体，如图 6.170 所示。

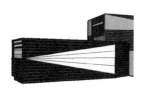
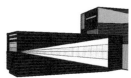

图 6.167 贴面材质　　　图 6.168 石质材质

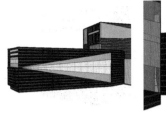

图 6.169 玻璃材质　　　　　图 6.170 贴面材质

（3）绘制线。旋转相机至所绘立面。按下键盘上的 L 键，如图 6.171 所示，通过利用左边线中点左下边线中点、左上端端点及右下端端点、上边线中点及右边线中点绘制斜向三组平行线。然后绘制竖向分隔线，如图 6.172 所示。

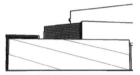

图 6.171 绘制斜线　　　　　图 6.172 绘制竖向线

（4）推拉模型。按下键盘上的 P 键，如图 6.173 所示，将左边第一组平行四边形向内推 400mm，第二组平行四边形上侧向内推 400mm，第三组平行四边形上侧、下侧向内推 400mm，第四组平行四边形中间部分向内推 400mm。

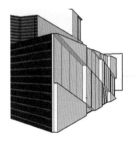

图 6.173 推拉模型　　　　　图 6.174 贴面材质

（5）粘贴材质。按下键盘上的 B 键，在材质库里选择之前的黑色石质贴面，如图 6.174 赋予立面。再选择石质材质作为挡板的材质，如图 6.175 赋予立面。再选择透明的青绿色作为玻璃的颜色，如图 6.176 所示。

（6）绘制线。旋转相机至所绘立面。按下键盘上的 L 键，如图 6.177 所示，通过利用左边线中点及右下端端点、左上端端点及右边线中点绘制斜向两条平行线。按下键盘上的 P 键，将上下两个三角形块向外拉 400mm，如图 6.178 所示。

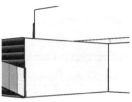

图 6.175 石质材质　　　　　图 6.176 玻璃材质

图 6.177 绘制线　　　　　图 6.178 推拉墙面

（7）粘贴材质。按下键盘上的 B 键，在材质库里选择之前的黑色石质贴面，赋予墙面。如图 6.179 所示。选择石质材质作为挡板的材质，如图 6.180 所示。

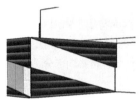

图 6.179 贴面材质　　　　　图 6.180 石质材质

（8）绘制线。旋转相机至所绘立面。按下键盘上的 L 键，从右边线开始，沿平行于右边线的方向，每隔 3800mm 绘制一条竖线，共绘制 3 条，并将其中点相连，如图 6.181、图 6.182 所示。

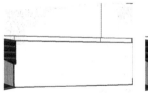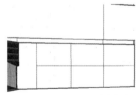

图 6.181 旋转相机　　　　　图 6.182 绘制线

（9）绘制圆。以每组竖线中点连接线中点为圆心，分别绘制半径为 900mm 的圆。如图 6.183 所示。并将圆内多余线删除，如图 6.184 所示。

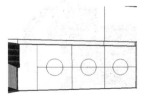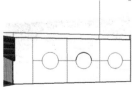

图 6.183 绘制圆　　　　　图 6.184 精简线

（10）粘贴材质。按下键盘上的 B 键，在材质库里选择之前的黑色石质贴面，赋予墙面。如图 6.185 所示。再选择透明的青绿色作为玻璃的颜色，如图 6.186 所示。

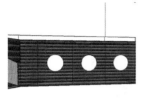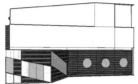

图 6.185 贴面材质　　　　　图 6.186 玻璃材质

（11）编辑二层模型。按下键盘上的 L 键，在距右边线 4000mm 处绘制一条竖向线，然后将左边矩形 4 等分，绘制 4 条平行线，如图 6.187 所示。然后将其赋予材质，按下键盘上的 B 键，选择之前黑色石质贴面赋予墙面，如图 6.188 所示。再将玻璃填充以青绿色，如图 6.189 所示。

（12）编辑三层模型。按下键盘上的 L 键，以右边线中点为顶点，分别连接其与左边线上下端点，如图 6.190 所示。然后赋予材质，按下键盘上的 B 键，选择之前的黑色石质贴面赋予墙面，如图 6.191 所示。再将玻璃填充以青绿色，如图 6.192 所示。

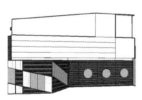

图 6.187 绘制线　　　　　图 6.188 贴面材质

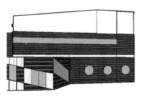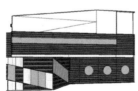

图 6.189 玻璃材质　　　　　图 6.190 绘制线

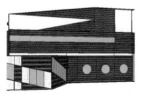

图 6.191 贴面材质　　　　　图 6.192 玻璃材质

（13）粘贴材质。旋转相机至合适角度，如图 6.193 所示，按下键盘上的 B 键，选择白色石材填充其立面，如图 6.194 所示。

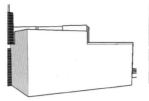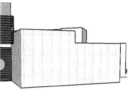

图 6.193 旋转相机　　　　　图 6.194 石质材质

（14）粘贴材质。旋转相机至合适角度，如图 6.195 所示，按下键盘上的 B 键，选择黑色石材填充其立面，如图 6.196 所示。

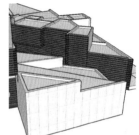

图 6.195 旋转相机　　　　　图 6.196 贴面材质

（15）粘贴材质。旋转相机至合适角度，如图 6.197 所示，按下键盘上的 B 键，选择青绿色玻璃材质进行填充，如图 6.198 所示。

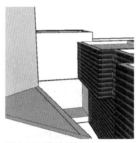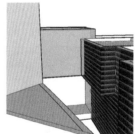

图 6.197 旋转相机　　　　　图 6.198 玻璃材质

6.6.5 西北立面

完成东北方向的立面绘制后，将相机继续沿逆时针方向旋转至西北立面，调整至合适角度，并将墙面赋予材质，如图 6.199 所示。具体绘制步骤如下：

（1）绘制线。首先旋转相机至所绘立面方向，如图 6.200 所示。按下键盘上的 L 键，连接上下边线中点，绘制一条竖线。并在右半部分矩形绘制两条水平平行线，分别距上下边线 2100mm，如图 6.201 所示。

（2）推拉模型。按下键盘上的 P 键，将右半部分中间矩形向外拉 400mm，如图 6.202 所示。

（3）粘贴材质。按下键盘上的 B 键，在材质库里选择之前的黑色石质贴面，赋予墙面，如图 6.203

所示。再选择透明的青绿色作为玻璃的颜色，如图
6.204 所示。

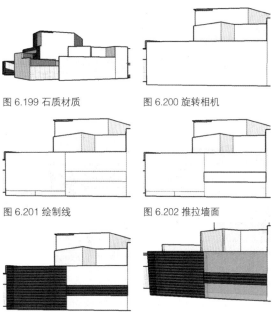

图 6.199 石质材质　　　图 6.200 旋转相机

图 6.201 绘制线　　　　图 6.202 推拉墙面

图 6.203 贴面材质　　　图 6.204 玻璃材质

（4）粘贴材质。旋转相机至适当角度，如图 6.205
所示。然后按下键盘上的 B 键，在材质库里选择之前
的黑色石质贴面，赋予墙面，如图 6.206 所示。

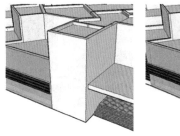

图 6.205 旋转相机　　　图 6.206 贴面材质

（5）推拉模型。调整相机至合适角度，如图 6.207
所示。将矩形平台向内偏移复制 200mm，然后按下
键盘上的 P 键，沿模型边向上拉 1200mm，如图 6.208
所示。

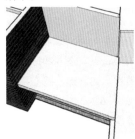

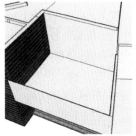

图 6.207 旋转相机　　　图 6.208 推拉模型

（6）插入组件。如图 6.209 所示，在墙面上插
入组件门，然后按下键盘上的 B 键，选择草地材质赋
予平台，如图 6.210 所示。

（7）插入组件。旋转相机至入口平台，如图 6.211
所示。在墙面合适位置上插入组件门，如图 6.212 所示。

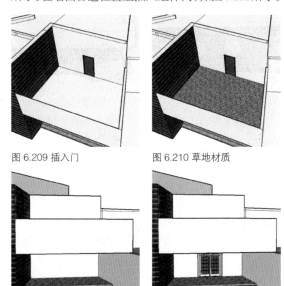

图 6.209 插入门　　　　图 6.210 草地材质

图 6.211 旋转相机　　　图 6.212 插入门

（8）绘制线。然后按下键盘上的 L 键，连接两
端边线中点，然后沿平行于右边边线的方向绘制一条
距右边边线 200mm 的竖线，并删除多余线条，如图
6.213 所示。

（9）粘贴材质。然后按下键盘上的 B 键，在材
质库里选择之前的白色石质贴面，赋予栏板，如图
6.214 所示。然后选取栏杆材质，赋予挑台立面，如
图 6.215 所示。

（10）粘贴材质。旋转相机至适当角度，如图 6.216
所示。然后按下键盘上的 B 键，在材质库里选择之前
的黑色石质贴面，赋予墙面。如图 6.217 所示。

（11）绘制线。继续旋转相机，如图 6.218 所示。
然后按下键盘上的 L 键，在上方矩形由右端起每隔

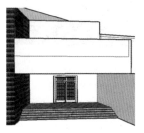

图 6.213 绘制线　　　　图 6.214 石质材质

2400mm 绘制 1 条竖直线，共绘 7 条，然后连接其中点，并将最右端两条竖线向下延伸至底边边线。如图 6.219 所示。

（12）推拉模型。按下键盘上的 P 键，将右下端两个矩形块向外拉 400mm，如图 6.220 所示。

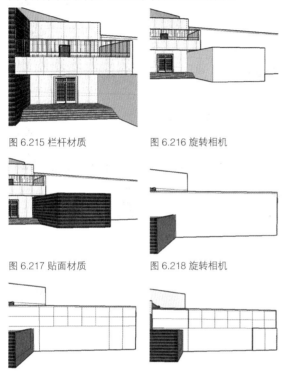

图 6.215 栏杆材质　　　　图 6.216 旋转相机

图 6.217 贴面材质　　　　图 6.218 旋转相机

图 6.219 绘制线　　　　　图 6.220 推拉模型

（13）粘贴材质。按下键盘上的 B 键，在材质库里选择之前的黑色石质贴面，赋予墙面。如图 6.221 所示。再选择白色石质贴面，赋予墙面，如图 6.222 所示。选择毛石材质赋予一层墙面，如图 6.223 所示。选择青绿色透明材质赋予玻璃，如图 6.224 所示。

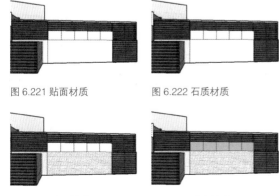

图 6.221 贴面材质　　　　图 6.222 石质材质

图 6.223 毛石材质　　　　图 6.224 玻璃材质

（14）绘制线。首先旋转相机至三层模型，如图 6.225 所示。按下键盘上的 L 键，以左边线中点为顶点，分别用其连接右边线上下两端点，如图 6.226 所示。

（15）粘贴材质。按下键盘上的 B 键，在材质库里选择之前的黑色石质贴面，赋予墙面，如图 6.227 所示。再选择青绿色玻璃透明材质赋予立面，如图 6.228 所示。

（16）推拉模型。继续旋转相机至适当角度，如图 6.229 所示。按下键盘上的 L 键，在左上角沿端点绘制一个矩形，然后按下键盘上的 P 键，将其向内推 200mm，如图 6.230 所示。

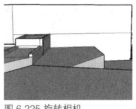
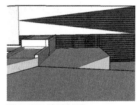
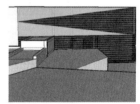

图 6.225 旋转相机 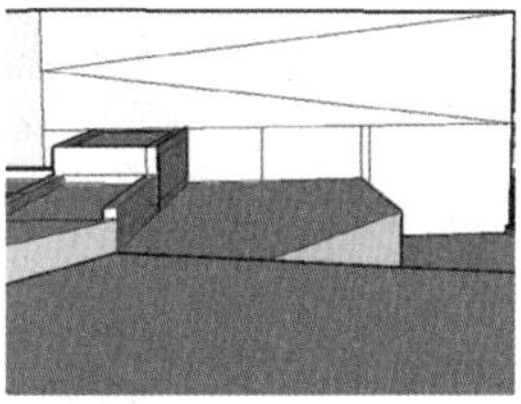　　　　图 6.226 绘制线

图 6.227 贴面材质　　　　图 6.228 玻璃材质

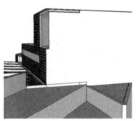
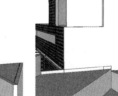

图 6.229 旋转相机 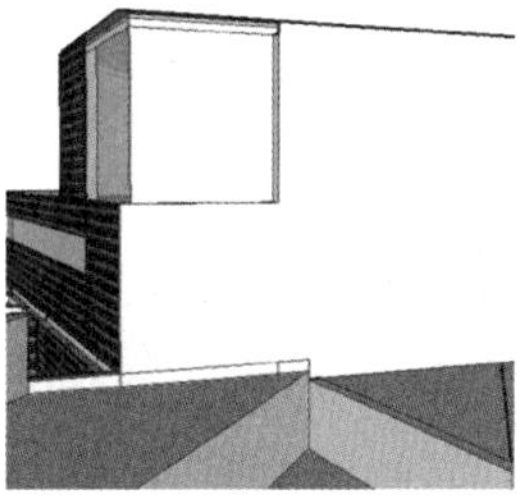　　　　图 6.230 推拉模型

（17）绘制线。按下键盘上的 L 键，如图 6.231 所示，沿四周边线平行方向，绘制数条横竖分割线。竖向分为 5 等分，横向将下半部分分为 4 等份。

（18）粘贴材质。按下键盘上的 B 键，在材质库里选择之前的黑色石质贴面，如图 6.232 赋予立面。再选择石质材质作为挡板的材质，如图 6.233 赋予立面。再选择透明的青绿色作为玻璃的颜色，如图 6.234 所示。

（19）粘贴材质。首先旋转相机至合适角度，如图 6.235 所示。按下键盘上的 B 键，在材质库选择青绿色透明材质赋予玻璃。如图 6.236 所示。

图 6.231 绘制线

图 6.232 贴面材质

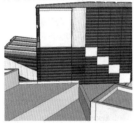
图 6.233 石质材质

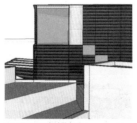
图 6.234 玻璃材质

图 6.235 旋转相机

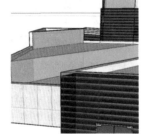
图 6.236 玻璃材质

6.6.6 西南立面

完成西北方向的立面绘制后，将相机继续沿逆时针方向旋转至西南立面，调整至合适角度，如图 6.237 所示。具体绘制步骤如下：

（1）绘制线。按下键盘上的 L 键，沿右边边线方向绘制一条竖线，与右边边线相距 3200mm，连接两个中点。然后在左半部分矩形中，沿底线平行方向绘制一条横线，与底线边线相距 900mm。最后删除多余线条，如图 6.238 所示。

（2）推拉模型。按下键盘上的 P 键，将下端多边形块向外拉 400mm，其结果如图 6.239 所示。

（3）粘贴材质。按下键盘上的 B 键，在材质库

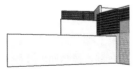
图 6.237 玻璃材质

图 6.238 绘制线

里选择之前的黑色石质贴面，如图 6.240 赋予立面。再选择石质材质作为挡板的材质，如图 6.241 赋予立面。再选择透明的青绿色作为玻璃的颜色，如图 6.242 所示。

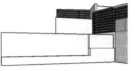
图 6.239 推拉模型

图 6.240 贴面材质

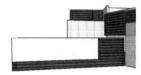
图 6.241 石质材质

图 6.242 玻璃材质

（4）绘制线。旋转相机至适当角度，如图 6.243 所示。按下键盘上的 L 键，由右边边线每隔 900mm 绘制 1 条竖线，然后取线段长度为 4900mm，沿底线平行方向绘制两条横线，最后删除多余线条，如图 6.244 所示。

（5）推拉模型。按下键盘上的 F 键，将 3 个矩形分别向内偏移复制 100mm，如图 6.245 所示。然后按下键盘上的 P 键，将窗框向外拉 200mm，如图 6.246 所示。

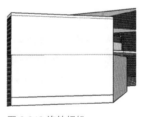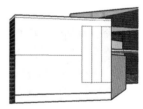
图 6.243 旋转相机

图 6.244 绘制线

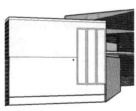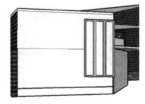
图 6.245 偏移复制

图 6.246 推拉模型

（6）粘贴材质。按下键盘上的 B 键，在材质库里选择之前的黑色石质贴面，赋予墙面，如图 6.247 所示。再选择青绿色玻璃透明材质赋予立面，如图 6.248 所示。

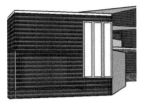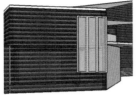

图 6.247 贴面材质　　　　图 6.248 玻璃材质

（7）插入组件。旋转相机至合适角度，如图 6.249 所示。在墙上适当位置插入各种窗组件，如图 6.250 所示。

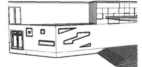

图 6.249 玻璃材质　　　　图 6.250 绘制窗

（8）粘贴材质。按下键盘上的 B 键，在材质库里选择之前的黑色石质贴面，赋予墙面。如图 6.251 所示。再选择青绿色玻璃透明材质赋予立面，如图 6.252 所示。

图 6.251 贴面材质　　　　图 6.252 玻璃材质

（9）绘制线。旋转相机至适当角度，如图 6.253 所示。按下键盘上的 F 键，将上端矩形向内偏移复制 300mm。再按下键盘上的 F 键，在下端两个矩形中，沿平行底线方向，绘制距底线为 200mm 的两条横线，如图 6.254 所示。

图 6.253 旋转相机　　　　图 6.254 绘制线

（10）粘贴材质。按下键盘上的 B 键，在材质库里选择黑色石质贴面，赋予墙面，如图 6.255 所示。然后选择青绿色透明材质赋予玻璃，如图 6.256 所示。

至此，沿逆时针方向绘制一圈，所有的建筑立面都已全部完成，如图 6.257 至图 6.260 所示，附上各个角度的透视图。

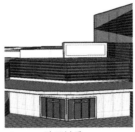

图 6.255 贴面材质　　　　图 6.256 玻璃材质

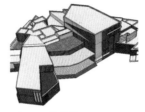

图 6.257 效果图 1　　　　图 6.258 效果图 2

图 6.259 效果图 3　　　　图 6.260 效果图 4

6.7 绘制建筑配景

主体建筑绘制完成后，接着就需要增加一定量的配景。建筑并不是孤立存在的，必须"生长"在一个环境之中，建筑与环境相互依托，二者缺一不可。本案中主要为环境添加人物、树木、道路、汽车、铺地等配景。

6.7.1 优化图纸

AutoCAD 的图纸中有一些不必要的内容，所以建筑师在依据 AutoCAD 图纸建模之前必须精简 DWG 文件。简单的线性图形导入到 SketchUp 中后可以直接生成面。

（1）导入总平面图。打开 AutoCAD 文件"总平面图"，如图 6.261 所示，通过观察总平面图，可以看出基地分为很多块，周边有行道树和两块停车场地。

（2）优化 AutoCAD 图纸。导入到 SketchUp 中的 AutoCAD 图只需要外部轮廓就可以，所以在 AutoCAD 中，不需要的对象可以进行删除，将剩下的建筑基地全部设置在 "0 图层" 中，如图 6.262 所示。

图 6.261 总平面图

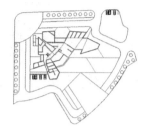
图 6.262 优化图纸

（3）写块。在 AutoCAD 中输入 "Wblock"（写块）命令，在弹出的【写块】面板中选择导出 DWG 文件的文件名与路径，设置单位为毫米，然后选择需要导出的图形。

（4）打开 SketchUp，在菜单栏中，选择【窗口】→【图层】命令，在弹出的【图层】对话框中，单击"加号"按钮，添加一个新图层，给其命名为"基地配景"，单击新建的图层，将其设置为当前图层。

6.7.2 导入模型

此次的导入模型主要是导入地形部分。在建模时最好不要将主体建筑与地形一起导入，因为这样可能会出现模型出错的问题。

（1）导入。单击【文件】→【导入】命令，在弹出的【打开】对话框中选择保存的图块文件，将图块导入到 SketchUp 中。按下键盘组合键 Ctrl+【A】键，将对象全部选择。然后右击选择的全部对象，选择【创建群组】命令，将其制作成组件，如图 6.263 所示。

（2）描边。使用【线】和【圆弧】工具，沿着基地的外轮廓线进行描绘，最终得到如图 6.264 所示的建筑平面。一般情况下，在 DWG 文件准确的情况下，SketchUp 会自动生成面。

图 6.263 导入

图 6.264 描边

（3）翻转面。右击绘制的建筑平面，选择【翻转面】命令，将面进行翻转，使正面对向相机，如图 6.265 所示。

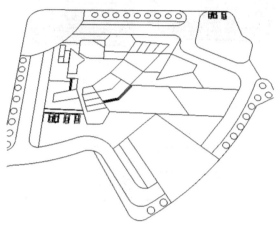
图 6.265 翻转面

6.7.3 添加材质

SketchUp，顾名思义，是一款草图设计的软件，重在设计前期推敲，是进行建筑初步设计的非常好的软件。效果表现则是 SketchUp 的一个弱项。但是在 SketchUp 中合理使用材质及组件对效果的表现好坏有着关键作用。

在本案例中，对建筑周边配景使用了几种材质以表现环境。具体绘图步骤如下：

（1）广场材质。按下键盘的 B 键，在材质库里选择一种颜色，使用贴图 "地砖 – 拼花 12"，如图 6.266 所示。并将其赋予两处广场，如图 6.267 所示。

图 6.266 使用贴图

图 6.267 粘贴材质

（2）道路材质。按下键盘的 B 键，在材质库里选择一种颜色，并使用一种贴图，如图 6.268 所示。并将其赋予道路，如图 6.269 所示。

（3）绿地材质。按下键盘的 B 键，在材质库里选择一种颜色，如图 6.270 所示。并将其赋予绿地，如图 6.271 所示。

图 6.268 使用贴图　　　　图 6.269 粘贴材质

 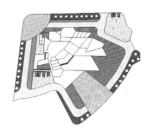

图 6.276 使用贴图　　　　图 6.277 粘贴材质

图 6.270 选择颜色　　　　图 6.271 粘贴材质

 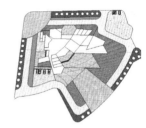

图 6.278 使用贴图　　　　图 6.279 粘贴材质

（4）灌木材质。按下键盘的 B 键，在材质库里选择一种颜色，如图 6.272 所示，并将其赋予灌木。如图 6.273 所示。

（5）草地材质。按下键盘的 B 键，在材质库里选择一种颜色，并使用一种贴图，如图 6.274 所示。并将其赋予草地，如图 6.275 所示。

6.7.4 添加组件

在 SketchUp 软件中，系统自带一些组件，可以用来帮助绘制环境，提高效率。在本设计中，主要需要插入车、树两种组件。具体操作步骤如下。

（1）插入组件。在菜单栏中，选择【窗口】→【组件】命令，在弹出的【组件】对话框中，插入车组件，如图 6.280 所示。然后插入树组件，如图 6.281 所示。多组树的插入可以通过键盘组合键 Ctrl+M 键完成。

图 6.272 选择颜色　　　　图 6.273 粘贴材质

图 6.274 使用贴图　　　　图 6.275 粘贴材质

（6）铺地材质。按下键盘的 B 键，在材质库里选择一种颜色，并使用一种贴图，如图 6.276 所示。并将其赋予草地，如图 6.277 所示。

（7）铺地材质。按下键盘的 B 键，在材质库里选择一种颜色，并使用一种贴图，如图 6.278 所示。并将其赋予草地，如图 6.279 所示。

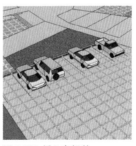 

图 6.280 插入车组件　　　　图 6.281 插入树组件

（2）插入建筑。将绘制完成的主体建筑导入到文件当中，通过移动，将其对准到总平面的相应位置，如图 6.282 所示。

（3）绘制高差。旋转相机至合适角度，按下键盘的 P 键，将道路向下拉伸 400mm，如图 6.283 所示。将平台向下拉伸 400mm，如图 6.284 所示。

（4）插入基地。导入之前绘制的基地，将主体建筑与周边配景置于相应位置。效果如图 6.285、图 6.286 所示。

图 6.282 插入主体建筑

图 6.283 拉伸道路

图 6.287 透视图 1

图 6.288 透视图 2

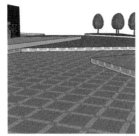

图 6.284 拉伸平台

图 6.285 鸟瞰图 1

图 6.289 透视图 3

图 6.290 透视图 4

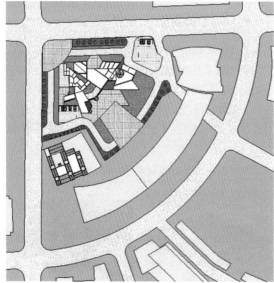

图 6.286 鸟瞰图 2

6.7.5 绘制其他

SketchUp 系统虽然没有灯光，但其自带的日光与阴影可以模拟与建筑物地理位置相近的真实的日照环境。将图像输出，在 Photoshop 中略作处理，一张漂亮的图片就生成了。在建筑效果图制作中，建模占有很大的份额，只要建筑造型美观，其渲染过程就不必花太多工夫了。具体操作如下：

（1）打开阴影。在菜单栏中，选择【查看】→【阴影】命令，为检查设计，试导出几张透视图。如图 6.287 至图 6.290 所示。

（2）显示剖面。单击【工具】→【剖面】命令，并调整剖切符号的位置，生成建筑的剖面图，如图 6.291 所示。

（3）显示立面。单击【相机】→【平行投影显示】命令，单击【相机】→【标准视图】命令，分别选择【前视图】、【后视图】、【左视图】、【右视图】命令，生成建筑物南、北、西、东立面图，如图 6.292 至图 6.295 所示。

（4）显示总平面。单击【相机】→【平行投影显示】命令，选择【顶视图】选项，生成建筑物总平面图，如图 6.296 所示。

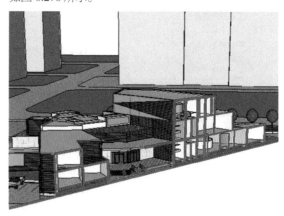

图 6.291 建筑剖面图

图 6.292 南立面图

图 6.293 北立面图

图 6.294 西立面图

图 6.295 东立面图

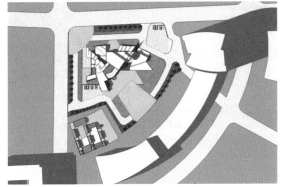

图 6.296 总平面

（5）显示透视。单击【相机】→【透视显示】命令，将视图转成透视图显示，调整相机视角，输出图形文件，完成后如图 6.297 所示。

图 6.297 完成效果图

6.7.6　建筑内部

对于建筑内部的绘制并不是本章的重点，多数 SketchUp 模型并不要求对其内部进行绘制，但可以将此案例中的模型内部加以绘制，既可以增加设计的

乐趣，也可以锻炼软件的使用熟练度。

奉上几张剖透视，剖透视是研究建筑空间的重要方法。其具体操作步骤省略，留得读者去触类旁通，相信会寻找到绘制的方法。

图 6.298 至图 6.300 分别为建筑的一层剖透视、二层剖透视、三层剖透视，图 6.301 为 3 个主要空间的剖透视。

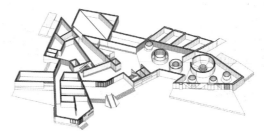

图 6.298 一层剖透视

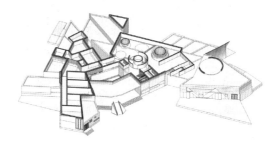

图 6.299 二层剖透视

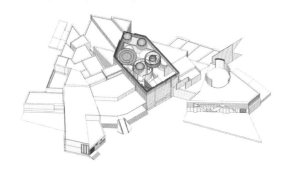

图 6.300 三层剖透视

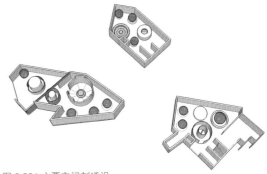

图 6.301 主要空间剖透视

甲方往往还需要设计者提供室内的效果图，这同样可以使用 SketchUp 制作。图 6.302 至图 6.305 是 3 个主要的室内空间效果图。

图 6.304 室内空间透视 3

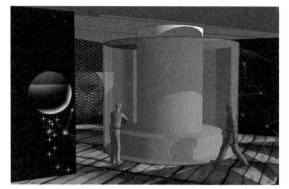

图 6.302 室内空间透视 1

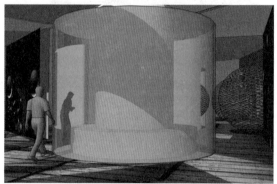

图 6.305 室内空间透视 4

图 6.303 室内空间透视 2

第 7 章 高层建筑

现代城市人口高度集中，市区用地紧张，地价昂贵，建筑开始向高空发展。高层建筑占地面积相对较小，在既定的范围内可以最大限度地增加建筑面积，扩大市区空地，有利城市绿化，改善环境。同时由于城市用地紧凑，许多相关的机构置于一座建筑物内以便于联系。此外在建筑群体布局上，高低相间，点面结合，使城市空间大为丰富。

高层建筑有住宅、餐饮、办公等等多种建筑类型，通常作为集多种功能于一身的综合性建筑，对舒适性、技术性以及节能等方面的要求较高。高层建筑设计作为建筑学科中的一个重要课题越来越多地受到关注。

本案例通过湖北省电力公司大楼一典型的高层建筑设计来展示 SketchUp 设计、调整和表现高层建筑方案的实际效果。通过这个案例，设计师们可触类旁通，既掌握了设计软件，又了解了设计手法。配套下载资源中提供了详细的设计图纸，可以参照练习。

7.1　方案分析

在使用 SketchUp 进行方案设计时，首先应了解方案自身的情况，做到有的放矢。然后再拟定建模步骤，进行下一步的操作。对于高层建筑设计来说，SketchUp 软件拥有非常灵活简便的建筑建模方法，易于使用。而对于室外建筑的模型，其最大的优点就是能够针对建筑物局部进行灵活的修改，大大地提高了建筑物三维模型的创建速度。此外，通过 SketchUp 的转换接口，还可以将 SketchUp 建立的三维模型导出到其他三维软件中做进一步的渲染处理。

7.1.1　基本条件分析

本案例采用的是湖北省电力公司大楼的一个设计方案。拟建的湖北省电力公司大楼是一个集办公接待、会议餐饮、休闲健身于一体的综合性现代办公建筑。建设位置处于徐东大街与规划道路交叉口，东、西方向分别是东湖和沙湖两大景观带。徐东路是城市主干道，西向经长江二桥连接武昌和汉口，东面联系东湖风景区梨园大门，车流量较大；规划道路为次干道，相对僻静。如图 7.1 和图 7.2 所示。

基地所处道路临街面有数幢高层综合办公建筑：湖北省电力调度大楼、湖北省长源电力商务中心、华中电力调度通信局等。这些已建成的高层建筑无论造

图 7.1　基地航拍图　　　　图 7.2　基地周围道路实景

型、外立面材质和色彩都较为统一，起到了美化城市景观和作为城市标志的作用，如图 7.3 和图 7.4 所示。

基地内及周边是电力公司职工宿舍和相关的服务设施，建筑层高为 1 至 7 层皆有分布，建筑密度较低，使得通风和日照状况良好；宿舍区内有多处庭院和景观区，绿树成荫，并设有少量室外健身娱乐设施，为老年人和小孩子提供良好的休息娱乐环境，如图 7.5 和图 7.6 所示。

图 7.3　长源电力商务中心　　　图 7.4　电力调度大楼

图 7.5　宿舍区室外健身设施　　图 7.6　宿舍区绿化

7.1.2　图纸分析

该方案总用地面积约 8900m²，建筑占地面积为 2100m²，总建筑面积为 22400m²，地上共 22 层，地下 1 层，层高为 4.2m，主体塔楼采用框架－核心筒结构，裙房为框架结构。

建筑方案图纸如图 7.7 所示。进行图纸分析后，得出以下结论。

注意： 建筑制图一定要使用图层来区分每类图形，

这样能极大地提高制作速度，给绘图与后期的图形修改带来方便。

图 7.7　整体立面图

（1）建筑物分为塔楼、裙房和地下层三个部分。在方案设计时，除了建立整体模型以分析体块组合的效果，还可以考虑分别建立各部分的模型，以便进行局部功能和空间的调整。

（2）裙房部分包括：入口大厅、物业管理用房、会议中心、餐厅、大型多功能厅和康乐健身设施用房等。其中，入口大厅为人群集散的场所，在设计时应根据空间性质考虑其形式和附属功能（如结合中庭形成室内景观）。另外，由于大型多功能厅和康乐健身设施用房从功能来说应提供大空间，因此在设计时要考虑房间内需要没有或尽量少的柱子，同时还应结合房间的面积和形状考虑房间的层高问题。这些都会最终影响建筑的体型。

（3）塔楼部分主要为办公用房，包括：办公室、资料室、库房，以及厕所、开水间等服务用房。由于服务用房面积在标准层面积中所占比例不大，因此在设计时可考虑利用每层服务用房的部分形成一个具有重复和韵律感的体块。

（4）地下层包括设备用房和汽车车库两部分。其中，车库坡道根据规范设计，在满足长度和坡度要求的同时还要注意与道路红线的退让关系，因此设计时要考虑建筑在基地上的位置和空间关系。

（5）建筑体块分明，塔楼部分体块具有重复性，且材质对比感觉强烈，建筑细部具有韵律感，在建模时应注意。

（6）因为此方案项目所在的湖北武汉位于冬冷夏热地区，所以在日照方面进行了一些特殊设计。在使用 SketchUp 设计和调整的阶段，应注意对日照的分析和设置。

7.1.3　简化图纸

AutoCAD 的图形中有很多内容，这是做平面施工图的需要。但不必都导入 SketchUp 进行建模，应对图形做一些精简，以方便 SketchUp 建模操作。通过前一步对图纸的分析，不难发现建筑平面共有六种，分别为裙房的四种平面和两个标准层平面。下面首先以一层为例，介绍建筑一层部分的图纸处理和模型建立。

（1）图纸文件中包含的信息比较多，会给制作者识图带来一定的困难，此时必须将图纸中的部分内容进行简化。将图纸中的标注、轴线、引出说明、文字说明等建筑主体外的对象删除或隐藏，只留下图纸中的建筑部分。以第一层平面为例，简化后的效果如图 7.8 所示。

（2）图纸经过一定简化后，变得更为简单明了，此时须分析场景中不同区域的表现方式，进一步对建筑加深了解。以一楼平面为例，整个建筑图纸大致上可以分为青色玻璃幕墙、黄色楼梯台阶、黑色的墙体线、褐色洁具布置示意图和蓝色内部布置示意图。布置示意图是不需要的，此时选中建筑内部的褐色和蓝色示意线条及楼梯的示意部分，按下键盘上的 Delete 键将其删除，进一步将图形简化，如图 7.9 所示。

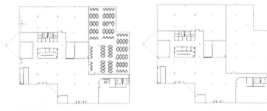

图 7.8　简化一层平面　　　　图 7.9　删除示意图形

至此整体的建筑图纸经过修改，只剩下了墙线、玻璃等必需图例。这样为导入到 SketchUp 后的制作提供相应的便利。根据以上介绍的方法，修改其他所需建筑平面图和立面图，并分别保存为"二层墙体 .dwg""三层墙体 .dwg""四层墙体 .dwg""五层墙体 .dwg""六层墙体 .dwg"和"外层立面 A.dwg"。

7.1.4　新建调整图层

图纸经过优化所得到的线条图形仍然不能直接导入到 SketchUp 中进行建模，此时还需将建模时所使用到的线条图形做进一步优化。

（1）单击 AutoCAD【图层】工具条中的【图层

特性管理器】按钮，如图 7.10 所示。

（2）在弹出的【图层编辑器】对话框中，单击【新建图层】按钮，在图层列表中新建名为"简化线条"的图层，并将颜色设置为红色，如图 7.11 所示。

图 7.10 图层特性管理器

图 7.11 新建图层

（3）将新建的简化线条图层设置为当前图层，如图 7.12 所示。这样，所绘制的新图形将存放在这个新建的"简化线条"图层中。

图 7.12 设置当前图层

注意：使用 AutoCAD 绘制平面图时，一定要养成区分图层的习惯。只有区分图层后才能谈得上修改图形，否则修改的工作量就会增加，甚至无法完成。本例就是使用科学的方法来划分、管理图层，这样后期的改图就显得非常方便了。

7.1.5 创建精简后的图形文件

本案例中模型建立比较复杂，建筑主体包括裙房和塔楼部分，其中裙房每层的外观都不相同，需要分别制作各种不同类型的建筑平面；塔楼则是单数层和双数层的外观不相同。另外由于在最终表现时，需要表现出外墙的玻璃幕墙，所以在建模过程中需要考虑将玻璃及墙体部分进行分开制作，这样方便修改及最终的渲染。因此需要首先将墙体线条进行提取，然后提取图纸中的玻璃幕墙部分，并分别放到新建的图层中导入，将整体平面进一步简化，以符合 SketchUp 的建模方式。

（1）在 AutoCAD 中的命令提示行中输入 "L"（直线）命令并回车，打开交点捕捉，将建筑第一层的平面墙体轮廓进行描边，在描边的过程中注意不要产生交叉线或未封口线条，完成后如图 7.13 所示。

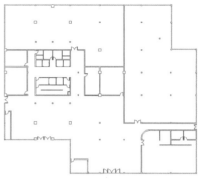

图 7.13 墙体轮廓描边

注意：从外部观察建筑时，光线会穿透玻璃幕墙照亮室内，此时需要在墙体描边时将窗户及玻璃幕墙周围的室内墙体也进行描边，使模型在渲染时能够观察到场景内部的对象。

（2）单击【图层】工具栏中的【图层特性管理器】按钮，在弹出的【图层特性管理器】对话框中隐藏简化线条图层之外的其他所有图层，如图 7.14 所示。

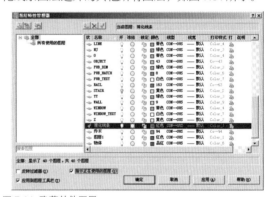

图 7.14 隐藏其他图层

（3）隐藏后的图纸上只留下了当前图层即简化线条图层，全都选中当前图层上的所有对象，配合键盘上的 Crtl+C 键将其进行复制。单击【文件】→【新建】命令在弹出的窗口中选中 acadiso.dwt 文件，如图 7.15 所示。

图 7.15 隐藏其他图层

（4）按下 Ctrl+V 组合键，将"简化线条"图层内容粘贴到新建图层中。单击【文件】→【另存为】命令将文件保存，并命名为"一层墙体 .dwg"，此时文件格式应选择 AutoCAD 2004/LT2004 图形文件格式进行保存，如图 7.16 所示。

图 7.16 保存墙体轮廓

（5）采用相同的方法，将图纸中的玻璃幕墙等对象分别按不同的图层进行描边定位，并另存为其他文件，为后期导入 SketchUp 做准备。

注意：对对象轮廓进行描边时，应根据不同的对象特点，分别保存。以方便后期导入 SketchUp 模型，防止在立体成型的过程中发生错误。

7.2 在 SketchUp 中创建裙房模型

在 AutoCAD 中已经将平面图纸进行了简化，现在导入到 SketchUp 中进行模型的建立。首先将建筑模型大体分为两个部分：裙房和塔楼。本章将详细介绍如何创建建筑的裙房部分模型。

在 SketchUp 中建立室外模型时可按照由下到上、由粗到细的方法进行。先把外形轮廓绘制出来，然后再根据具体数据对建筑模型进行细化。

7.2.1 设置 SketchUp 场景单位并导入一层平面 AutoCAD 图纸

SketchUp 默认的系统单位是美制的英寸单位，而国家标准规定的建筑制图是以"毫米"为单位，所以在导入时必须重新设置系统单位，注意前后单位的完整统一。

（1）双击桌面 SketchUp 图标，打开 SketchUp。单击【窗口】→【场景信息】，在弹出的【场景信息】对话框中，选择【单位】选项，将单位更

改成"十进制"和"毫米"并回车确定。将 SketchUp 单位整体更改成毫米，用于匹配 AutoCAD 单位，使前后单位统一，如图 7.17 所示。

（2）单击【文件】→【导入】命令，在弹出的【打开】对话框中，选择导入文件类型为 ACAD Files（*.dwg，*.dxf），打开之前保存的名为"一层墙体 .dwg"的 AutoCAD 文件。然后单击【选项】按钮，在弹出的【AutoCAD DWG/DXF 导入选项】对话框中，选择"毫米"为单位，如图 7.18 所示。

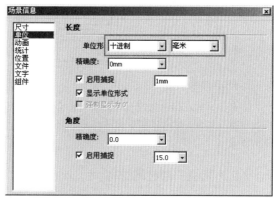

图 7.17 更改场景单位

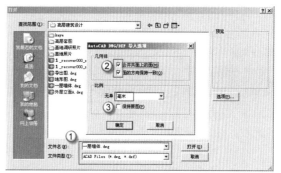

图 7.18 导入文件

（3）导入模型后，单击【相机】→【充满视窗】按钮，将模型显示最大化。全屏显示导入后的 AutoCAD 平面图形，如图 7.19 所示。

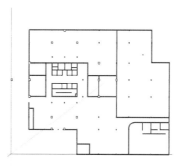

图 7.19 导入 AutoCAD 文件后

导入完成后，就可以利用底图进行操作了。首先进行的是补线，具体操作如下。

（4）单击【绘图】→【线】工具，使用线工具将 SketchUp 中的图形进行描边，并分别将各个墙体线封闭成面，如图 7.20 所示。

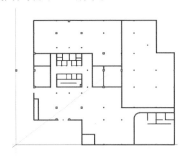

图 7.20　封闭平面图纸

注意：如果在描边的过程中无法封闭成面，原因应是用 AutoCAD 对墙体描边的过程中出现问题，须仔细检查。

7.2.2　建立一层柱网结构

目前高层建筑结构以钢筋混凝土结构为主，常见的结构体系有：框架结构体系、剪力墙结构体系、框架－剪力墙结构体系、筒体结构体系、框架－核心筒结构体系等。但近年来，钢结构也有了较多的应用，如较为新型的桁架筒结构体系、巨型结构（包括巨型框架和巨型桁架等）、悬挂结构体系等。此高层建筑设计案例采用的是最常见的框架－核心筒结构体系，因此首先根据导入的一层 CAD 平面图建立柱网框架。

（1）按住鼠标中键不放，移动光标，将 SketchUp 的视点进行旋转，便于操作。分析平面图后发现有两种平面尺寸的柱子，单击【编辑】→【推拉】按钮，将其中一种平面尺寸的柱子平面向上拉伸 5100mm，此高度为第一层楼体的层高，如图 7.21 所示。

（2）单击工具栏【常用】→【选择】工具，选中场景中的三维柱子，配合键盘上的 Shift 键减选其他立体图形，保持拉伸柱子的选择状态，单击菜单栏【编辑】→【制作组件】命令，在弹出的对话框中将组件命名为"柱"，设置参数如图 7.22 所示，创建名为柱的组件。

注意：将柱子进行组件处理是为了明确建筑的承重体系，同时利于之后对柱子的材质等方面进行调整。

（3）双击组件，进入组件编辑模式后，单击工

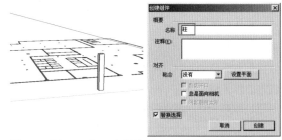

图 7.21　导入 AutoCAD 文件后　图 7.22　制作柱的组件

具栏【常用】→【材质】工具，选中金属材质，并赋予组件，如图 7.23 所示。

（4）单击工具栏【常用】→【选择】工具，选中编辑完毕的单个柱子，单击工具栏【编辑】→【移动 / 复制】工具，配合键盘上的 Ctrl 键根据平面图复制柱子。另一平面尺寸的柱子以同样方法绘制和复制，如图 7.24 所示。

（5）单击工具栏【窗口】→【图层】对话框，单击【增加层】命令，在弹出的对话框中将图层命名为"柱子"，如图 7.25 所示。

（6）单击工具栏【常用】→【选择】工具，选中场景中所有的三维柱子，单击工具栏【窗口】→【实体信息】对话框，在【图层】菜单中选择"柱子"，如图 7.26 所示。

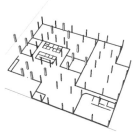

图 7.23　赋予柱子材质　　　图 7.24　一层柱子

图 7.25　新建柱子图层　　　图 7.26　改变图层

注意：在使用 SketchUp 管理一般场景时不会用"图层"命令。但是本例中的高层建筑相当复杂，所以将建立各类型的图层，将相应的模型放入其中。在建模的过程中会频繁地切换各图层，以方便操作，否则修改和调整阶段的工作量会非常巨大。

7.2.3　拉伸一层墙体

柱网结构建立完成，接下来是墙体部分的绘制。根据补线后的一层平面，用三维工具拉伸出墙体层高，再进行细部的修饰。

（1）单击工具栏【窗口】→【图层】对话框，隐藏"柱子"图层，如图 7.27 所示。

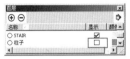

图 7.27　隐藏图层

（2）建筑外墙面设计为玻璃幕墙，分为玻璃面和实墙面两个部分，这里首先建立外墙实墙和内墙部分。单击【编辑】→【推拉】按钮，分别将所有的实墙平面向上拉伸 5100mm，形成三维空间模型。如图 7.28 所示。

（3）单击工具栏【常用】→【选择】工具，选中场景中所有墙体，配合键盘上的 Shift 键减选其他立体图形，保持拉伸墙体的选择状态，单击菜单栏【编辑】→【制作组件】命令，在弹出的对话框中将组件命名为"一层墙体"，设置参数如图 7.29 所示，创建名为一层墙体的组件。

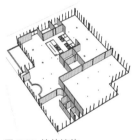

图 7.28　拉伸墙体　　　图 7.29　制作一层墙体组件

注意：将墙体进行组件处理是为了避免后期在建立窗户模型时，产生墙体模型的变动。

（4）单击工具栏【窗口】→【图层】对话框，单击【增加层】命令，在弹出的对话框中将图层命名为"墙体"。新增图层后，单击工具栏【常用】→【选择】工具，选中场景中的三维墙体组件，单击工具栏【窗口】→【实体信息】对话框，在【图层】菜单中选择"墙体"。此步骤类似于建立柱网图层。

（5）双击一层墙体组件，进入【组件编辑】模式后，单击工具栏【常用】→【材质】工具，选择混凝土材质，单击【创建】按钮。在弹出的面板中更改材质名称为"墙面"，选择颜色并适当调整透明度，如图 7.30 所示。选择当前场景中所有墙面，并赋予混凝土材质，

如图 7.31 所示。

注意：选择色彩时要注意突出混凝土材质的感觉，但要兼顾室内墙体的感觉不可过于厚重。另外混凝土为实体，因此不需调整材质透明度。

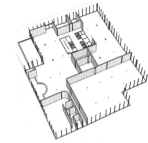

图 7.30　创建墙面材质　　　图 7.31　赋予墙面材质

7.2.4　绘制玻璃幕墙和窗户

墙体轮廓拉伸后，建筑一层的初步轮廓已经出现，但玻璃墙体部分还未完成，接下来建立玻璃幕墙和窗户的部分。

（1）单击工具栏【窗口】→【图层】对话框，单击【增加层】命令，在弹出的对话框中将图层命名为"玻璃幕墙"，并选择新增图层为当前图层，如图 7.32 所示。

图 7.32　新建玻璃幕墙图层

（2）单击工具栏【常用】→【材质】工具，在弹出的对话框中单击【创建】按钮。在弹出的面板中更改材质名称为"玻璃"，选择颜色并适当调整透明度，如图 7.33 所示。

（3）调整完毕后将玻璃材质赋予一层平面玻璃幕墙部分。单击工具栏【编辑】→【推拉】工具，将所有的材质为玻璃的平面向上拉伸 5100mm，如图 7.34 所示。

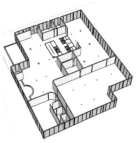

图 7.33　创建玻璃材质　　　图 7.34　拉伸玻璃幕墙

注意：选择色彩和调节透明度时要注意突出玻璃材质的质感。虽然 SketchUp 的光影效果没有渲染器那么真实，但是选择材质时尽量要注意。

（4）单击工具栏【编辑】→【推拉】工具，选中蓝色的玻璃墙面，向内推动 100mm，如图 7.35、图 7.36 所示。

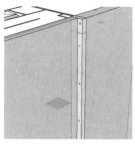 

图 7.35 推拉时玻璃墙面变薄 1　图 7.36 推拉时玻璃墙面变薄 2

注意：玻璃厚度比实墙薄，所以应使玻璃墙面变薄，同时产生不同材质的对比感觉。建筑外观应根据表现的最终需求进行建模。如果要表现玻璃透射的效果，在大多数情况下需要将玻璃创建成有厚度的模型，这样才能在后期渲染时正确表现玻璃的透射效果，如果场景中玻璃需要表现反射的效果，则可以适当省略室内的模型建立，使用贴图的方法进行渲染。

7.2.5　绘制门及门框

在建筑一层上添加玻璃幕墙后，建筑的外观显得更加直观。但是建筑物中还有门和门框的部分没有创建，此时需要利用建筑的立面图进行门窗的绘制。本节以一层大厅门和门框的创建为例进行讲解，具体操作如下。

（1）单击【文件】→【导入】命令，在弹出的【打开】对话框中，选择导入文件类型为 ACAD Files（*.dwg，*.dxf），打开之前保存的名为"外层立面 A.dwg"的 AutoCAD 文件。单击【选项】按钮，在弹出的【AutoCAD DWG/DXF 导入选项】对话框中，选中"毫米"为单位，如图 7.37 所示。

注意：建筑立面的制作同墙体轮廓的制作方法一样，此处是利用建筑立体图纸做参照，制作立体的门窗部分。

（2）单击工具栏【窗口】→【图层】对话框，单击【增加层】命令，在弹出的对话框中将图层命名为"立面"，如图 7.38 所示。单击工具栏【常用】→【选择】工具，选中导入的立面图，单击工具栏【窗口】→【实体信息】对话框，在【图层】菜单中选择"立面"选项。

图 7.37 导入立面　　　　图 7.38 新建立面图层

（3）导入后的建筑立体图纸是在 XY 轴的平面上，还需要将其对齐并旋转，调整方向。单击工具栏【编辑】→【旋转】工具，选择立面图形，以右下方顶点为基点，将立面图形向上旋转 90°，使立体图纸与场景中墙体的方向一致，如图 7.39 所示。

（4）单击工具栏【编辑】→【移动 / 复制】工具，选择立体图形某一处的顶点，将立体图形对齐至场景中已经拉伸的墙体，使立面图纸贴到墙体，如图 7.40 所示。

 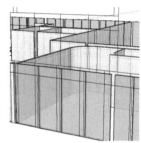

图 7.39 旋转立面　　　　图 7.40 对齐墙体

（5）将视图定位于一层建筑物门厅前。单击工具栏【绘图】→【线】工具，将门框的外围进行描边，产生新的面后将门框面封闭，如图 7.41 所示。

（6）单击工具栏【常用】→【选择】工具，双击新建的面，单击菜单栏【编辑】→【制作组件】命令，创建组件后将其命名以便区分。

（7）单击工具栏【常用】→【选择】工具，双击新建的面，进入【组件编辑】模式，单击工具栏【常用】→【材质】工具，在弹出的对话框中单击【创建】按钮。在弹出的面板中更改材质名称为"门框"，选择颜色，如图 7.42 所示。

图 7.41 封闭分隔面　　　　图 7.42 制作门组件

（8）调整完毕后将门框材质赋予门框和门扇框部分，如图 7.43 所示。然后单击工具栏【编辑】→【推拉】工具，将新建门框面向背面向内拉伸，对齐至内墙边，形成门框的厚度。

图 7.43　创建门框材质

（9）保持【组件编辑】模式，使用【选择】工具选中其中一个门扇框平面，单击工具栏【编辑】→【推拉】工具，将面向外拉出 50mm，如图 7.44 所示。采用相同的方法，分别将其他门扇框平面进行偏移，如图 7.45 所示。

图 7.44　拉出门框厚度

图 7.45　拉出门扇框厚度

（10）将玻璃材质赋予玻璃门扇面，单击工具栏【编辑】→【推拉】工具，逐一选择所有玻璃门扇，将其向内推出 20mm，如图 7.46 所示。

（11）退出【组件编辑】模式，单击工具栏【绘图】→【线】工具，沿门框边界描边，将模型中镂空的面封闭，如图 7.47 所示。

图 7.46　建立玻璃门扇

图 7.47　镂空平面

7.2.6　建立核心筒体

在高层建筑中，核心筒是贯穿整个建筑的最为重要的承重结构。一般的高层建筑核心筒功能包括重要的垂直交通和设备用房等，其中垂直交通又包括电梯和消防楼梯两部分。在建立高层建筑的模型时，核心

筒体部分的创建可以直接将核心筒平面拉伸至建筑顶端，具体操作如下。

（1）单击工具栏【常用】→【选择】工具，选中一层平面中的核心筒部分，配合键盘上的 Shift 键减选直线，单击菜单栏【编辑】→【制作组件】命令，在弹出的对话框中将组件命名为"核心筒"，设置参数如图 7.48 所示，创建名为核心筒的组件。

（2）双击核心筒组件，进入【组件编辑】模式后，单击工具栏【编辑】→【推拉】工具，选择所有核心筒平面，将其向上拉出 96m 与立面高度对齐，如图 7.49 所示。

图 7.48　制作核心筒组件　　　图 7.49　拉伸核心筒体

（3）单击工具栏【窗口】→【图层】对话框，单击【增加层】命令，在弹出的对话框中将图层命名为"核心筒"，如图 7.50 所示。

（4）单击工具栏【常用】→【选择】工具，选中场景中的核心筒，单击工具栏【窗口】→【实体信息】对话框，在【图层】菜单中选择"核心筒"，如图 7.51 所示。

（5）单击工具栏【窗口】→【图层】对话框，隐藏"核心筒"和"立面"图层，如图 7.52 所示。

图 7.50　新建核心　　图 7.51　改变图层　　图 7.52　隐藏图层
　　　筒图层

注意：由于建筑外立面为玻璃幕墙，可以透过玻璃看到室内，因此需要建立建筑内部如核心筒这样的重要部分。另一方面，隐藏核心筒图层以免竖向核心筒干扰视线，有利于下一步绘制天花板平面。

7.2.7　封闭天花板平面

建筑物的第一层已经基本完成，此时需要建立天花楼板，对楼层进行分隔。建立楼板时需要重新将第一层的建筑墙体的边界线导入，以便创建天花楼板。

（1）单击【文件】→【导入】命令，在弹出的【打开】对话框中，选择导入文件类型为 ACAD Files（*.dwg，*.dxf），打开之前保存的名为"一层墙体.dwg"的 AutoCAD 文件。单击【选项】按钮，在弹出的【AutoCAD DWG/DXF 导入选项】对话框中，选择"毫米"为单位。

（2）单击工具栏【编辑】→【移动/复制】工具，将导入的一层平面图纸向上移动，并对齐至第一层楼墙体的顶部。双击导入后的一层平面图纸，进入【组件编辑】模式，单击工具栏【绘图】→【线】工具，沿墙体内部线条进行描边，将内部顶面进行封闭，并将封闭的面制作成组件，如图 7.53 所示。

（3）单击工具栏【常用】→【材质】工具，在弹出的对话框中单击【创建】按钮。在弹出的面板中更改材质名称为"楼板"，选择颜色，如图 7.54 所示。调整完毕后将楼板材质赋予楼板区域以与其他部分进行区分，如图 7.55 所示。

（4）单击工具栏【编辑】→【推拉】工具，将封闭的面向下推拉，高度为 300mm，形成楼板的厚度，如图 7.56 所示。

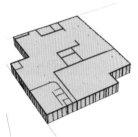

图 7.53 封闭顶面　　图 7.54 创建楼板材质

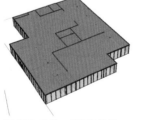

图 7.55 赋予一层天花材质　　图 7.56 拉伸一层天花楼板

注意：在 SketchUp 中尽可能将相同材质的对象做统一处理，以免在后期渲染中材质混乱难以操作。值得注意的一点是，应对楼板材质的透明度进行调整。尽管楼板在实际中应该属于实体材质，但是在建立模型的过程中为了表现出一定的透视效果可以采取 80%~90% 的透明效果处理。从图 7.55、图 7.56 不难看出略透明的楼板下柱网若隐若现，比起实体的楼板更有表现力。

7.2.8　导入二层 AutoCAD 平面图并建立二层模型

完成了建筑一层模型的建立，接下来是建筑的二层部分。通常高层建筑的裙房由于各层平面功能需要不同而导致平面形状的不同，因此每层都需要单独创建。

（1）单击【文件】→【导入】命令，在弹出的【打开】对话框中，选择导入文件类型为 ACAD Files（*.dwg，*.dxf），打开之前保存的名为"二层墙体.dwg"的 AutoCAD 文件。单击【选项】按钮，在弹出的【AutoCAD DWG/DXF 导入选项】对话框中，选择"毫米"为单位。

（2）单击工具栏【编辑】→【移动/复制】工具，将导入的二层平面图向上移动，并对齐至第一层楼天花板的顶部。双击导入后的二层平面图，进入【组件编辑】模式，单击工具栏【绘图】→【线】工具，沿墙体内部线条进行描边，将内部顶面进行封闭，并将封闭的面制作成组件，如图 7.57 所示。

（3）单击工具栏【窗口】→【图层】对话框，单击【增加层】命令，在弹出的对话框中将图层命名为"二层"。单击工具栏【常用】→【选择】工具，选中场景中二层平面，单击工具栏【窗口】→【实体信息】对话框，在【图层】菜单中选择"二层"。拉伸墙体并赋予墙体材质，步骤同 7.2.3 节和 7.2.4 节，最终效果如图 7.58 所示。

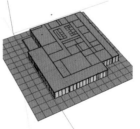

图 7.57 导入二层 AutoCAD 平面图　　图 7.58 拉伸二层墙体并赋予材质

注意：SketchUp 导入的 AutoCAD 图形会在默认的 0 图层，应根据需要调整导入图的图层，便于后面的操作。

（4）单击工具栏【窗口】→【图层】对话框，显示"柱子"图层，并隐藏其余图层，如图 7.59 和图 7.60 所示。

（5）单击工具栏【常用】→【选择】工具，选中场景中所有柱子，单击工具栏【编辑】→【移动/复制】工具，配合键盘上的 Ctrl 键将选中的所有柱子

图 7.59 显示柱子　　　图 7.60 隐藏除柱子以外的图层

复制并向上移动，对齐至第一层楼柱子的顶部，如图
7.61 所示。

（6）单击工具栏【窗口】→【图层】对话框，
显示 "0" "玻璃幕墙" "二层" "一层天花" 图层，
效果如图 7.62 所示。根据导入的二层平面 AutoCAD
图，删除多余的柱子，如图 7.63 所示。

（7）观察二层平面图发现，入口大厅部分为上空，
需要去掉此处的一层天花部分。单击工具栏【窗口】
→【图层】对话框，隐藏 "柱子" 图层。单击工具栏
【常用】→【选择】工具，选中入口大厅天花平面，
配合键盘上的 Delete 键删除，如图 7.64 所示。

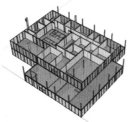

图 7.61 复制并移动柱子　　　图 7.62 显示图层

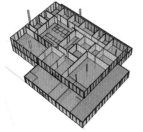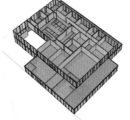

图 7.63 删除二层多余柱子　　图 7.64 删除入口大厅部分一层
　　　　　　　　　　　　　　　　　　天花

（8）建筑物的第二层已经基本完成，此时建立
第二层天花楼板。建立该楼板的方法类似于一层天花
楼板，步骤同 7.2.7。正确导入 "二层墙体 .dwg" 的
AutoCAD 文件后，单击工具栏【编辑】→【移动 / 复制】
工具，将导入的二层平面图纸向上移动，并对齐至第
二层楼墙体的顶部。双击导入后的二层平面图纸，进

入【组件编辑】模式，单击工具栏【绘图】→【线】
工具，沿墙体内部线条进行描边，将内部顶面进行封
闭，并将封闭的面制作成组件，如图 7.65 所示。

（9）保持【组件编辑】模式，将二层平面看线
部分的线条删除，并将楼板材质赋予楼板区域以与其
他部分进行区分，如图 7.66 所示。单击工具栏【编
辑】→【推拉】工具，将封闭的面向下推拉，高度
为 300mm，形成楼板的厚度，如图 7.67 所示。

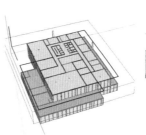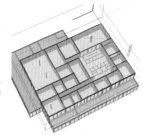

图 7.65 封闭顶面　　　图 7.66 删除多余线条并赋予
　　　　　　　　　　　　　　　楼板材质

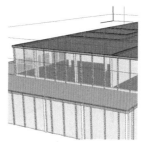

图 7.67 拉伸二层天花楼板

7.2.9 导入三层 AutoCAD 平面图并建立
三层模型

完成了建筑第一层与第二层模型的建立，接下来
是建筑的三层部分。由于裙房各层平面功能需要不同
而导致平面形状的不同，因此创建时需要注意观察。

（1）单击【文件】→【导入】命令，在弹出的【打开】
对话框中，选择导入文件类型为 ACAD Files（ ∗.dwg，
∗.dxf ），打开之前保存的名为 "三层墙体 .dwg" 的
AutoCAD 文件。单击【选项】按钮，在弹出的【AutoCAD
DWG/DXF 导入选项】对话框中，选择 "毫米" 为单位。

（2）单击工具栏【编辑】→【移动 / 复制】工具，
将导入的三层平面图向上移动，并对齐至第二层楼墙
体的顶部。双击导入后的三层平面图，进入【组件编
辑】模式，单击工具栏【绘图】→【线】工具，沿墙
体内部线条进行描边，将内部顶面进行封闭，并将封
闭的面制作成组件，如图 7.68 所示。

（3）保持【组件编辑】模式，将三层平面挑出阳台部分的楼板赋予楼板材质，以与其他部分进行区分。单击工具栏【编辑】→【推拉】工具，将封闭的面向下推拉，高度为 300mm，形成楼板的厚度，如图 7.69 所示。

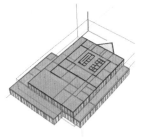

图 7.68 导入三层 AutoCAD 平面图　　图 7.69 拉伸并赋予楼板材质

（4）单击工具栏【窗口】→【图层】对话框，单击【增加层】命令，在弹出的对话框中将图层命名为"三层"。单击工具栏【常用】→【选择】工具，选中场景中的三层平面，单击工具栏【窗口】→【实体信息】对话框，在【图层】菜单中选择"三层"。拉伸墙体并赋予墙体材质，步骤同 7.2.3 节和 7.2.4 节，最终效果如图 7.70 所示。

（5）单击工具栏【窗口】→【图层】对话框，显示"柱子"图层，并隐藏其他的图层。

（6）单击工具栏【常用】→【选择】工具，选中场景中所有柱子，单击工具栏【编辑】→【移动 / 复制】工具，配合键盘上的 Ctrl 键将选中的所有柱子复制并向上移动，对齐至第二层楼柱子的顶部，如图 7.71 所示。

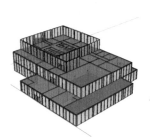
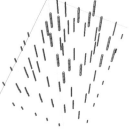

图 7.70 拉伸三层墙体并赋予　　图 7.71 复制并移动柱子
材质

（7）单击工具栏【窗口】→【图层】对话框，显示"0""玻璃幕墙""二层""三层""一层天花"图层，效果如图 7.72 所示。根据导入的三层平面 AutoCAD 图，删除多余的柱子，如图 7.73 所示。

（8）建筑物的第三层已经基本完成，此时建立

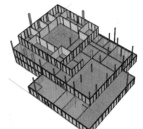
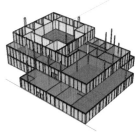

图 7.72 显示图层　　　　　图 7.73 删除三层多余柱子

天花楼板。建立楼板方法类似于一层天花楼板，步骤同 7.2.7 节。正确导入"三层墙体 .dwg"的 AutoCAD 文件后，单击工具栏【编辑】→【移动 / 复制】工具，将导入的三层平面图纸向上移动，并对齐至第三层楼墙体的顶部。双击导入后的三层平面图纸，进入【组件编辑】模式，单击工具栏【绘图】→【线】工具，沿墙体内部线条进行描边，将内部顶面进行封闭，并将封闭的面制作成组件，如图 7.74 所示。

（9）保持【组件编辑】模式，将三层平面看线部分的线条删除，并将楼板材质赋予楼板区域以与其他部分进行区分，如图 7.75 所示。单击工具栏【编辑】→【推拉】工具，将封闭的面向下推拉，高度为 300mm，形成楼板的厚度，如图 7.76 所示。

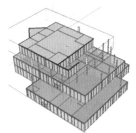

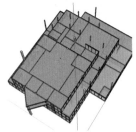

图 7.74 封闭顶面　　　　　图 7.75 删除多余线条并赋予
楼板材质

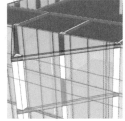

图 7.76 拉伸三层天花楼板

7.2.10　导入四层 AutoCAD 平面图并建立四层模型

完成了建筑一至三层模型的建立，接下来是四层部分。观察四层平面发现，四层平面与一至三层平面

不同，墙体不再是水平和垂直的方向，因此创建时需要注意。

（1）单击【文件】→【导入】命令，在弹出的【打开】对话框中，选择导入文件类型为 ACAD Files（*.dwg，*.dxf），打开之前保存的名为"四层墙体.dwg"的 AutoCAD 文件。单击【选项】按钮，在弹出的【AutoCAD DWG/DXF 导入选项】对话框中，选择"毫米"为单位。

（2）单击工具栏【编辑】→【移动/复制】工具，将导入的四层平面图向上移动，并对齐至第三层楼墙体的顶部。双击导入后的四层平面图，进入【组件编辑】模式，单击工具栏【绘图】→【线】工具，沿墙体内部线条进行描边，将内部顶面进行封闭并赋予地面材质，再将封闭的面制作成组件，如图 7.77 所示。

（3）单击工具栏【窗口】→【图层】对话框，单击【增加层】命令，在弹出的对话框中将图层命名为四层。单击工具栏【常用】→【选择】工具，选中场景中四层平面，单击工具栏【窗口】→【实体信息】对话框，在【图层】菜单中选择"四层"。双击导入后的四层平面图，进入【组件编辑】模式，拉伸墙体并赋予墙体材质，步骤同 7.2.3 节和 7.2.4 节，最终效果如图 7.78 所示。

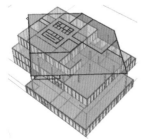
图 7.77　导入四层 AutoCAD 平面图

图 7.78　拉伸四层墙体并赋予材质

（4）保持【组件编辑】模式，单击工具栏【常用】→【材质】工具，在弹出的对话框中单击【创建】按钮。在弹出的面板中更改材质名称为"墙体 2"，选择颜色，如图 7.79 所示。将材质赋予相应墙体部分，并制作成组件，如图 7.80 所示。

（5）单击工具栏【窗口】→【图层】对话框，显示"柱子"图层，并隐藏其他图层。

（6）单击工具栏【常用】→【选择】工具，选中场景中所有柱子，单击工具栏【编辑】→【移动/复制】工具，配合键盘上的 Ctrl 键将选中的所有柱子复制并向上移动，对齐至第 2 层楼柱子的顶部，如图 7.81 所示。

（7）单击工具栏【窗口】→【图层】命令，显示 "0""玻璃幕墙""二层""三层""四层"和"一层天花"图层，效果如图 7.82 所示。根据导入的三层平面 AotuCAD 图，删除多余的柱子，如图 7.83 所示。

（8）第四层的主体已经基本完成，此时需要进行挑出的窗户等构件部分的细化。双击四层部分，进入【组件编辑】模式，单击工具栏【绘图】→【线】工具，沿窗户线条进行描边，将面封闭，如图 7.84 所示。

图 7.79　创建墙体 2 材质

图 7.80　赋予材质

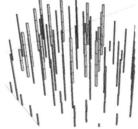
图 7.81　复制并移动柱子

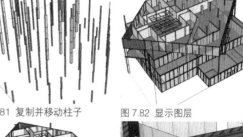
图 7.82　显示图层

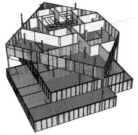
图 7.83　删除四层多余柱子

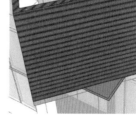
图 7.84　封闭窗户平面

（9）单击工具栏【窗口】→【图层】对话框，显示"立面"图层，如图 7.85 所示。单击工具栏【常用】→【选择】工具，选中导入的立面图，单击工具栏【编辑】→【移动/复制】工具，根据挑出窗户的位置移动立面对齐，如图 7.86 所示。

（10）单击工具栏【常用】→【选择】工具，选中挑出窗户的全部线和面，单击工具栏【编辑】→【移动/复制】工具，根据立面将选中的线和面向上移动并复制，如图 7.87 所示。单击工具栏【编辑】→【推拉】工具，分别将上、下窗台面进行推拉，高度为 100mm，形成窗框的厚度，如图 7.88 所示。

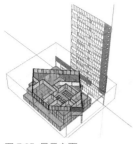

图 7.85 显示立面

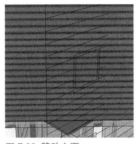

图 7.86 移动立面

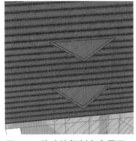

图 7.87 移动并复制窗户平面

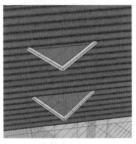

图 7.88 拉伸窗框平面

（11）单击工具栏【常用】→【材质】工具，在弹出的对话框中单击【创建】按钮。在弹出的面板中更改材质名称为"挑窗"，选择颜色，如图 7.89 所示。将材质赋予相应窗框部分，如图 7.90 所示。

图 7.89 创建挑窗材质

图 7.90 赋予窗框材质

（12）单击工具栏【编辑】→【推拉】工具，分别将玻璃面向上推拉，高度为 2000mm，并赋予玻璃材质，如图 7.91 所示。单击工具栏【绘图】→【线】工具，将上下窗框顶面封闭，并赋予封闭的面挑窗材质，如图 7.92 所示。

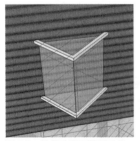

图 7.91 拉伸玻璃面并赋予其材质

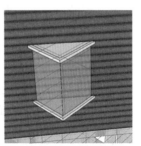

图 7.92 封闭窗框顶部并赋予其材质

（13）单击工具栏【常用】→【选择】工具，选中挑出窗户的所有线和面，单击菜单栏【编辑】→【制作组件】命令，在弹出的对话框中将组件命名为"挑窗"，创建名为挑窗的组件，如图 7.93 所示。

图 7.93 创建组件

（14）单击工具栏【绘图】→【线】工具，沿窗框边界描边，将模型中镂空的面封闭，如图 7.94 所示。

（15）建筑物的第四层已经基本完成，此时建立天花楼板。建立楼板的方法类似于一层天花楼板，步骤同 7.2.7。正确导入"四层墙体 .dwg"的 AutoCAD 文件后，单击工具栏【编辑】→【移动 / 复制】工具，将导入的四层平面图纸向上移动，并对齐至第四层楼墙体的顶部。双击导入后的四层平面图纸，进入【组件编辑】模式，单击工具栏【绘图】→【线】工具，沿墙体内部线条进行描边，将内部顶面进行封闭，并将封闭的面制作成组件，如图 7.95 所示。

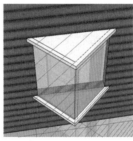

图 7.94 镂空平面

图 7.95 封闭天花板平面

（16）保持【组件编辑】模式，将楼板材质赋予楼板区域以与其他部分进行区分，如图 7.96 所示。单击工具栏【编辑】→【推拉】工具，将封闭的面向下推拉，高度为 300mm，形成楼板的厚度，如图 7.97 所示。

图 7.96 赋予楼板材质

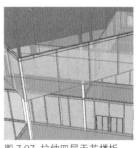

图 7.97 拉伸四层天花楼板

7.3 在 SketchUp 中创建塔楼模型

上一章已经将建筑的裙房部分完成，现在需要建立塔楼的部分。建立的方法与 7.2 章各小节介绍的步骤和方法类似，将简化后的 AutoCAD 平面图纸导入到 SketchUp 中进行模型的建立，按照由下到上，由粗到细的方法进行。首先将塔楼的轮廓绘制出来，然后再根据具体数据对模型进行细化。

高层建筑塔楼部分一般有单独的标准层平面，在建立标准层部分的模型后，即可以通过复制得到整个塔楼部分的模型。接下来详细介绍塔楼模型的创建。

7.3.1 导入五层 AutoCAD 平面图并建立五层模型

根据 AutoCAD 平面图可知，塔楼部分有两个标准层平面类型。下面首先以建筑的五层平面图为例，建立建筑第五层的模型。

（1）单击【文件】→【导入】命令，在弹出的【打开】对话框中，选择导入文件类型为 ACAD Files（*.dwg，*.dxf），打开之前保存的名为"五层墙体.dwg"的 AutoCAD 文件。然后单击【选项】按钮，在弹出的【AutoCAD DWG/DXF 导入选项】对话框中，选择"毫米"为单位，如图 7.98 所示。

图 7.98　导入文件

（2）单击工具栏【编辑】→【移动 / 复制】工具，将导入的五层平面图向上移动，并对齐至第四层楼天花板的顶部。双击导入后的五层平面图，进入【组件编辑】模式，单击工具栏【绘图】→【线】工具，沿墙体内部线条进行描边，将内部顶面进行封闭，如图 7.99 所示。保持【组件编辑】模式，赋予地面以楼板材质，并将封闭的面制作成组件，如图 7.100 所示。

（3）单击工具栏【窗口】→【图层】对话框，单击【增加层】命令，在弹出的对话框中将图层命名为"五层"。单击工具栏【常用】→【选择】工具，选中场景中五层平面，单击工具栏【窗口】→【实体信息】对话框，在【图层】菜单中选择"五层"。单

击【编辑】→【推拉】按钮，分别将所有的实墙平面向上拉伸 3900mm，形成三维空间模型，并分别赋予墙体和玻璃材质，步骤同 7.2.11，效果如图 7.101 所示。

（4）单击工具栏【窗口】→【图层】对话框，显示"立面"图层。单击工具栏【常用】→【选择】工具，选中组件挑窗。单击工具栏【编辑】→【移动 / 复制】工具，配合键盘 Ctrl 键，根据立面图复制并移动挑窗组件，如图 7.102 所示。

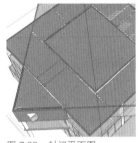
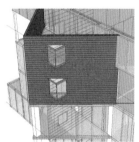

图 7.99　封闭平面图　　　图 7.100　赋予平面材质

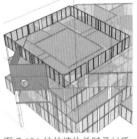

图 7.101 拉伸墙体并赋予材质　图 7.102 复制并移动挑窗

（5）单击工具栏【窗口】→【图层】对话框，隐藏"立面"图层。单击工具栏【绘图】→【线】工具，沿窗框边界描边，将模型中镂空的面封闭，如图 7.103 所示。

（6）单击工具栏【窗口】→【图层】对话框，显示"柱子"图层，并隐藏其余图层，如图 7.104 和图 7.105 所示。

（7）单击工具栏【常用】→【选择】工具，选中场景中的四层所有柱子，单击工具栏【编辑】→【移动 / 复制】工具，配合键盘上的 Ctrl 键将选中的所有

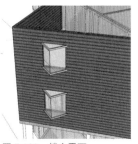

图 7.103　镂空平面　　　图 7.104　显示柱子

柱子复制并向上移动，对齐至第四层楼柱子的顶部，如图 7.106 所示。

（8）由于这些柱子高度为 5100mm，而建筑第五层层高为 3900mm，则需要对柱子进行调整。单击工具栏【常用】→【选择】工具，选中场景中的所有一至四层柱子，单击【编辑】→【隐藏】命令隐藏这些柱子，如图 7.107 所示。

图 7.105 隐藏除柱子以外的图层

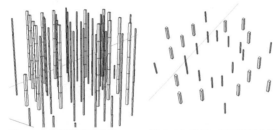

图 7.106 复制并移动柱子　　图 7.107 隐藏一至四层的柱子

（9）单击工具栏【常用】→【选择】工具，选中场景中五层的柱子，单击右键选择【炸开】。单击工具栏【编辑】→【推拉】工具，将场景中所有柱子的顶面向下推拉 1200mm，如图 7.108 所示。单击工具栏【常用】→【选择】工具，选中场景中所有柱子，单击菜单栏【编辑】→【制作组件】命令，在弹出的对话框中将组件命名为"标准层柱网"，创建名为标准层柱网的组件。

（10）单击工具栏【窗口】→【图层】对话框，显示"0""玻璃幕墙""二层""三层"、"四层""五层"和"一层天花"图层。单击【编辑】→【隐藏】命令隐藏这些柱子，根据导入的五层 AutoCAD 平面图，删除多余的柱子，最终效果如图 7.109 所示。

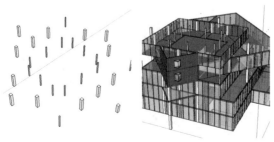

图 7.108 调整五层的柱子高度　　图 7.109 删除多余柱子

（11）建筑物的第五层已经基本完成，此时建立第五层天花楼板。建立该楼板方法类似于一层天花楼板，步骤同 7.2.7 节。正确导入"五层墙体".dwg"的 AutoCAD 文件后，单击工具栏【编辑】→【移动 / 复制】工具，将导入的五层平面图向上移动，并对齐至第五层楼墙体的顶部。双击导入后的五层平面图，进入【组件编辑】模式，单击工具栏【绘图】→【线】工具，沿墙体内部线条进行描边，将内部顶面进行封闭，并将封闭的面制作成组件，如图 7.110 所示。

（12）保持【组件编辑】模式，将楼板材质赋予楼板区域以与其他部分进行区分，如图 7.111 所示。单击工具栏【编辑】→【推拉】工具，将封闭的面向下推拉 300mm，形成楼板的厚度，如图 7.112 所示。

（13）单击工具栏【常用】→【选择】工具，选中建筑五层所有墙体、柱子、天花、楼板和其他构件细部等，单击菜单栏【编辑】→【制作组件】命令，在弹出的对话框中将组件命名为"标准层 1"，创建名为标准层 1 的组件，如图 7.113 所示。

注意： 把标准层单独创建为一个组件，将便于之后对该标准层组件的调整和复制。

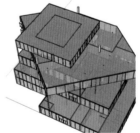 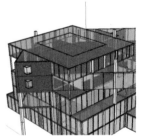

图 7.110 封闭天花板平面　　图 7.111 赋予楼板材质

图 7.112 拉伸五层天花楼板　　图 7.113 创建组件

7.3.2　导入六层 AutoCAD 平面图并建立六层模型

根据 AutoCAD 平面图可知，塔楼部分有两个标准平面类型。上一小节完成了其中一个标准层部分的模型建立，接下来再以建筑的六层平面图为例，建立建筑第六层的模型。

（1）单击【文件】→【导入】命令，在弹出的【打开】对话框中，选择导入文件类型为 ACAD Files（*.dwg，*.dxf），打开之前保存的名为"六层墙体 .dwg"的 AutoCAD 文件。然后单击【选项】按钮，在弹出的【AutoCAD DWG/DXF 导入选项】对话框中，选择"毫米"为单位。

（2）单击工具栏【编辑】→【移动 / 复制】工具，将导入的六层平面图纸向上移动，并对齐至第五层楼天花板的顶部。双击导入后的六层平面图纸，进入【组件编辑】模式，单击工具栏【绘图】→【线】工具，沿墙体内部线条进行描边，将内部顶面进行封闭，如图 7.114 所示。保持【组件编辑】模式，赋予地面以楼板材质，并将封闭的面制作成组件，如图 7.115 所示。

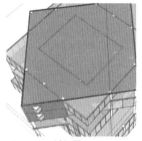 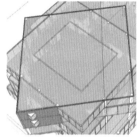

图 7.114　封闭平面图　　　图 7.115　赋予平面材质

（3）单击工具栏【窗口】→【图层】对话框，单击【增加层】命令，在弹出的对话框中将图层命名为"六层"。单击工具栏【常用】→【选择】工具，选中场景中六层平面，单击工具栏【窗口】→【实体信息】对话框，在【图层】菜单中选择"六层"。单击【编辑】→【推拉】按钮，分别将所有的实墙平面向上拉伸 3900mm，形成三维空间模型，并分别赋予墙体和玻璃材质，步骤同 7.2.11，效果如图 7.116 所示。

（4）单击工具栏【窗口】→【图层】对话框，显示"立面"图层。单击工具栏【常用】→【选择】工具，选中挑窗组件。单击工具栏【编辑】→【移动 / 复制】工具，配合键盘 Ctrl 键，根据立面图复制并移动组件挑窗，如图 7.117 所示。

（5）单击工具栏【窗口】→【图层】对话框，隐藏"立面"图层。单击工具栏【绘图】→【线】工具，沿窗框边界描边，将模型中镂空的面封闭，如图 7.118 所示。

（6）单击工具栏【窗口】→【图层】对话框，显示"柱子"图层，并隐藏其余图层。

（7）单击工具栏【常用】→【选择】工具，选中场景中"标准层柱网"组件，单击工具栏【编辑】→【移动 / 复制】工具，配合键盘上的 Ctrl 键将选中的组件复制并向上移动，对齐至第五层楼柱子的顶部，如图 7.119 所示。

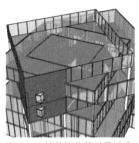 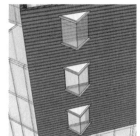

图 7.116 拉伸墙体并赋予材质　　图 7.117　复制并移动挑窗

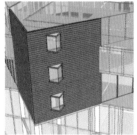 

图 7.118　镂空平面　　　图 7.119 复制并移动柱子

（8）单击工具栏【窗口】→【图层】对话框，显示"0""玻璃幕墙""二层""三层""四层""五层"和"六层"图层，最终效果如图 7.120 所示。

（9）建筑物的第六层已经基本完成，此时建立天花楼板。建立楼板方法类似于一层天花楼板，步骤同 7.2.7。正确导入"六层墙体 .dwg"的 AutoCAD 文件后，单击工具栏【编辑】→【移动 / 复制】工具，将导入的六层平面图向上移动，并对齐至第六层楼墙体的顶部。双击导入后的六层平面图，进入【组件编辑】模式，单击工具栏【绘图】→【线】工具，沿墙体内部线条进行描边，将内部顶面进行封闭，并将封闭的面制作成组件，如图 7.121 所示。

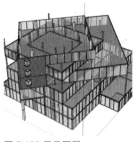 

图 7.120 显示图层　　　图 7.121 封闭天花板平面

（10）保持【组件编辑】模式，将楼板材质赋予楼板区域以与其他部分进行区分，如图 7.122 所示。单击工具栏【编辑】→【推拉】工具，将封闭的面向下推拉 300mm，形成楼板的厚度，如图 7.123 所示。

（11）单击工具栏【常用】→【选择】工具，选中建筑六层部分所有墙体、柱子、天花、楼板和其他构件细部等，单击菜单栏【编辑】→【制作组件】命令，在弹出的对话框中将组件命名为"标准层 2"，创建名为标准层 2 的组件。

图 7.122 赋予楼板材质　　图 7.123 拉伸六层天花楼板

7.3.3 建立塔楼模型

建立了两个标准层部分的模型后，即可以通过复制并移动建立完整的塔楼模型。为了便于操作，需要先隐藏裙房部分，再完成塔楼部分的建立，具体操作如下。

（1）单击工具栏【窗口】→【图层】对话框，隐藏"一层""二层""三层""四层""一层天花""立面""地面""核心筒"图层。单击工具栏【常用】→【选择】工具，选中场景中一至四层的柱子，单击【编辑】→【隐藏】命令隐藏这些柱子，如图 7.124 所示。

（2）单击工具栏【常用】→【选择】工具，选中场景中两个标准层，单击工具栏【编辑】→【移动 / 复制】工具，配合键盘上的 Ctrl 键将选中的组件复制并向上移动。移动距离为 7800mm，一共复制移动 9 次，如图 7.125 至图 7.133 所示。

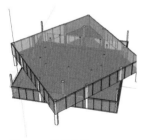

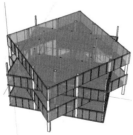

图 7.124 隐藏图层　　图 7.125 移动并复制两个标准层

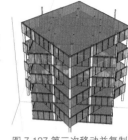

图 7.126 第二次移动并复制　　图 7.127 第三次移动并复制
　　两个标准层　　　　　　　　两个标准层

图 7.128 第四次移动并复制　　图 7.129 第五次移动并复制
　　两个标准层　　　　　　　　两个标准层

图 7.130 第六次移动并复制　　图 7.131 第七次移动并复制
　　两个标准层　　　　　　　　两个标准层

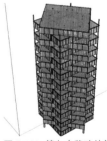

图 7.132 第八次移动并复制　　图 7.133 第九次移动并复制
　　两个标准层　　　　　　　　两个标准层

注意：高层建模其实不难，很大程度上是向上复制标准层。所以在分析平面图时，注意找出标准层平面与其上下层之间的关系。

（3）单击工具栏【常用】→【选择】工具，双击场景中顶层的组件标准层柱网，进入【组件编辑】模式。单击工具栏【常用】→【选择】工具，选中场景中多余柱子，使用键盘 Delete 键删除，如图 7.134 所示。

（4）单击工具栏【窗口】→【图层】对话框，显示"一层""二层""三层""四层""一层天花""立面""地面""核心筒"图层，最终效果如图 7.135 所示。

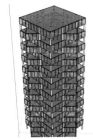

图 7.134 删除多余柱子

图 7.135 显示图层

7.3.4 建立塔楼顶部天线塔模型

许多高层建筑顶端都会设有天线塔或信号塔。除了实际的功能之外，这类天线塔还能够在造型上美化建筑的天际线，强化高层建筑给人带来的直插云霄的视觉效果。接下来将介绍如何在已初步完成的高层建筑模型顶部增加一个简单的小型天线塔，使建筑整体造型更加丰富。

（1）单击工具栏【常用】→【选择】工具，双击场景中建筑顶层天花楼板的组件，进入【组件编辑】模式。单击工具栏【绘图】→【线】工具，在顶层天花平面画出封闭面，如图 7.136 所示。单击工具栏【编辑】→【推拉】工具，将封闭的面向上推拉 3000mm，如图 7.137 所示。

图 7.136 画出凸起屋顶面

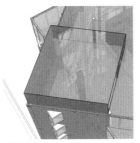
图 7.137 拉伸屋顶平面

（2）保持【组件编辑】模式，单击工具栏【常用】→【材质】工具，在弹出的对话框中单击【创建】按钮。在弹出的面板中更改材质名称为"屋顶"，选择颜色，如图 7.138 所示。将调整好的材质赋予给屋顶部分，如图 7.139 所示。

（3）单击工具栏【常用】→【选择】工具，双击场景中建筑顶层组件，进入【组件编辑】模式，单

击工具栏【编辑】→【推拉】工具，将外墙顶面向上推拉 3000mm，如图 7.140 所示。

（4）保持【组件编辑】模式，单击工具栏【绘图】→【线】工具，在屋顶平面中心画出边长 300mm 的正方形面，单击工具栏【编辑】→【推拉】工具，将正方形面向上推拉 4000mm，如图 7.141 所示。

图 7.138 创建屋顶材质

图 7.139 赋予屋顶材质

图 7.140 拉伸外墙顶面

图 7.141 拉伸正方形平面

（5）单击工具栏【常用】→【选择】工具，配合键盘的 Shift 键选中拉伸的长方体，单击菜单栏【编辑】→【制作组件】命令，在弹出的对话框中将组件命名为"天线塔"，制作组件。单击工具栏【编辑】→【移动 / 复制】工具，配合键盘的 Ctrl 键复制并移动组件，分别沿绿色轴线移动 2000mm，−2000mm，沿红色轴线移动距离 2000mm，−2000mm，沿蓝色轴线移动距离 5100mm，10200mm，如图 7.142 至图 7.147 所示。

（6）单击工具栏【编辑】→【移动 / 复制】工具，配合键盘的 Ctrl 键复制并移动任一天线塔组件两次，单击工具栏【编辑】→【旋转】工具，将复制和移动

图 7.142 复制并移动组件

图 7.143 复制并移动组件

后的组件分别沿绿色轴线方向的垂直平面和红色轴线方向的垂直平面旋转 90°，如图 7.148 所示。单击工具栏【编辑】→【移动 / 复制】工具，分别选择并移动旋转后的组件，将旋转后组件的顶面端点与之前复制移动的组件顶面中点对齐，如图 7.149 所示。

图 7.144 复制并移动组件

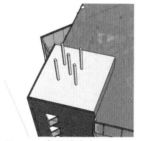
图 7.145 复制并移动组件

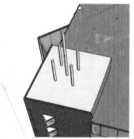
图 7.146 复制并移动组件

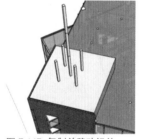
图 7.147 复制并移动组件

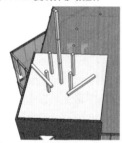
图 7.148 复制并旋转组件

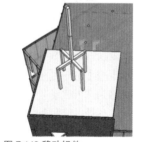
图 7.149 移动组件

7.4 在 SketchUp 中创建模型场景

完成建筑模型的建立后，接下来需要进一步绘制出建筑物周围的环境场景。建立场景即是对建筑应该所处的实际环境的模拟，场景绘制得较为细致，对建筑物本身也会起到很强的烘托作用。一般来说，场景包括建筑的基地条件如植物、铺地、道路、周边建筑以及行人、汽车等等多种细节，在创建的时候往往可以根据出图的需要选择其中一部分详细绘制。

7.4.1 细化地面及铺地

遵循模型细致化的原则，在完成场景中的地基等

对象时，仍然需要借助 AutoCAD 的详细图纸作参照，满足场景细节需要以丰富场景。

（1）单击【文件】→【导入】命令，在弹出的【打开】对话框中，选中导入文件类型为 ACAD Files（*.dwg，*.dxf），打开名为"场景 .dwg"的 AutoCAD 文件。单击【选项】按钮，在弹出的【AutoCAD DWG/DXF 导入选项】对话框中，选择"毫米"为单位，如图 7.150 所示。

（2）单击工具栏【窗口】→【图层】对话框，单击【增加层】命令，在弹出的对话框中将图层命名为"地面"。单击工具栏【常用】→【选择】工具，选中场景中导入的基地平面，单击工具栏【窗口】→【实体信息】对话框，在【图层】菜单中选择"地面"。并选择新增图层为当前图层，如图 7.151 所示。

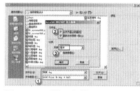
图 7.150 导入文件

图 7.151 新建图层

（3）单击工具栏【编辑】→【移动 / 复制】工具，选中一个对齐点，将导入的图对齐至一层楼体的底面，如图 7.152 所示。

（4）单击工具栏【编辑】→【移动 / 复制】工具，选中导入的图组件，沿蓝色轴线向下移动 600mm，如图 7.153 所示。

图 7.152 对齐图纸

图 7.153 移动导入图

（5）将视图定位于造型较为复杂的大厅入口前，双击导入的平面组件，进入【组件编辑】模式，单击工具栏【绘图】→【线】工具，按照导入的图纸描边，最后将平面封闭，如图 7.154 所示。

（6）单击工具栏【编辑】→【推拉】工具，将封闭的面向上推拉 600mm，使地面具有厚度。然后根据封闭之后的平面拉伸室外台阶，每级台阶高度为 150mm，如图 7.155 所示。

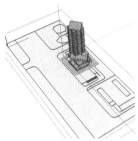

图 7.154　封闭平面

图 7.155　拉伸地面及台阶

（7）保持【组件编辑】模式，单击工具栏【常用】→【材质】工具，在弹出的对话框中单击【创建】按钮。在弹出的面板中更改材质名称为"道路"，选择颜色，如图 7.156 所示。将调整好的材质赋予给封闭平面上的道路部分，如图 7.157 所示。

图 7.156　创建道路材质

图 7.157　赋予道路材质

（8）保持【组件编辑】模式，单击工具栏【绘图】→【线】工具，在道路平面上画出人行道，宽为 2000mm，如图 7.158 所示。

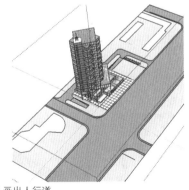

图 7.158　画出人行道

（9）保持【组件编辑】模式，单击工具栏【常用】→【材质】工具，在弹出的对话框中单击【创建】按钮。在弹出的面板中更改材质名称为"铺地"，选择颜色，如图 7.159 所示。将调整好的材质赋予给建筑基地上的铺地和室外台阶，如图 7.160 所示。

（10）保持【组件编辑】模式，单击工具栏【常用】→【材质】工具，在弹出的对话框中单击【创建】

按钮。在弹出的面板中更改材质名称为"草地"，选择颜色，如图 7.161 所示。将调整好的材质赋予给基地上的其他地面部分，如图 7.162 所示。

注意：在绘制场景的时候，可以对地面等部分进行简化处理，用大面积的单色如绿色表示该区域。这样也利于突出水平面和垂直面的对比效果。

图 7.159　创建铺地材质

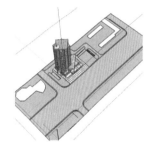

图 7.160　赋予铺地材质

图 7.161　创建草地材质　　图 7.162　赋予地面材质

（11）虽然模型不需要建立建筑的地下室部分，但是需要绘制出地下室通往地面的坡道。在赋予各部分材质之后，保持【组件编辑】模式，单击工具栏【常用】→【选择】工具，选中坡道平面，单击工具栏【编辑】→【推拉】工具，将封闭的面向下推拉 3000mm，如图 7.163 所示。

（12）单击工具栏【绘图】→【线】工具，根据平面判断出坡道的方向并在拉伸的块上描斜边封闭出坡道斜面。单击工具栏【常用】→【材质】工具，将之前创建的道路材质赋予坡道斜面，如图 7.164 所示。另一处的坡道也采用与上述步骤同样的方法绘制。如图 7.165、图 7.166 所示。

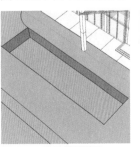

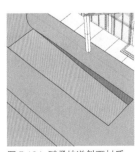

图 7.163　拉伸坡道平面　　图 7.164　赋予坡道斜面材质

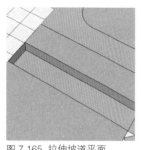
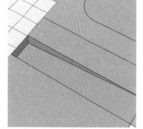

图 7.165　拉伸坡道平面　　　图 7.166　赋予坡道斜面材质

7.4.2　创建主体建筑物周围建筑

在一个建筑物所处的实际环境中，必然会有许多周边建筑。这些建筑中有些体量相对较大，高度较高。这样的建筑在设计中通常会被设计者纳入需要注意的因素中，例如在高层建筑设计中经常需要考虑设计建筑与周围城市环境、建筑景观的协调性等等因素。那么，在建立场景模型的时候需要建立这一类建筑的模型，且可以适当地忽略一部分对设计影响较小的建筑物。此外，通过周边建筑模型的建立，设计建筑的模型能够与之形成对比，空间场景将会更加立体和丰富。

（1）单击工具栏【常用】→【选择】工具，双击导入的平面组件，进入【组件编辑】模式，单击工具栏【编辑】→【推拉】工具，将周边建筑的平面向上推拉。拉伸高度分别为 80000mm、18000mm、24000mm、16000mm，如图 7.167 至图 7.170 所示。

（2）保持【组件编辑】模式，单击工具栏【常用】→【材质】工具，在弹出的对话框中单击【创建】按钮。

图 7.167　拉伸周边建筑平面　　　图 7.168　拉伸周边建筑平面

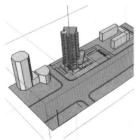
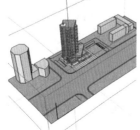

图 7.169　拉伸周边建筑平面　　　图 7.170　拉伸周边建筑平面

在弹出的面板中更改材质名称为"周围建筑"，选择颜色并调节透明度，如图 7.171 所示。将调整好的材质赋予给基地上的其他地面部分，如图 7.172 所示。

注意：创建场景的过程中，可以给周边建筑赋予半透明的材质，这样既能够明确地区分周围建筑与主体建筑，又能够一定程度地淡化背景从而突出主体建筑，并造成一种亦真亦幻的模拟效果。

图 7.171　创建材质　　　图 7.172　赋予周边建筑材质

7.4.3　添加绿化景观、汽车和人物

一般来说，绿化景观、汽车、人物等是模型场景中必不可少的部分。绿化景观对于建筑周边环境起到烘托作用，能够大大丰富和美化场景效果。而人物和汽车不仅有前者提到的作用，还是可以帮助设计者判断建筑空间的比例尺度是否合理的重要参照物。

由于 SketchUp 有自带的组件库，其中包括二维和三维的人物、植物、汽车等等，那么可以利用组件库中的组件来完成细节部分的创建。

（1）单击工具栏【窗口】→【图层】对话框，隐藏"一层""二层""三层""四层""五层""六层""一层天花""顶层""柱子""核心筒"图层，如图 7.173 和图 7.174 所示。

图 7.173　隐藏图层　　　图 7.174　隐藏图层

（2）单击工具栏【窗口】→【图层】对话框，单击【增加层】命令，在弹出的对话框中将图层命名为"景观"，并选择新增图层为当前图层，如图 7.175 所示。

（3）单击工具栏【窗口】→【组件】对话框，如图 7.176 所示。单击【景观】类型组件，单击选择合适的植物，移动到地面道路边并适当调整位置，如图 7.177 所示。

（4）单击工具栏【编辑】→【移动 / 复制】工具，选中导入的植物组件，在平面上沿绿色轴线和红色轴线方向移动，使植物沿各道路合理等距布置，如图 7.178 所示。

图 7.175 新建图层

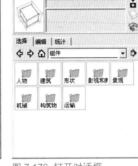

图 7.176 打开对话框

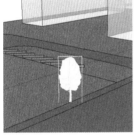

图 7.177 添加植物组件

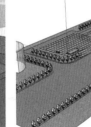

图 7.178 复制并移动植物组件

（5）单击工具栏【窗口】→【组件】对话框，单击【景观】类型组件，单击选择合适的街灯组件，移动到地面道路边并适当调整位置，如图 7.179 所示。单击工具栏【编辑】→【移动 / 复制】工具，选中导入的街灯组件，在平面上沿绿色轴线和红色轴线方向移动，使街灯沿道路等距合理布置，如图 7.180 所示。

图 7.179 添加街灯组件

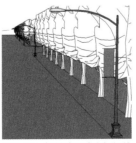

图 7.180 复制并移动街灯组件

（6）单击工具栏【窗口】→【组件】对话框，单击【运输】类型组件，单击选择合适的汽车，移动到地面道路上并适当调整位置，如图 7.181 所示。单击工具栏【编辑】→【移动 / 复制】工具，选中导入的汽车组件，在平面上沿绿色轴线和红色轴线方向移动，使汽车在主要道路上合理布置，如图 7.182 所示。

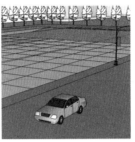

图 7.181 添加汽车组件

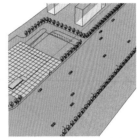

图 7.182 复制并移动汽车组件

（7）单击工具栏【窗口】→【组件】对话框，单击【人物】类型组件，单击选择合适的人物组件，移动到地面上并适当调整位置，如图 7.183 所示。单击工具栏【编辑】→【移动 / 复制】工具，选中导入的人物组件，在平面上沿绿色轴线和红色轴线方向移动，使人物在地面上合理布置。

图 7.183 添加人物组件

7.4.4 设置场景参数

在完成了场景中各种细节的添加之后，需要进一步对场景的参数进行调整，例如阴影设置等，这样将使模型场景变得立体和完善。

（1）单击工具栏【窗口】→【图层】对话框，显示"一层""二层""三层""四层""五层""六层""一层天花""顶层""柱子""核心筒"图层，如图 7.184 和图 7.185 所示。

（2）单击工具栏【窗口】→【阴影】对话框，在弹出的阴影设置对话框中，【显示阴影】选项单击"√"命令，显示阴影，如图 7.186 所示。根据需要调整时间和日期，如图 7.187 所示。

图 7.184　隐藏图层

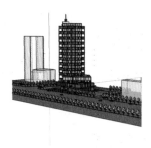

图 7.185　隐藏图层

图 7.186　显示阴影

图 7.187　调整时间和日期

7.4.5　渲染并完成最终效果

在完成了场景的参数调整后，常常会需要再对之前添加的景观部分进行微调，如植物的色彩等细节部分。全部调整完毕之后，需要将图渲染导出，最后借助 Photoshop 软件对渲染成图进行简单处理。具体操作如下：

（1）单击工具栏【常用】→【选择】工具，选中场景中植物组件，双击导入的平面组件，进入【组件编辑】模式，单击工具栏【常用】→【材质】工具，在弹出的对话框中单击【创建】按钮。在弹出的面板中更改材质名称为"植物"，选择颜色并调节透明度，如图 7. 188 所示。将调整好的材质赋予植物组件，如图 7. 189 所示。

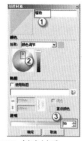

图 7.188　创建材质

图 7.189　赋予植物组件材质

（2）单击【相机】→【平移】命令，根据出图需要调整视图到最佳位置，如图 7.190 所示。单击【文件】→【导出】→【2D 图像】命令，在弹出的对话

框中，选中导出文件类型为 JPEG Image（*.jpg），导出名为"效果 1.jpg"的文件。单击【选项】按钮，在弹出的【JPG 导出选项】对话框中，根据导出需要选择图的导出尺寸，如图 7.191 所示。

图 7.190　调整视图

图 7.191　导出文件

（3）使用 Photoshop 软件对导出图进行适当处理，调整整体颜色，在原有基础上添加一些建筑环境的细部，以完成最终效果，如图 7.192 所示。

图 7.192　完成效果

除了以上介绍的常规透视图以外，SketchUp 还可以提供多种类型的效果，例如蓝图、水彩效果等，接下来介绍一例。

（4）单击工具栏【窗口】→【风格】对话框，如图 7.193 所示。单击【混合】类型风格，选择对话框中第一个"Google 地球"类型，如图 7.194 所示。

图 7.193　打开对话框

图 7.194　选择风格

（5）单击【风格】对话框【编辑】→【边线设置】，
【显示边线】选项单击"√"命令以隐藏所有边线，
如图 7.195 和图 7.196 所示。

图 7.195 隐藏边线

图 7.196 隐藏边线

（6）单击【风格】对话框【编辑】→【背景设
置】，【天空】、【地面】选项单击"√"命令隐
藏天空和地面，如图 7.197 和图 7.198 所示。单击【背
景】，在弹出的对话框中选择适当的颜色，如图 7.199、
图 7.200 和图 7.201 所示。

（7）对建筑的各项基本指标、设计说明、各
层平面图、分析图等进行最后排版，如图 7.202 至
图 7.204 所示。

图 7.197 隐藏天空和地面

图 7.198 隐藏天空和地面

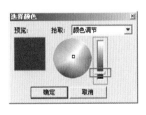

图 7.199 调节背景颜色

图 7.200 调节背景颜色

图 7.201 调节背景颜色

图 7.202 电力公司综合大楼设计 1

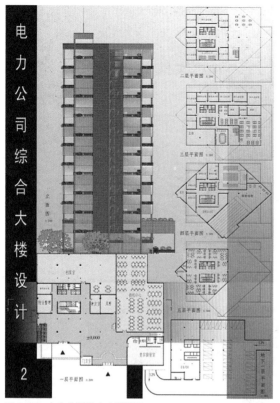

图 7.203　电力公司综合大楼设计 2

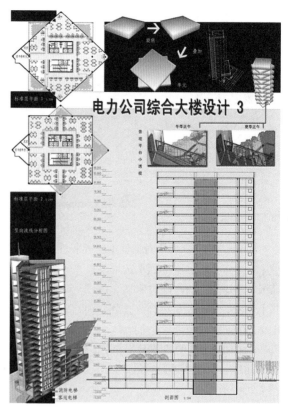

图 7.204　电力公司综合大楼设计 3

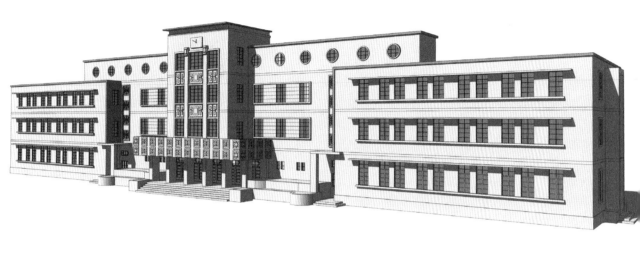

第8章 历史建筑测绘

建筑学是研究建筑物及其环境的学科。它旨在总结人类建筑活动的经验，以指导建筑设计创作，构造某种体形环境等。随着时代发展，人们对中国传统建筑以及近代建筑的了解和研究逐步深入，开始越来越重视历史建筑的作用和价值，注意对其加强研究和保护。历史建筑考察和测绘也成为各高校建筑学专业必不可少的一门专业课程。因此，本书除前面的很多章节对我们最为熟悉的建筑设计建模有详细介绍以外，木章将介绍SketchUp在历史建筑测绘工作中所起到的作用。

建筑测绘包括多个环节，从徒手草图、实地测量、摄影等外业到测稿整理、计算机制图等内业工作。事实上，由于 SketchUp 本身操作简便，建立的模型易于调整，在单体建筑测绘或是历史街区测绘的计算机制图建模工作中均可使用。

本章节所介绍的案例为武汉市某高校的第一行政楼测绘工作中的建立模型部分。本章将主要介绍第一行政楼部分的模型建立方法和步骤。通过一个典型的 20 世纪 50 年代设计建造的教育建筑，来展示 SketchUp 建立、调整和表现历史建筑测绘模型的实际效果。设计师们可以通过测绘和建模收集资料用于研究，加深对建筑空间和构造、建筑空间和环境之间的关系的理解，为以后的设计工作积累经验。配套下载资源中提供了详细的设计图纸，可以参照练习。

8.1　测绘建筑分析

由于这是测绘工作中的建立模型阶段，建筑的平、立、剖面均由实地测量和计算得到。因此在使用 SketchUp 建立模型时，首先应了解建筑测绘草图的情况，做到有的放矢。然后再拟定建模步骤，进行下一步的操作。对于一个办公建筑来说，SketchUp 软件拥有非常灵活简便的建筑建模方法，易于使用。而对于室外建筑的模型，其最大的优点就是能够针对建筑物局部进行灵活的修改，大大地提高了建筑物三维模型的创建速度。

8.1.1　基本条件分析

本案例为某次实际测绘工作的一部分。全部测绘内容是武汉市某高校某校区的部分总平面和主要建筑，包括该校的第一行政楼和大礼堂。该校总平面采用中轴对称布置，第一行政楼和大礼堂正处于主中轴线上，第一行政楼面向校园内主要道路，正前方为校园广场，如图 8.1 和图 8.2 所示。

图 8.1　总平面图

图 8.2　校园广场

建筑分为两个部分：第一行政楼是学校最主要的办公部门，为砖混结构，建筑局部四层，如图 8.3 所示；大礼堂主要用于校园大型集会活动，礼堂屋顶为钢桁架结构，观众席有两层，后台演职员区三层，如图 8.4 所示。行政楼与大礼堂仅一墙之隔，在一层和二层均有连通。

图 8.3　第一行政楼　　　　图 8.4　大礼堂

该建筑造型受我国 20 世纪 50 年代"国际式"风格和第二次建筑复古热潮的影响，建筑为中轴线对称设计，整体为早期的现代主义风格，如图 8.5 和图 8.6 所示。另一方面，建筑的细部丰富多样，例如正立面入口门厅的柱列呈现出折中主义风格，而门窗细部又呈现出传统的中式风格，如图 8.7 和图 8.8 所示。

图 8.5　第一行政楼正立面　　　图 8.6　大礼堂正立面

图 8.7　入口门厅　　　　图 8.8　窗户

8.1.2　测绘图纸分析

建筑整体长约 77m，宽约 50m。其中第一行政楼占地面积约为 1010m²，建筑面积约为 2970m²，建筑主体共三层，局部四层，砖混结构；建筑一层层高为 4.2m，二层和三层层高为 3.6m，局部四层分为两个部分，两侧部分层高为 2.7m，中间部分层高为 4.2m。大礼堂占地面积约为 1100m²，建筑面积约为 1650m²，观众席有两层，后台演职员区共三层，后台演职员区层高为 4m，屋顶为钢桁架结构。

建筑平面测绘图纸如图 8.9 至图 8.12 所示。进行图纸分析后，得出以下结论：

（1）第一行政楼与大礼堂的建筑结构不同，而且两者仅一墙之隔，因此这两部分可分别建立模型，最后再根据平面图将分别建立的模型拼接成完整的建筑物。

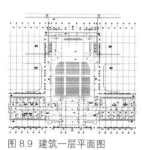
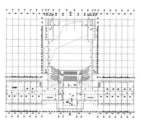

图 8.9　建筑一层平面图　　　图 8.10　建筑二层平面图

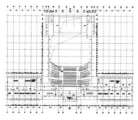
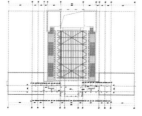

图 8.11　建筑三层平面图　　　图 8.12　建筑四层平面图

（2）第一行政楼的四个平面各不相同，而且与大礼堂相连通的地方存在比较复杂的室内高差，在建

立模型时除了需要参照建筑立面图之外，还需要仔细对比建筑剖面图，才能保证分别建立的建筑两部分模型最后能够顺利"合拢"。

（3）第一行政楼的立面上细部很多，变化丰富。如正立面上就有八种形状的窗户，随之不同的还有配套的窗框、窗台等，如图 8.13 至图 8.16 所示。因此在建立模型的时候需要特别注意细节部分，这样才能保证建立后的模型与测绘的建筑一致。

图 8.13　窗户 1　　　　图 8.14　窗户 2

图 8.15　窗户 3　　　　图 8.16　窗户 4

8.1.3　简化图纸

AutoCAD 的图形中有很多内容，这是做测绘平面图的需要。但是不必将所有内容都导入 SketchUp 进行建模，应对图形做一些精简，以方便 SketchUp 建模操作。通过前一步对图纸的分析，不难发现建筑平面共有四个。下面以第一行政楼的一层平面和二层平面为例，介绍建筑各层部分的图纸处理。

（1）图纸文件中包含的信息比较多，会给制作者识图带来一定的困难，此时必须将图纸中的部分内容进行简化。将图纸中的标注、轴线、引出说明、文字说明等建筑主体外的对象删除或隐藏，只留下图纸中的建筑部分。以第一层平面为例，简化后的效果如图 8.17 所示。

（2）图纸经过一定简化后，变得更为简单明了，此时须分析场景中不同区域的表现方式，进一步对建筑加深了解。以一楼平面为例，整个建筑大致上可以分为青色门和窗、黄色楼梯台阶、蓝色的墙体线、洋红色家具和洁具布置示意图。布置示意图是不需要的，此时选中建筑内部的洋红色示意线条及室内楼梯的示意部分，按下键盘上的Delete键将其删除，进一步将图形简化，如图8.18所示。

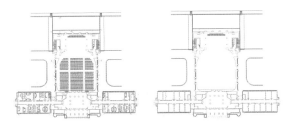

图 8.17 简化一层平面　　图 8.18 删除示意图形

（3）除了一层平面的图纸需要保留大礼堂平面以便最后按照平面图合拢分别建立的模型，其余平面均不需要大礼堂的平面部分。此时处理二层平面图纸的时候除了将图纸中的标注、轴线、引出说明、文字说明等建筑主体外的对象删除或隐藏，还需要将大礼堂平面部分删除，只留下图纸中的第一行政楼部分。简化后的效果如图8.19所示。

（4）图纸经过一定简化后，变得更为简单明了，经过分析，同样场景中的布置示意是不需要的，此时选中建筑内部的洋红色示意线条及室内楼梯的示意部分，按下键盘上的Delete键将其删除，进一步将图形简化，如图8.20所示。

至此整体的建筑图纸经过修改，只剩下了墙线、门窗等必需图形。这样为导入到SketchUp后的制作提供相应的便利。根据以上介绍的方法，修改其他所需建筑平面图和立面图，并分别保存为"三层墙体.dwg""四层墙体.dwg"和"外层立面A.dwg""外层立面B.dwg""外层立面C.dwg"。

图 8.19 简化二层平面

图 8.20 删除示意图形

8.1.4 新建调整图层

图纸经过优化所得到的线条图形仍然不能直接导入到SketchUp中进行建模，此时还需将建模时所使用到的线条图形做进一步优化。

（1）单击AutoCAD【图层】工具条中的【图层特性管理器】按钮，如图8.21所示。

（2）在弹出的【图层编辑器】对话框中，单击【新建图层】按钮，在图层列表中新建名为"简化线条"的图层，并将颜色设置为红色，如图8.22所示。

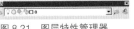

图 8.21 图层特性管理器

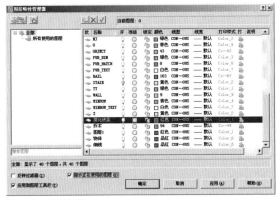

图 8.22 新建图层

（3）将新建的简化线条图层设置为当前图层，如图8.23所示。这样，所绘制的新图形将存放在这个新建的"简化线条"图层中。

图 8.23 设置当前图层

注意：使用AutoCAD绘制平面图时，一定要养成区分图层的习惯。只有区分图层后才能谈得上修改图形，否则修改的工作量就会增加，甚至无法完成。本例就是使用科学的方法划分、管理图层，这样后期的改图就显得非常方便了。

8.1.5 创建精简后的图形文件

本案例中模型建立比较复杂，第一行政楼部分需要首先建立建筑的基本轮廓模型，再单独分别建立各个构件的模型组件，最后根据测绘立面图将完成的组件"还原"到建筑的轮廓模型中。因此需要首先将墙体线条进行提取，然后提取图纸中的窗户部分，并分别放到新建的图层中导入，将整体平面进一步简化，以符合SketchUp的建模方式。

（1）在 AutoCAD 中的命令提示行中输入 L（直线）命令并回车，打开交点捕捉，将建筑第一层的平面墙体轮廓进行描边，在描边的过程中注意不要产生交叉线或未封口线条，完成后如图 8.24 所示。

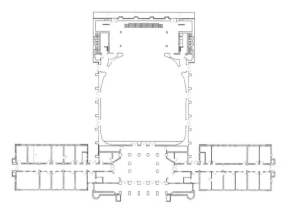

图 8.24　墙体轮廓描边

注意：从外部观察建筑时，光线会穿透窗户照亮室内，此时需要在墙体描边时将窗户周围的室内墙体也进行描边，使模型在渲染时能够观察到场景内部的对象。

（2）单击【图层】工具栏中的【图层特性管理器】按钮，在弹出的【图层特性管理器】对话框中隐藏简化线条图层之外的其他所有图层，如图 8.25 所示。

（3）隐藏后的图纸上只留下了当前图层即简化线条图层，全都选中当前图层上的所有对象，配合键盘上的 Crtl+C 键将其进行复制。单击【文件】→【新建】命令在弹出的窗口中选中 acadiso.dwt 文件，如图 8.26 所示。

（4）按下 Ctrl+V 组合键，将简化线条图层内容粘贴到新建图层中。单击【文件】→【另存为】命令将文件保存，并命名为"一层墙体 .dwg"，此时文件格式应选择 AutoCAD 2004/LT2004 图形文件格式进行保存，如图 8.27 所示。

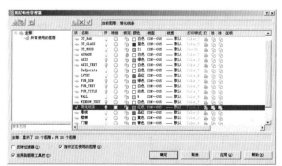

图 8.25　隐藏其他图层

图 8.26　隐藏其他图层　　　图 8.27　保存墙体轮廓

（5）采用相同的方法，将图纸中的玻璃幕墙等对象分别按不同的图层进行描边定位，并另存为其他文件，为后期导入 SketchUp 做准备。

注意：对绘制对象轮廓进行描边时，应根据不同的对象特点分别保存，以方便后期导入 SketchUp 模型，防止在立体成型的过程中发生错误。

8.2　在 SketchUp 中创建建筑基本轮廓模型

在 AutoCAD 中已经将平面图纸进行了简化，现在导入到 SketchUp 中进行模型的建立。在 SketchUp 中建立建筑模型时可按照由下到上，由粗到细的方法进行。先把外形轮廓绘作出来，然后再根据具体数据对建筑模型进行细化。

8.2.1　设置 SketchUp 场景单位并导入一层平面 AutoCAD 图纸

SketchUp 默认的系统单位是美制的英寸单位，而国家标准规定的建筑制图是以毫米为单位，所以在导入时必须重新设置系统单位，注意前后单位的完整统一。

（1）双击桌面 SketchUp 图标，打开 SketchUp。单击【窗口】→【场景信息】，在弹出的【场景信息】对话框中，选择【单位】选项，将单位更改成"十进制"和"毫米"并回车确定。将 SketchUp 单位整体更改成毫米，用于匹配 AutoCAD 单位，使前后单位统一，如图 8.28 所示。

（2）单击【文件】→【导入】命令，在弹出的【打开】对话框中，选择导入文件类型为 ACAD Files（＊.dwg，＊.dxf），打开之前保存的名为"一层墙体 .dwg"的 AutoCAD 文件。然后单击【选项】按钮，在弹出的【AutoCAD DWG/DXF 导入选项】对话框中，选择"毫米"为单位，如图 8.29 所示。

（3）导入模型后，单击【相机】→【充满视窗】按钮，将模型显示最大化。全屏显示导入后的

AutoCAD 平面图形, 如图 8.30 所示。

导入完成后, 就可以利用底图进行操作了。首先是进行补线, 具体操作如下。

（4）单击【绘图】→【线】工具, 使用线工具将 SketchUp 中的图形进行描边, 并分别将各个墙体线封闭成面, 如图 8.31 所示。

图 8.28   更改场景单位   图 8.29   导入文件

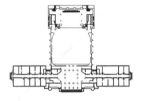
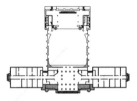

图 8.30 导入 AutoCAD 文件后   图 8.31   封闭平面图纸

注意：如果在描边的过程中无法封闭成面, 原因是用 AutoCAD 对墙体描边的过程中出现问题, 须仔细检查。

8.2.2 拉伸一层墙体

平面补线完成, 接下来是墙体部分的绘制。根据补线后的一层平面, 先用三维工具拉伸出墙体层高, 再进行细部的修饰。

（1）首先建立外墙和内墙。单击【编辑】→【推拉】按钮, 分别将所有的实墙平面向上拉伸 4200mm, 形成三维空间模型。如图 8.32 所示。

（2）单击工具栏【常用】→【选择】工具, 选中场景中所有墙体, 配合键盘上的 Shift 键减选立体图形, 保持拉伸墙体的选择状态, 单击菜单栏【编辑】→【制作组件】命令, 在弹出的对话框中将组件命名为"一层墙体", 设置参数如图 8.33 所示, 创建名为一层墙体的组件。

注意：将墙体进行组件处理是为了避免后期在建立窗户模型时, 产生墙体模型的变动。

（3）单击工具栏【窗口】→【图层】对话框, 单击【增加层】命令, 在弹出的对话框中将图层命名为"一层"。新增图层后, 单击工具栏【常用】→【选择】工具, 选中场景中的三维墙体组件, 单击工具栏【窗口】→【实体信息】对话框, 在【图层】菜单中

图 8.32   拉伸墙体   图 8.33 制作一层墙体组件

选择"一层"。

（4）双击一层墙体组件, 进入【组件编辑】模式后, 单击工具栏【常用】→【材质】工具, 选择适当材质, 单击【创建】按钮。在弹出的面板中更改材质名称为"墙面", 选择颜色并适当调整透明度, 如图 8.34 所示。选择当前场景中所有墙面, 并赋予材质, 如图 8.35 所示。

图 8.34   创建墙面材质   图 8.35   赋予墙面材质

注意：选择色彩时要注意突出墙体材质的感觉, 但要兼顾室内墙体的感觉不可过于厚重。另外。混凝土为实体因此不需调整材质透明度。

8.2.3 封闭天花板平面

建筑物第一层墙体已经基本完成, 此时需要建立天花楼板, 对楼层进行分隔。建立楼板时需要重新将第一层的建筑墙体的边界线导入, 以便创建天花楼板。

（1）单击【文件】→【导入】命令, 在弹出的【打开】对话框中, 选择导入文件类型为 ACAD Files（∗.dwg, ∗.dxf）, 打开之前保存的名为"一层墙体.dwg"的 AutoCAD 文件。单击【选项】按钮, 在弹出的【AutoCAD DWG/DXF 导入选项】对话框中, 选择"毫米"为单位。

（2）单击工具栏【窗口】→【图层】对话框, 单击【增加层】命令, 在弹出的对话框中将图层命名为"一层天花"。新增图层后, 单击工具栏【常用】→【选择】工具, 选中场景中的导入一层平面组件, 单击工具栏【窗口】→【实体信息】对话框, 在【图层】菜单中选择"一层天花"。

（3）单击工具栏【编辑】→【移动/复制】工具，将导入的一层平面图纸向上移动，并对齐至第一层楼墙体的顶部。双击导入后的一层平面图纸，进入【组件编辑】模式，单击工具栏【绘图】→【线】工具，沿墙体内部线条进行描边，将内部顶面进行封闭，并将封闭的面制作成组件，如图 8.36 所示。单击工具栏【常用】→【选择】工具，配合键盘上的 Shift 键，选中场景中多余线条，如图 8.37 所示。

图 8.36 封闭顶面　　　　图 8.37 删除多余线条

（4）单击工具栏【常用】→【材质】工具，在弹出的对话框中单击【创建】按钮。在弹出的面板中更改材质名称为"楼板"，选择颜色，如图 8.38 所示。调整完毕后将楼板材质赋予楼板区域以与其他部分进行区分，如图 8.39 所示。

图 8.38 创建楼板材质　　　图 8.39 赋予一层天花材质

（5）单击工具栏【编辑】→【推拉】工具，将封闭的面向下推拉200mm，形成楼板的厚度，如图 8.40 所示。

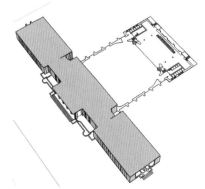

图 8.40 拉伸一层天花楼板

注意：在 SketchUp 中尽可能将相同材质的对象作统一处理，这样有利于对象材质以及材质色彩的调整，也以免在后期渲染中材质混乱难以操作。

8.2.4　导入二层 AutoCAD 平面图并建立二层模型

完成了建筑一层墙体模型的建立，接下来是建筑的二层部分，建筑二层部分的建立方法与一层相类似。

（1）单击【文件】→【导入】命令，在弹出的【打开】对话框中，选择导入文件类型为 ACAD Files（*.dwg，*.dxf），打开之前保存的名为"二层墙体.dwg"的 AutoCAD 文件。单击【选项】按钮，在弹出的【AutoCAD DWG/DXF 导入选项】对话框中，选择"毫米"为单位。

（2）单击工具栏【编辑】→【移动/复制】工具，将导入的二层平面图向上移动，并对齐至第一层楼天花板的顶部。双击导入后的二层平面图纸，进入【组件编辑】模式，单击工具栏【绘图】→【线】工具，沿墙体内部线条进行描边，将内部顶面进行封闭，并将封闭的面制作成组件，如图 8.41 所示。

（3）单击工具栏【窗口】→【图层】对话框，单击【增加层】命令，在弹出的对话框中将图层命名为"二层"。单击工具栏【常用】→【选择】工具，选中场景中的二层平面，单击工具栏【窗口】→【实体信息】对话框，在【图层】菜单中选择"二层"。单击【编辑】→【推拉】按钮，分别将所有的实墙平面向上拉伸 4200mm，形成三维空间模型。拉伸墙体后赋予墙体材质，如图 8.42 所示。

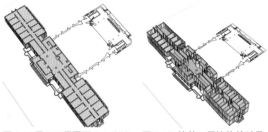

图 8.41 导入二层平面 AutoCAD　图 8.42 拉伸二层墙体并赋予材质

注意：SketchUp 导入的 AutoCAD 图形会在默认的图层，应根据需要调整导入图纸的图层，便于后面的操作。

（4）单击【编辑】→【推拉】按钮，将二层挑出平台平面分别向上和向下各拉伸 1000mm，形成三维空间模型。拉伸后赋予墙体材质，如图 8.43 所示。

（5）建筑物的第二层轮廓已经基本完成，此时建立第二层天花楼板，建立该楼板方法类似于建立一层天花楼板。正确导入"二层墙体.dwg"的AutoCAD文件后，单击工具栏【编辑】→【移动/复制】工具，将导入的二层平面图向上移动，并对齐至第二层楼墙体的顶部。双击导入后的二层平面图，进入【组件编辑】模式，单击工具栏【绘图】→【线】工具，沿墙体内部线条进行描边，将内部顶面进行封闭，并将封闭的面制作成组件，如图8.44所示。

（6）单击工具栏【窗口】→【图层】对话框，单击【增加层】命令，在弹出的对话框中将图层命名为"二层天花"。新增图层后，单击工具栏【常用】→【选择】工具，选中场景中的导入二层平面组件，单击工具栏【窗口】→【实体信息】对话框，在【图层】菜单中选择"二层天花"。

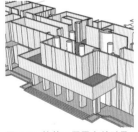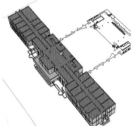

图8.43 拉伸二层平台并赋予材质　　图8.44 封闭顶面

（7）保持【组件编辑】模式，将二层平面看线部分的线条删除，并将楼板材质赋予楼板区域以与其他部分进行区分，如图8.45所示。单击工具栏【编辑】→【推拉】工具，将封闭的面向下推拉200mm形成楼板的厚度，如图8.46所示。

图8.45 删除多余线条并赋予楼板材质　　图8.46 拉伸二层天花楼板

8.2.5 导入三层AutoCAD平面图并建立三层模型

完成了建筑二层墙体模型的建立，接下来是建筑的三层部分，建筑三层部分的建立方法与前两层相类似。

（1）单击【文件】→【导入】命令，在弹出的【打开】对话框中，选择导入文件类型为ACAD Files（*.dwg，*.dxf），打开之前保存的名为"三层墙体.dwg"的AutoCAD文件。单击【选项】按钮，在弹出的【AutoCAD DWG/DXF导入选项】对话框中，选择"毫米"为单位。

（2）单击工具栏【编辑】→【移动/复制】工具，将导入的三层平面图向上移动，并对齐至第二层楼天花板的顶部。双击导入后的三层平面图，进入【组件编辑】模式，单击工具栏【绘图】→【线】工具，沿墙体内部线条进行描边，将内部顶面进行封闭，并将封闭的面制作成组件，如图8.47所示。

（3）单击工具栏【窗口】→【图层】对话框，单击【增加层】命令，在弹出的对话框中将图层命名为"三层"。单击工具栏【常用】→【选择】工具，选中场景中的三层平面，单击工具栏【窗口】→【实体信息】对话框，在【图层】菜单中选择"三层"。单击【编辑】→【推拉】按钮，分别将所有的实墙平面向上拉伸3600mm，形成三维空间模型。拉伸墙体后赋予墙体材质，如图8.48所示。

图8.47 导入三层平面AutoCAD　　图8.48 拉伸三层墙体并赋予材质

（4）建筑物的第三层轮廓已经基本完成，此时建立第三层天花楼板，建立该楼板方法类似于建立一层天花楼板。正确导入"三层墙体.dwg"的AutoCAD文件后，单击工具栏【编辑】→【移动/复制】工具，将导入的三层平面图向上移动，并对齐至第二层楼墙体的顶部。双击导入后的三层平面图，进入【组件编辑】模式，单击工具栏【绘图】→【线】工具，沿墙体内部线条进行描边，将内部顶面进行封闭，并将封闭的面制作成组件，如图8.49所示。

（5）单击工具栏【窗口】→【图层】对话框，单击【增加层】命令，在弹出的对话框中将图层命名为"二层天花"。新增图层后，单击工具栏【常用】→【选择】工具，选中场景中导入的二层平面组件，单击工具栏【窗口】→【实体信息】对话框，在【图

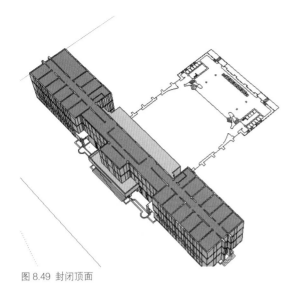

图 8.49　封闭顶面

层】菜单中选择"二层天花"。

（6）保持【组件编辑】模式，将二层平面看线部分的线条删除，并将楼板材质赋予楼板区域以与其他部分进行区分，如图 8.50 所示。单击工具栏【编辑】→【推拉】工具，将封闭的面向下推拉 200mm，形成楼板的厚度，如图 8.51 所示。

图 8.50　删除多余线条并赋予　　　图 8.51　拉伸三层天花楼板
　　　　　楼板材质

8.2.6　导入四层 AutoCAD 平面图并建立四层模型

完成了建筑三层墙体模型的建立，接下来是建筑的四层部分，建筑四层部分的建立方法与前几层类似。

（1）单击【文件】→【导入】命令，在弹出的【打开】对话框中，选择导入文件类型为 ACAD Files（★.dwg，★.dxf），打开之前保存的名为"四层墙体 .dwg"的 AutoCAD 文件。单击【选项】按钮，在弹出的【AutoCAD DWG/DXF 导入选项】对话框中，选择"毫米"为单位。

（2）单击工具栏【编辑】→【移动 / 复制】工具，将导入的四层平面图向上移动，并对齐至第三层楼天花板的顶部。双击导入后的四层平面图，进入【组件

编辑】模式，单击工具栏【绘图】→【线】工具，沿墙体内部线条进行描边，将内部顶面进行封闭，并将封闭的面制作成组件，如图 8.52 所示。

（3）单击工具栏【窗口】→【图层】对话框，单击【增加层】命令，在弹出的对话框中将图层命名为"四层"。单击工具栏【常用】→【选择】工具，选中场景中的四层平面，单击工具栏【窗口】→【实体信息】对话框，在【图层】菜单中选择"四层"。单击【编辑】→【推拉】按钮，分别将所有的实墙平面向上拉伸 2700mm，形成三维空间模型。拉伸墙体后赋予墙体材质，如图 8.53 所示。

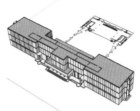

图 8.52　导入四层平面　　　图 8.53　拉伸四层墙体并赋予
　　　　　AutoCAD　　　　　　　　　　材质

（4）由于已知建筑四层中间部分层高为 4200mm，单击工具栏【绘图】→【线】工具，将局部层高不同的墙体顶面进行封闭。单击【编辑】→【推拉】按钮，分别将所有的实墙平面向上拉伸 1500mm，形成三维空间模型。拉伸墙体后赋予墙体材质，如图 8.54 所示。

（5）建筑物的第四层轮廓已经基本完成，此时建立天花楼板。正确导入"四层墙体 .dwg"的 AutoCAD 文件后，单击工具栏【编辑】→【移动 / 复制】工具，将导入的四层平面图向上移动，并对齐至第四层楼墙体的顶部。双击导入后的四层平面图，进入【组件编辑】模式，单击工具栏【绘图】→【线】工具，沿墙体内部线条进行描边，将内部顶面进行封闭，并将封闭的面制作成组件，如图 8.55 所示。

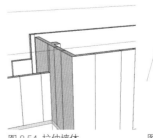
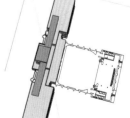

图 8.54　拉伸墙体　　　　图 8.55　封闭顶面

（6）单击工具栏【窗口】→【图层】对话框，单击【增加层】命令，在弹出的对话框中将图层命名为"四层天花"。新增图层后，单击工具栏【常用】→【选择】工具，选中场景中的导入四层平面组件，单击工具栏【窗口】→【实体信息】对话框，在【图层】菜单中选择"四层天花"。

（7）保持【组件编辑】模式，将四层平面看线部分的线条删除，并将楼板材质赋予楼板区域以与其他部分进行区分。单击工具栏【编辑】→【推拉】工具，将封闭的面向下推拉 200mm，形成楼板的厚度，如图 8.56 所示。

（8）根据测绘的结果，建筑顶层楼板较墙体突出。因此接下来，保持【组件编辑】模式，单击工具栏【编辑】→【推拉】工具，将四层天花楼板垂直于绿色轴线的侧面沿绿色轴线方向推出 120mm，垂直于红色轴线的侧面沿红色轴线方向推出 200mm，形成挑出的厚度，如图 8.57 所示。

图 8.56　拉伸四层天花楼板　　图 8.57　拉伸四层天花楼板

8.3　在 SketchUp 中创建建筑细部组件模型

在上一节中已经根据 AutoCAD 图纸初步建立了测绘建筑的基本轮廓模型，接下来的重点是建立建筑各个细部例如门、窗、柱饰、墙面雕花等的组件模型。该建筑具有折中主义风格，其构件有多种类型且有多种不同形状，很多构件比较精细，因此需要根据测绘图纸中的门窗及构件放样来建立每个不同形状的构件模型。

8.3.1　导入并分析立面 AutoCAD 图纸

建筑物中还有门、窗等细节部分没有创建，首先需要利用建筑的立面图形进行分类分析，再分别进行门、窗等组件的建立。

（1）单击【文件】→【导入】命令，在弹出的

【打开】对话框中，选择导入文件类型为 ACAD Files（*.dwg，*.dxf），打开之前保存的名为"正立面 .dwg"的 AutoCAD 文件。单击【选项】按钮，在弹出的【AutoCAD DWG/DXF 导入选项】对话框中，选中"毫米"为单位，如图 8.58 所示。

（2）单击工具栏【窗口】→【图层】对话框，单击【增加层】命令，在弹出的对话框中将图层命名为"立面"，如图 8.59 所示。单击工具栏【常用】→【选择】工具，选中导入的立面图，单击工具栏【窗口】→【实体信息】对话框，在【图层】菜单中选择"立面"。

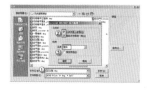 

图 8.58　导入立面　　　　图 8.59　新建立面图层

（3）导入后的建筑立体图纸是在 XY 轴的平面上，还需要将其对齐并旋转，调整方向。单击工具栏【编辑】→【旋转】工具，选择立面图形，以右下方顶点为基点，将立面图形向上旋转 90°，使立体图纸与场景中墙体的方向一致，如图 8.60 所示。

（4）单击工具栏【编辑】→【移动/复制】工具，选择立体图形某一处的顶点，将立体图形对齐至场景中已经建立的建筑轮廓模型，使立面图纸贴到墙体上，如图 8.61 所示。

图 8.60　旋转立面

图 8.61　对齐墙体

（5）采用与上述同样操作，正确导入建筑侧立面 AutoCAD 图纸，将之调整到"立面"图层，同样旋转并对齐图纸，使之贴到墙体上，如图 8.62 所示。

（6）观察并分析测绘建筑的正立面和侧立面 AutoCAD 图纸，建筑立面上的门、窗、墙面雕花等需要分别制作为 17 个组件，如 8.63 至图 8.71 所示。

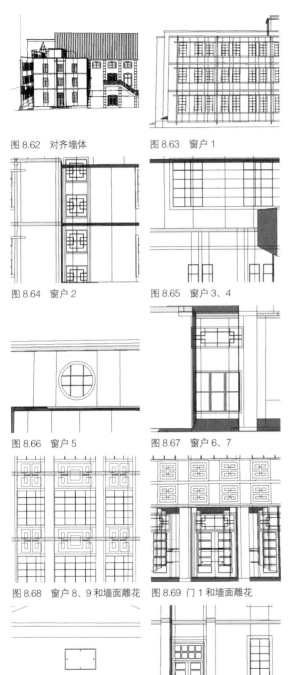

图 8.62　对齐墙体　　　　图 8.63　窗户 1

图 8.64　窗户 2　　　　　图 8.65　窗户 3、4

图 8.66　窗户 5　　　　　图 8.67　窗户 6、7

图 8.68　窗户 8、9 和墙面雕花　图 8.69　门 1 和墙面雕花

图 8.70　墙面雕花和时钟　　图 8.71　门和窗户

8.3.2　导入窗户 1AutoCAD 大样图并建立窗户 1 组件

对建筑物中的门、窗等细节部分进行分类分析后，接下来需要分别进行门、窗等组件的建立。首先具体介绍窗户 1 组件的绘制。

（1）单击工具栏【窗口】→【图层】对话框，单击【增加层】命令，在弹出的对话框中将图层命名为"组件"，并选择为当前图层。单击工具栏【窗口】→【图层】对话框，图层"0""一层""一层天花""二层""二层天花""三层""三层天花""四层""四层天花"和"立面"【显示】选项单击"√"命令隐藏这些图层，如图 8.72 所示。

（2）单击【文件】→【导入】命令，在弹出的【打开】对话框中，选择导入文件类型为 ACAD Files（＊.dwg，＊.dxf），打开之前保存的名为"窗户 1.dwg"的 AutoCAD 文件。单击【选项】按钮，在弹出的【AutoCAD DWG/DXF 导入选项】对话框中，选择"毫米"为单位，导入后如图 8.73 所示。

图 8.72　隐藏图层　　　　图 8.73　导入图纸

（3）单击工具栏【常用】→【选择】工具，双击导入后的窗户 1 平面图，进入【组件编辑】模式，单击工具栏【绘图】→【线】工具，沿内部线条进行描边，将面进行封闭，并将封闭的面制作成组件，如图 8.74 所示。

（4）单击【编辑】→【推拉】按钮，分别将所有的窗框平面向上拉伸 30mm，形成三维空间模型，如图 8.75 所示。

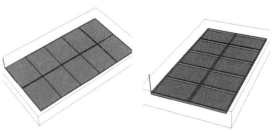

图 8.74　封闭平面　　　　图 8.75　拉伸窗框

（5）单击工具栏【常用】→【材质】工具，在弹出的对话框中单击【创建】按钮。在弹出的面板中更改材质名称为"窗框"，选择颜色，如图 8.76 所示。调整完毕后将窗框材质赋予窗框以与其他部分进行区分，如图 8.77 所示。同样，单击工具栏【常用】→【材质】工具，在弹出的对话框中单击【创建】按钮。在弹出的面板中更改材质名称为"玻璃"，选择颜色并调整透明度，如图 8.78 所示。调整完毕后将玻璃材质赋予窗户玻璃以与其他部分进行区分，如图 8.79 所示。

图 8.76　创建窗框材质

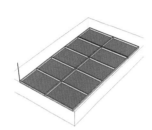

图 8.77　赋予窗框材质

图 8.78　创建玻璃材质

图 8.79　赋予玻璃材质

窗户 4、8、9 组件的建立方法与窗户组件 1 建立方法完全一样，窗户 4、8、9 组件完成后如图 8.80 至图 8.82 所示，三者建立步骤下面将不再赘述。

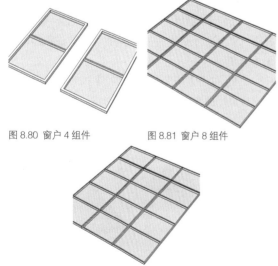

图 8.80　窗户 4 组件　　　图 8.81　窗户 8 组件

图 8.82　窗户 9 组件

8.3.3　导入窗户 2AutoCAD 大样图并建立窗户 2 组件

完成窗户 1 组件以及与其绘制方法类似的窗户 4、8、9 组件的建立后，接下来具体介绍窗户 2 组件的绘制。与窗户 1 组件不同的是，窗户 2 组件是组合型窗，需要将窗户和窗框部分一起完成。

（1）单击【文件】→【导入】命令，在弹出的【打开】对话框中，选择导入文件类型为 ACAD Files（*.dwg、*.dxf），打开之前保存的名为"窗户 2.dwg"的 AutoCAD 文件。单击【选项】按钮，在弹出的【AutoCAD DWG/DXF 导入选项】对话框中，选择"毫米"为单位，导入后如图 8.83 所示。

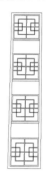

图 8.83　导入图纸

（2）单击工具栏【常用】→【选择】工具，双击导入后的窗户 2 平面图，进入【组件编辑】模式，单击工具栏【绘图】→【线】工具，沿内部线条进行描边，将面进行封闭，并将封闭的面制作成组件，如图 8.84 所示。

（3）单击【编辑】→【推拉】按钮，分别将所有的窗户玻璃分隔平面向上拉伸 30mm，将所有的窗台平面向上拉伸 70mm，将窗框平面向上拉伸 120mm，形成三维空间模型，如图 8.85 所示。

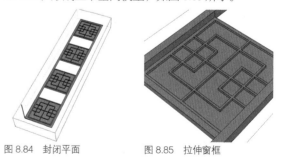

图 8.84　封闭平面　　　图 8.85　拉伸窗框

（4）将窗框材质赋予窗框以与其他部分进行区分，如图 8.86 所示。同样，将玻璃材质赋予窗户玻璃以与其他部分进行区分，如图 8.87 所示。

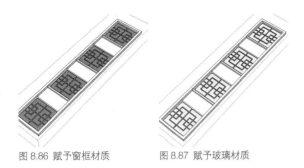

图 8.86　赋予窗框材质　　　　图 8.87　赋予玻璃材质

8.3.4　导入窗户 3AutoCAD 大样图并建立窗户 3 组件

完成窗户 2 组件的建立后，接下来具体介绍窗户 3 组件的绘制。与窗户 2 组件相似的是，窗户 3 组件也是组合型窗，需要将窗户和窗框部分一起完成。

（1）单击【文件】→【导入】命令，在弹出的【打开】对话框中，选择导入文件类型为 ACAD Files（＊.dwg，＊.dxf），打开之前保存的名为"窗户 3.dwg"的 AutoCAD 文件。单击【选项】按钮，在弹出的【AutoCAD DWG/DXF 导入选项】对话框中，选择"毫米"为单位，导入后如图 8.88 所示。

（2）单击工具栏【常用】→【选择】工具，双击导入后的窗户 3 平面图纸，进入【组件编辑】模式，单击工具栏【绘图】→【线】工具，沿内部线条进行描边，将面进行封闭，并将封闭的面制作成组件，如图 8.89 所示。

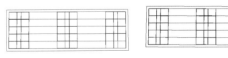

图 8.88　导入图纸　　　　图 8.89　封闭平面

（3）单击【编辑】→【推拉】按钮，分别将所有的窗户玻璃分隔平面向上拉伸 30mm，将窗框平面向上拉伸 150mm，形成三维空间模型，如图 8.90 所示。

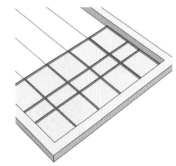

图 8.90　拉伸窗框

（4）将窗框材质赋予窗框以与其他部分进行区分，如图 8.91 所示。同样，将玻璃材质赋予窗户玻璃以与其他部分进行区分，如图 8.92 所示。

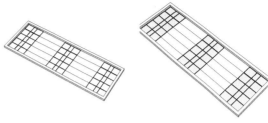

图 8.91　赋予窗框材质　　　　图 8.92　赋予玻璃材质

8.3.5　导入窗户 5AutoCAD 大样图并建立窗户 5 组件

完成窗户 3 组件的建立后，接下来具体介绍窗户 5 组件的绘制，其建立方法与窗户 1 组件类似，但窗户 5 有窗框部分需要与窗户玻璃等一起绘制完成。

（1）单击【文件】→【导入】命令，在弹出的【打开】对话框中，选择导入文件类型为 ACAD Files（＊.dwg，＊.dxf），打开之前保存的名为"窗户 5.dwg"的 AutoCAD 文件。单击【选项】按钮，在弹出的【AutoCAD DWG/DXF 导入选项】对话框中，选择"毫米"为单位，导入后如图 8.93 所示。

（2）单击工具栏【常用】→【选择】工具，双击导入后的窗户 5 平面图纸，进入【组件编辑】模式，单击工具栏【绘图】→【线】工具，沿内部线条进行描边，将面进行封闭，并将封闭的面制作成组件，如图 8.94 所示。

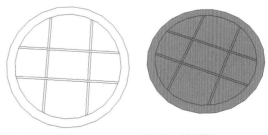

图 8.93　导入图纸　　　　图 8.94　封闭平面

（3）单击【编辑】→【推拉】按钮，分别将所有的窗户玻璃分隔平面向上拉伸 30mm，将窗框平面向上拉伸 80mm，形成三维空间模型，如图 8.95 所示。

（4）将窗框材质赋予窗框以与其他部分进行区分，如图 8.96 所示。同样，将玻璃材质赋予窗户玻璃以与其他部分进行区分，如图 8.97 所示。

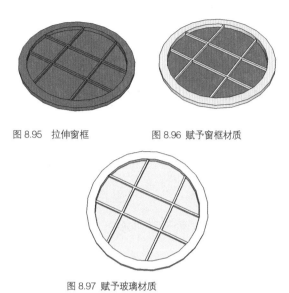

图 8.95　拉伸窗框　　　　图 8.96　赋予窗框材质

图 8.97　赋予玻璃材质

8.3.6　导入窗户 6AutoCAD 大样图并建立窗户 6 组件

完成窗户 5 组件的建立后，接下来具体介绍窗户 6 组件的绘制，其建立方法与窗户 5 组件类似，但相较之下窗户 6 组件更复杂。

（1）单击【文件】→【导入】命令，在弹出的【打开】对话框中，选择导入文件类型为 ACAD Files（★.dwg，★.dxf），打开之前保存的名为"窗户 6.dwg"的 AutoCAD 文件。单击【选项】按钮，在弹出的【AutoCAD DWG/DXF 导入选项】对话框中，选择"毫米"为单位，导入后如图 8.98 所示。

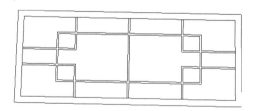

图 8.98　导入图纸

（2）单击工具栏【常用】→【选择】工具，双击导入后的窗户 6 平面图纸，进入【组件编辑】模式，单击工具栏【绘图】→【线】工具，沿内部线条进行描边，将面进行封闭，并将封闭的面制作成组件，如图 8.99 所示。

（3）单击【编辑】→【推拉】按钮，分别将所有的窗户玻璃分隔平面向上拉伸 30mm，将窗框平面

向上拉伸 50mm，形成三维空间模型，如图 8.100 所示。

（4）将窗框材质赋予窗框以与其他部分进行区分，如图 8.101 所示。同样，将玻璃材质赋予窗户玻璃以与其他部分进行区分，如图 8.102 所示。

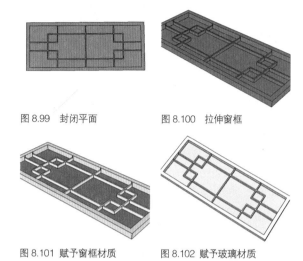

图 8.99　封闭平面　　　　图 8.100　拉伸窗框

图 8.101　赋予窗框材质　　　图 8.102　赋予玻璃材质

8.3.7　导入窗户 7AutoCAD 大样图并建立窗户 7 组件

完成窗户 6 组件的建立后，接下来具体介绍窗户 7 组件的绘制。与窗户 3 组件相似的是，窗户 7 组件也是组合型窗，需要将窗户和窗框部分一起完成。

（1）单击【文件】→【导入】命令，在弹出的【打开】对话框中，选择导入文件类型为 ACAD Files（★.dwg，★.dxf），打开之前保存的名为"窗户 7.dwg"的 AutoCAD 文件。单击【选项】按钮，在弹出的【AutoCAD DWG/DXF 导入选项】对话框中，选择"毫米"为单位，导入后如图 8.103 所示。

（2）单击工具栏【常用】→【选择】工具，双击导入后的窗户 7 平面图纸，进入【组件编辑】模式，单击工具栏【绘图】→【线】工具，沿内部线条进行描边，将面进行封闭，并将封闭的面制作成组件，如图 8.104 所示。

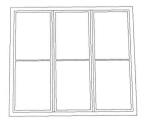

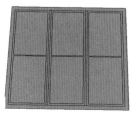

图 8.103　导入图纸　　　　图 8.104　封闭平面

（3）单击【编辑】→【推拉】按钮，分别将所有的窗户玻璃分隔平面向上拉伸30mm，将窗框平面向上拉伸50mm，形成三维空间模型，如图8.105所示。

（4）将窗框材质赋予窗框以与其他部分进行区分，如图8.106所示。同样，将玻璃材质赋予窗户玻璃以与其他部分进行区分，如图8.107所示。

 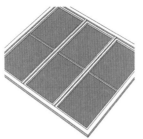

图 8.105　拉伸窗框　　　　图 8.106　赋予窗框材质

图 8.107　赋予玻璃材质

8.3.8　导入门 1AutoCAD 大样图并建立门 1 组件

完成窗户组件的建立后，接下来具体介绍门组件的绘制。门组件的绘制方法与窗户组件类似，由于一个门组件组合了门框、门扇、亮子等部分，因此绘制方法较窗户组件更复杂，需要将各部分一起完成。

（1）单击【文件】→【导入】命令，在弹出的【打开】对话框中，选择导入文件类型为 ACAD Files （＊.dwg，＊.dxf），打开之前保存的名为"门 1.dwg"的 AutoCAD 文件。单击【选项】按钮，在弹出的【AutoCAD DWG/DXF 导入选项】对话框中，选择"毫米"为单位，导入后如图 8.108 所示。

（2）单击工具栏【常用】→【选择】工具，双击导入后的门 1 平面图纸，进入【组件编辑】模式，单击工具栏【绘图】→【线】工具，沿内部线条进行描边，将面进行封闭，并将封闭的面制作成组件，如图 8.109 所示。

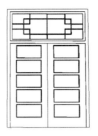 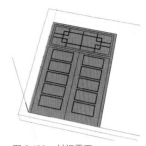

图 8.108　导入图纸　　　　图 8.109　封闭平面

（3）单击【编辑】→【推拉】按钮，分别将门扇平面向上拉伸100mm，门扇上装饰矩形平面和矩形装饰边分别向上拉伸50mm、80mm，将门框平面向上拉伸150mm，将亮子的玻璃分隔向上拉伸30mm，窗框向上拉伸50mm，形成三维空间模型，如图8.110所示。

（4）将窗框材质赋予窗框以与其他部分进行区分，如图8.111所示。同样，将玻璃材质赋予窗户玻璃以与其他部分进行区分，如图8.112所示。

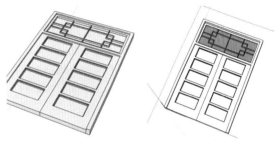

图 8.110　拉伸门框和玻璃分隔　　图 8.111　赋予门框和窗框材质

图 8.112　赋予玻璃材质

8.3.9　导入门 2AutoCAD 大样图并建立门 2 组件

完成门 1 组件的建立后，接下来介绍门 2 组件的绘制。门 2 组件的绘制方法与门 1 组件类似，具体步骤如下：

（1）单击【文件】→【导入】命令，在弹出的【打开】对话框中，选择导入文件类型为 ACAD Files

（∗.dwg，∗.dxf），打开之前保存的名为"门 2.dwg"的 AutoCAD 文件。单击【选项】按钮，在弹出的【AutoCAD DWG/DXF 导入选项】对话框中，选择"毫米"为单位，导入后如图 8.113 所示。

（2）单击工具栏【常用】→【选择】工具，双击导入后的门 2 平面图纸，进入【组件编辑】模式，单击工具栏【绘图】→【线】工具，沿内部线条进行描边，将面进行封闭，并将封闭的面制作成组件，如图 8.114 所示。

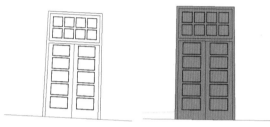

图 8.113 导入图纸　　　图 8.114 封闭平面

（3）单击【编辑】→【推拉】按钮，分别将门扇平面向上拉伸 100mm，门扇上装饰矩形平面和矩形装饰边分别向上拉伸 50mm、80mm，将门框平面向上拉伸 150mm，将亮子的玻璃分隔向上拉伸 30mm，窗框向上拉伸 50mm，形成三维空间模型，如图 8.115 所示。

（4）将窗框材质赋予窗框以与其他部分进行区分，如图 8.116 所示。同样，将玻璃材质赋予窗户玻璃以与其他部分进行区分，如图 8.117 所示。

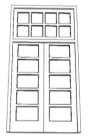

图 8.115　拉伸门框和玻璃分隔　图 8.116　赋予门框和窗框材质

图 8.117 赋予玻璃材质

8.3.10　导入墙面雕花 1AutoCAD 大样图并建立墙面雕花 1 组件

完成门组件的建立后，接下来具体介绍墙面雕花组件的绘制。墙面雕花组件虽然绘制方法不复杂，但其对丰富建筑模型轮廓效果有重要的作用。

（1）单击【文件】→【导入】命令，在弹出的【打开】对话框中，选择导入文件类型为 ACAD Files（∗.dwg，∗.dxf），打开之前保存的名为"墙面雕花 1.dwg"的 AutoCAD 文件。单击【选项】按钮，在弹出的【AutoCAD DWG/DXF 导入选项】对话框中，选择"毫米"为单位，导入后如图 8.118 所示。

（2）单击工具栏【常用】→【选择】工具，双击导入后的墙面雕花 1 平面图，进入【组件编辑】模式，单击工具栏【绘图】→【线】工具，沿内部线条进行描边，将面进行封闭，并将封闭的面制作成组件，如图 8.119 所示。

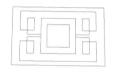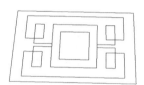

图 8.118　导入图纸　　　图 8.119 封闭平面

（3）单击【编辑】→【推拉】按钮，分别将装饰正方形平面和正方形装饰边分别向上拉伸 120mm、90mm，将其余平面向上拉伸 60mm，形成三维空间模型，如图 8.120 所示。将墙体材质赋予墙面雕花组件，如图 8.121 所示。

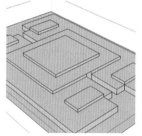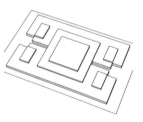

图 8.120 拉伸装饰面　　　图 8.121 赋予材质

8.3.11　导入墙面雕花 2AutoCAD 大样图并建立墙面雕花 2 组件

完成墙面雕花 1 组件的建立后，接下来介绍墙面雕花 2 组件的绘制。墙面雕花组件虽然绘制方法不复杂，但其对丰富建筑轮廓模型效果有重要的作用。

（1）单击【文件】→【导入】命令，在弹出的【打开】对话框中，选择导入文件类型为 ACAD Files（*.dwg，*.dxf），打开之前保存的名为"墙面雕花 2.dwg"的 AutoCAD 文件。单击【选项】按钮，在弹出的【AutoCAD DWG/DXF 导入选项】对话框中，选择"毫米"为单位，导入后如图 8.122 所示。

（2）单击工具栏【常用】→【选择】工具，双击导入后的墙面雕花 2 平面图，进入【组件编辑】模式，单击工具栏【绘图】→【线】工具，沿内部线条进行描边，将面进行封闭，并将封闭的面制作成组件，如图 8.123 所示。

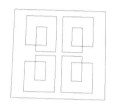 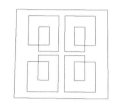

图 8.122　导入图纸　　　　　图 8.123　封闭平面

（3）单击【编辑】→【推拉】按钮，分别将矩形装饰平面向上拉伸 90mm，将其余装饰平面向上拉伸 60mm，形成三维空间模型，如图 8.124 所示。将墙体材质赋予墙面雕花组件，如图 8.125 所示。

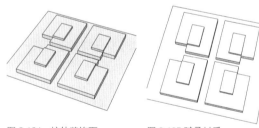

图 8.124　拉伸装饰面　　　　图 8.125 赋予材质

8.3.12　导入墙面雕花 3AutoCAD 大样图并建立墙面雕花 3 组件

完成墙面雕花 2 组件的建立后，接下来介绍墙面雕花 3 组件的绘制。墙面雕花 3 组件分为两个部分，分别为墙面雕花 3–1 和墙面雕花 3–2，在后面的小节中将会进一步介绍墙面雕花 3 组件两部分在轮廓模型中的作用。

（1）单击【文件】→【导入】命令，在弹出的【打开】对话框中，选择导入文件类型为 ACAD Files（*.dwg，*.dxf），打开之前保存的名为"墙面雕花 3–1.dwg"的 AutoCAD 文件。单击【选项】按钮，在弹

出的【AutoCAD DWG/DXF 导入选项】对话框中，选择"毫米"为单位，导入后如图 8.126 所示。

（2）单击工具栏【常用】→【选择】工具，双击导入后的墙面雕花 3–1 平面图纸，进入【组件编辑】模式，单击工具栏【绘图】→【线】工具，沿内部线条进行描边，将面进行封闭，并将封闭的面制作成组件，如图 8.127 所示。

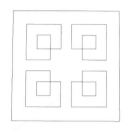 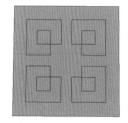

图 8.126　导入图纸　　　　　图 8.127　封闭平面

（3）单击【编辑】→【推拉】按钮，分别将装饰正方形周围平面向上拉伸 30mm，将其余装饰平面向上拉伸 60mm，形成三维空间模型，如图 8.128 所示。将墙体材质赋予墙面雕花组件，如图 8.129 所示。

图 8.128　拉伸装饰面　　　　图 8.129　赋予材质

（4）单击【文件】→【导入】命令，在弹出的【打开】对话框中，选择导入文件类型为 ACAD Files（*.dwg，*.dxf），打开之前保存的名为"墙面雕花 3–2.dwg"的 AutoCAD 文件。单击【选项】按钮，在弹出的【AutoCAD DWG/DXF 导入选项】对话框中，选择"毫米"为单位，导入后如图 8.130 所示。

（5）单击工具栏【常用】→【选择】工具，双击导入后的墙面雕花 3–2 平面图纸，进入【组件编辑】模式，单击工具栏【绘图】→【线】工具，沿内部线条进行描边，将面进行封闭，并将封闭的面制作成组件，如图 8.131 所示。

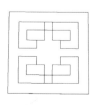 

图 8.130　导入图纸　　　　　图 8.131　封闭平面

（6）单击【编辑】→【推拉】按钮，分别将装饰矩形周围平面向上拉伸 30mm，将其余装饰平面向上拉伸 60mm，形成三维空间模型，如图 8.132 所示。将墙体材质赋予墙面雕花组件，如图 8.133 所示。

图 8.132　拉伸装饰面　　　　图 8.133　赋予材质

8.3.13　导入墙面雕花 4AutoCAD 大样图并建立墙面雕花 4 组件

完成墙面雕花 3 组件的建立后，接下来介绍墙面雕花 4 组件的绘制。墙面雕花组件虽然绘制方法不复杂，但其对丰富建筑模型轮廓效果有重要的作用。

（1）单击【文件】→【导入】命令，在弹出的【打开】对话框中，选择导入文件类型为 ACAD Files（*.dwg，*.dxf），打开之前保存的名为"墙面雕花 4.dwg"的 AutoCAD 文件。单击【选项】按钮，在弹出的【AutoCAD DWG/DXF 导入选项】对话框中，选择"毫米"为单位，导入后如图 8.134 所示。

（2）单击工具栏【常用】→【选择】工具，双击导入后的墙面雕花 3 平面图纸，进入【组件编辑】模式，单击工具栏【绘图】→【线】工具，沿内部线条进行描边，将面进行封闭，并将封闭的面制成组件，如图 8.135 所示。

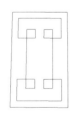 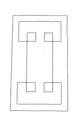

图 8.134　导入图纸　　　　图 8.135　封闭平面

（3）单击【编辑】→【推拉】按钮，分别将装饰正方形平面向上拉伸 90mm，将其余装饰平面向上拉伸 60mm，平面其余部分向下拉伸 250mm，形成三维空间模型，如图 8.136 所示。将墙体材质赋予墙面雕花组件，如图 8.137 所示。

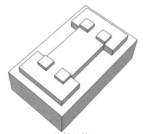 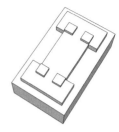

图 8.136　拉伸装饰面　　　　图 8.137　赋予材质

8.4　在 SketchUp 中完善建筑轮廓模型

在上一节中已经根据 AutoCAD 图纸建立了所有需要的测绘建筑的细部构件组件，接下来的重点是将各个细部组件根据之前导入的立面图来完善已经初步建立的建筑轮廓模型，完善模型的时候需要分别参照正立面和侧立面图纸，因此操作时按照先正立面再侧立面的步骤。

8.4.1　在建筑轮廓模型中加入窗户 1 组件并绘制窗台和雨棚

在建筑轮廓模型中加入组件将进一步深化模型，随着各个细部组件的加入，需要在模型中为加入的组件添加相应细部。

（1）单击工具栏【编辑】→【旋转】工具，选择窗户 1 组件，以右下方顶点为基点，将窗户组件向上旋转 90°，使之与场景中墙体的方向一致，如图 8.138 所示。单击工具栏【窗口】→【图层】对话框，图层"立面"【显示】选项单击"√"命令显示该图层，如图 8.139 所示。

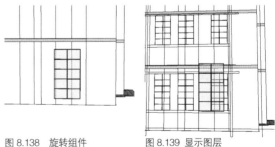

图 8.138　旋转组件　　　　图 8.139　显示图层

（2）单击工具栏【编辑】→【移动 / 复制】工具，选择窗户 1 组件，根据导入的正立面图将组件贴到建筑轮廓模型一层。单击工具栏【常用】→【选择】工具，双击建筑一层组件，进入【组件编辑】模式，单击工具栏【绘图】→【线】工具，沿窗框边界描边，将镂空的面封闭，如图 8.140 所示。单击工具栏【编辑】→【移动 / 复制】工具，选择窗户 1 组件，向建筑一层内移动 100mm，如图 8.141 所示。

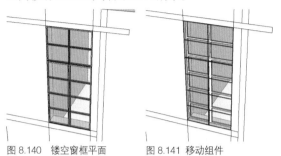

图 8.140　镂空窗框平面　　　图 8.141　移动组件

（3）根据步骤（2）重复操作 19 次，将所有窗户 1 组件复制并移动到对应位置，并镂空窗框平面，如图 8.142 和图 8.143 所示。

（4）单击工具栏【窗口】→【图层】对话框，图层"立面"【显示】选项单击"√"命令隐藏该图层。单击工具栏【常用】→【选择】工具，选择所有窗户 1 组件，单击工具栏【编辑】→【移动 / 复制】工具，复制并移动 20 个窗户组件，如图 8.144 所示。单击工具栏【编辑】→【旋转】工具，复制得到窗户 1 组件，将其沿红色轴线方向旋转 180°，如图 8.145 所示。

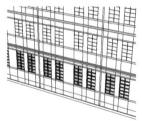

图 8.142　复制并移动组件　　图 8.143　复制并移动组件

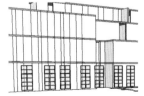

图 8.144　复制并移动组件　　图 8.145　旋转组件

（5）单击工具栏【编辑】→【移动 / 复制】工具，移动复制得到的窗户组件对齐到立面上，如图 8.146 所示。根据步骤（2）操作，镂空所有窗框平面，如图 8.147 所示。

（6）建筑二、三层的所有窗户与一层的绘制方法类似。将窗户 1 组件复制并移动，然后镂空窗框平面。最后将所有多余线条删除，如图 8.148 和图 8.149 所示。

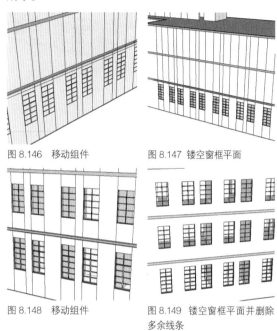

图 8.146　移动组件　　　　图 8.147　镂空窗框平面

图 8.148　移动组件　　　　图 8.149　镂空窗框平面并删除多余线条

完成窗户组件的添加后，需要根据导入的立面图再添加窗台和雨棚，具体操作如下。

（7）单击工具栏【窗口】→【图层】对话框，图层"立面"【显示】选项单击"√"命令显示该图层，如图 8.150 所示。单击工具栏【常用】→【选择】工具，双击建筑一层组件，进入【组件编辑】模式，单击工具栏【绘图】→【线】工具，沿窗台和雨棚边界描边。单击【编辑】→【推拉】按钮，分别将窗台和雨棚面向外推拉 200mm 和 600mm，如图 8.151 所示。

（8）其他各层的窗台和雨棚与建筑一层的窗台和雨棚的绘制方法相同，按照步骤（7）创建，如图 8.152 和图 8.153 所示。

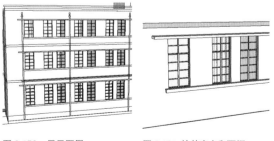

图 8.150　显示图层　　　　图 8.151　拉伸窗台和雨棚

图 8.152 绘制窗台和雨棚　　图 8.153 绘制窗台和雨棚

8.4.2 在建筑轮廓模型中加入窗户 2 组件

在建筑轮廓模型中加入窗户 1 组件后，接下来需要加入窗户 2 组件。与加入窗户 1 组件的操作不同，由于窗户 2 组件为组合型窗，因此没有相应细部需要添加。

（1）单击工具栏【编辑】→【旋转】工具，选择窗户 2 组件，以右下方顶点为基点，将窗户组件向上旋转 90°，使之与场景中墙体的方向一致，如图 8.154 所示。单击工具栏【窗口】→【图层】对话框，图层"立面"【显示】选项单击"√"命令显示该图层，如图 8.155 所示。

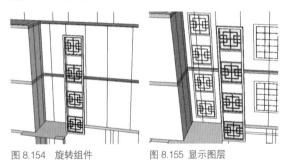

图 8.154 旋转组件　　图 8.155 显示图层

（2）单击工具栏【编辑】→【移动／复制】工具，选择窗户 2 组件，根据导入的正立面图将组件对齐。单击工具栏【常用】→【选择】工具，分别双击建筑二层、三层组件，进入【组件编辑】模式，单击工具栏【绘图】→【线】工具，沿窗框边界描边，将镂空的面封闭，并删除多余线条，如图 8.156 和图 8.157 所示。

（3）单击工具栏【窗口】→【图层】对话框，图层"立面"【显示】选项单击"√"命令隐藏该图层。根据步骤（2）重复操作 1 次，将所有窗户 2 组件复制并移动到对应位置，并镂空窗框平面，如图 8.158 和图 8.159 所示。

图 8.156 镂空一层部分窗框　　图 8.157 镂空二层部分窗框
　　　　　平面　　　　　　　　　　　　平面

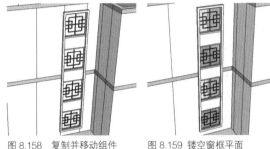

图 8.158 复制并移动组件　　图 8.159 镂空窗框平面

8.4.3 在建筑轮廓模型中加入窗户 3 组件

在建筑轮廓模型中加入窗户 2 组件后，接下来需要加入窗户 3 组件。由于窗户 3 组件为组合型窗，没有相应细部需要添加，因此其操作与加入窗户 2 组件的操作类似。

（1）单击工具栏【编辑】→【旋转】工具，选择窗户 3 组件，以右下方顶点为基点，将窗户组件向上旋转 90°，使之与场景中墙体的方向一致，如图 8.160 所示。单击工具栏【窗口】→【图层】对话框，图层"立面"【显示】选项单击"√"命令显示该图层，如图 8.161 所示。

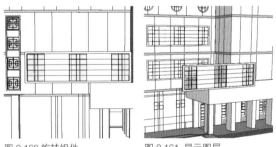

图 8.160 旋转组件　　图 8.161 显示图层

（2）单击工具栏【编辑】→【移动／复制】工具，选择窗户 3 组件，根据导入的正立面图将组件贴到二层墙体，如图 8.162 所示。单击工具栏【常用】→【选择】工具，双击建筑二层组件，进入【组件编辑】模式，单击工具栏【绘图】→【线】工具，沿窗框边界描边，将镂空的面封闭，并删除多余线条，如图 8.163 所示。

（3）将所有窗户 3 组件复制并移动到三层对应位置，单击工具栏【窗口】→【图层】对话框，图层"立面"【显示】选项单击"√"命令隐藏该图层。根据步骤（2）重复操作 1 次，并镂空窗框平面，如图 8.164 和图 8.165 所示。

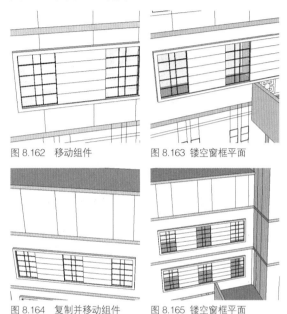

图 8.162　移动组件　　　图 8.163　镂空窗框平面

图 8.164　复制并移动组件　　图 8.165　镂空窗框平面

8.4.4　在建筑轮廓模型中加入窗户 4、8 和窗户 9 组件

由于在建筑轮廓模型中加入窗户 4、8、9 组件的步骤基本相同，以下就主要以窗户 4 组件为例详细说明。

（1）单击工具栏【编辑】→【旋转】工具，选择窗户 4 组件，以右下方顶点为基点，将窗户组件向上旋转 90°，使之与场景中墙体的方向一致，如图 8.166 所示。单击工具栏【窗口】→【图层】对话框，图层"立面"【显示】选项单击"√"命令显示该图层，如图 8.167 所示。

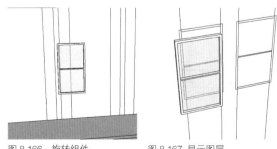

图 8.166　旋转组件　　　图 8.167　显示图层

（2）单击工具栏【编辑】→【移动 / 复制】工具，选择窗户 4 组件，根据导入的正立面图将组件贴到一层墙体，如图 8.168 所示。单击工具栏【常用】→【选择】工具，双击建筑一层组件，进入【组件编辑】模式，单击工具栏【绘图】→【线】工具，沿窗框边界描边，将镂空的面封闭，并删除多余线条，如图 8.169 所示。

图 8.168　移动组件　　　图 8.169　镂空窗框平面

（3）将所有窗户 3 组件复制并移动到三层对应位置，单击工具栏【窗口】→【图层】对话框，图层"立面"【显示】选项单击"√"命令隐藏该图层，如图 8.170 所示。单击工具栏【编辑】→【移动 / 复制】工具，选择窗户 4 组件，向建筑一层内移动 200mm，如图 8.171 所示。

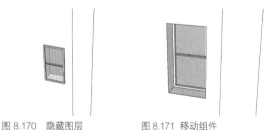

图 8.170　隐藏图层　　　图 8.171　移动组件

（4）单击工具栏【编辑】→【移动 / 复制】工具，选择窗户 4 组件，根据导入的正立面图将组件复制并移动到对应位置，根据步骤（2）和（3）重复操作 3 次，如图 8.172 和图 8.173 所示。

（5）使用以上（1）至（4）的操作方法在建筑轮廓模型中加入窗户组件 8、9，如图 8.174 和图 8.175 所示。

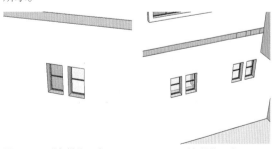

图 8.172　重复操作 1 次　　图 8.173　重复操作 3 次

图 8.174　在轮廓模型中加入
窗户 8 组件

图 8.175　在轮廓模型中加入
窗户 9 组件

8.4.5　在建筑轮廓模型中加入窗户 5 组件

在建筑轮廓模型中加入窗户 4、8、9 组件后，接下来需要加入窗户 5 组件。由于窗户 5 组件没有相应细部需要添加，因此其操作与加入窗户 2 组件的操作类似。

（1）单击工具栏【编辑】→【旋转】工具，选择窗户 5 组件，以右下方顶点为基点，将窗户组件向上旋转 90°，使之与场景中墙体的方向一致，如图 8.176 所示。单击工具栏【窗口】→【图层】对话框，图层"立面"【显示】选项单击"√"命令显示该图层，如图 8.177 所示。

图 8.176　旋转组件　　　　　图 8.177　显示图层

（2）单击工具栏【编辑】→【移动／复制】工具，选择窗户 5 组件，根据导入的正立面图将组件贴到一层墙体，如图 8.178 所示。单击工具栏【常用】→【选择】工具，双击建筑四层组件，进入【组件编辑】模式，单击工具栏【绘图】→【线】工具，沿窗框边界描边，将镂空的面封闭，并删除多余线条，如图 8.179 所示。

图 8.178　移动组件

图 8.179　镂空窗框平面

（3）单击工具栏【编辑】→【移动／复制】工具，选择窗户 5 组件，根据导入的正立面图将组件复制并移动到对应位置，根据步骤（2）重复操作 11 次，如图 8.180 至图 8.183 所示。

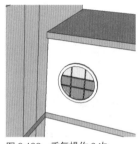

图 8.180　重复操作 1 次

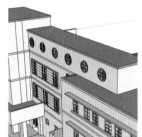

图 8.181　重复操作 5 次

图 8.182　重复操作 6 次

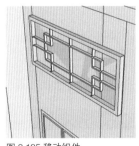

图 8.183　重复操作 11 次

8.4.6　在建筑轮廓模型中加入窗户 6、7 组件

由于在建筑轮廓模型中加入窗户 6、7 组件的步骤基本相同，以下就主要以窗户 6 组件为例详细说明。

（1）单击工具栏【编辑】→【旋转】工具，选择窗户 6 组件，以右下方顶点为基点，将窗户组件向上旋转 90°，使之与场景中墙体的方向一致。单击工具栏【窗口】→【图层】对话框，图层"立面"【显示】选项单击"√"命令显示该图层，如图 8.184 所示。单击工具栏【编辑】→【移动／复制】工具，选择窗户 6 组件，根据导入的正立面图将组件贴到一层墙体，如图 8.185 所示。

图 8.184　旋转组件并显示图层　　图 8.185　移动组件

（2）单击工具栏【常用】→【选择】工具，双击建筑一层组件，进入【组件编辑】模式，单击工具栏【绘图】→【线】工具，沿窗框边界描边，将镂空的面封闭，并删除多余线条，如图 8.186 所示。单击工具栏【编辑】→【移动/复制】工具，选择窗户 6 组件，向建筑一层内移动 200mm，如图 8.187 所示。

（3）单击工具栏【编辑】→【移动/复制】工具，选择窗户 6 组件，根据导入的正立面图将组件复制并移动到对应位置，根据步骤（2）重复操作 1 次，如图 8.188 所示。

（4）使用以上（1）至（3）的操作方法在建筑轮廓模型中加入窗户 7 组件，如图 8.189 所示。

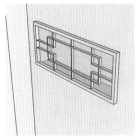

图 8.186　镂空窗框平面

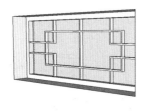

图 8.187　移动组件

图 8.188　重复操作 1 次

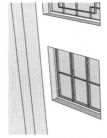

图 8.189　在轮廓模型中加入
窗户组件 7

8.4.7　在建筑轮廓模型中加入门 1 组件

在建筑轮廓模型中加入窗户组件后，接下来需要加入门组件。其操作比较简单，具体步骤如下。

（1）单击工具栏【编辑】→【旋转】工具，选择门 1 组件，以右下方顶点为基点，将门组件向上旋转 90°，使之与场景中墙体的方向一致。单击工具栏【窗口】→【图层】对话框，图层"立面"【显示】选项单击"√"命令显示该图层，如图 8.190 所示。单击工具栏【编辑】→【移动/复制】工具，选择门 1 组件，根据导入的正立面图将组件贴到一层墙体，如图 8.191 所示。

（2）单击工具栏【常用】→【选择】工具，双

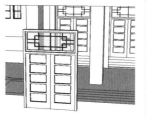

图 8.190　旋转组件并显示图层　　图 8.191　移动组件

击建筑一层组件，进入【组件编辑】模式，单击工具栏【绘图】→【线】工具，沿窗框边界描边，将镂空的面封闭，并删除多余线条，如图 8.192 所示。

（3）单击工具栏【编辑】→【移动/复制】工具，选择门 1 组件，根据导入的正立面图将组件复制并移动到对应位置，根据步骤（2）重复操作 4 次，如图 8.193 所示。

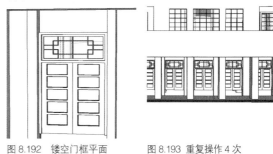

图 8.192　镂空门框平面　　　　图 8.193　重复操作 4 次

8.4.8　在建筑轮廓模型中加入墙面雕花 1、2 组件并完善轮廓模型

由于在轮廓模型中加入墙面雕花 1、2 组件的步骤基本相同，以下就主要以墙面雕花 1 组件为例详细说明。

（1）单击工具栏【编辑】→【旋转】工具，选择墙面雕花 1 组件，以右下方顶点为基点，将组件向上旋转 90°，使之与场景中墙体的方向一致，如图 8.194 所示。单击工具栏【窗口】→【图层】对话框，图层"立面"【显示】选项单击"√"命令显示该图层。单击工具栏【编辑】→【移动/复制】工具，选择墙面雕花 1 组件，根据导入的正立面图将组件贴到墙体，如图 8.195 所示。

（2）单击工具栏【编辑】→【移动/复制】工具，选择墙面雕花 1 组件，根据导入的正立面图将组件复制并移动到对应位置，根据步骤（2）重复操作 1 次，如图 8.196 所示。使用以上步骤（1）、（2）的操作方法在建筑轮廓模型中加入墙面雕花 2 组件，如图 8.197 所示。

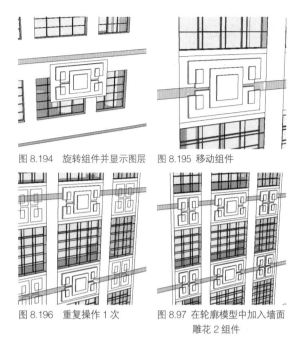

图 8.194　旋转组件并显示图层　　图 8.195　移动组件

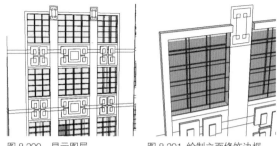

图 8.200　显示图层　　　　　　图 8.201　绘制立面修饰边框

（5）单击工具栏【常用】→【选择】工具，双击二层天花组件，进入【组件编辑】模式，单击工具栏【绘图】→【线】工具，沿窗户7、8窗台边界描边。单击【编辑】→【推拉】按钮，将封闭后的窗台面向外推拉120mm，如图 8.202 所示。建筑三层和四层的窗台绘制方法与二层相同，完成后如图 8.203 所示。

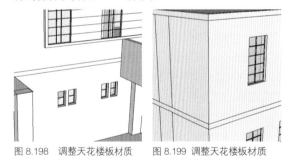

图 8.196　重复操作 1 次　　　图 8.97　在轮廓模型中加入墙面
　　　　　　　　　　　　　　　　　雕花 2 组件

（3）完成加入墙面雕花组件的操作后，需要对各层天花楼板组件进行调整，以二层天花组件为例。单击工具栏【常用】→【选择】工具，双击二层天花组件，进入【组件编辑】模式，单击工具栏【常用】→【材质】工具，将墙面材质赋予天花楼板侧立面以保持与建筑外墙面的材质一致，如图 8.198 所示。对于建筑的一层天花、三层天花和四层天花组件采用同样的操作，如图 8.199 所示。

图 8.202　绘制窗框　　　　　图 8.203　绘制窗框

（6）单击工具栏【常用】→【选择】工具，双击二层天花组件，进入【组件编辑】模式，单击工具栏【绘图】→【线】工具，沿窗户7、8之间的立柱边界描边。单击【编辑】→【推拉】按钮，将封闭后的立柱面向外推拉180mm，再将立柱顶面向上拉伸至墙面雕花4下方，与立面对齐，如图 8.204 和图 8.205 所示。

图 8.198　调整天花楼板材质　　图 8.199　调整天花楼板材质

（4）调整天花楼板后，接下来需要进一步完善轮廓模型，添加立面上的修饰边框等细部。单击工具栏【窗口】→【图层】对话框，图层"立面"【显示】选项单击"√"命令显示该图层，如图 8.200 所示。单击工具栏【常用】→【选择】工具，双击二层天花组件，进入【组件编辑】模式，单击工具栏【绘图】→【线】工具，沿立面修饰框边界描边。单击【编辑】→【推拉】按钮，将封闭后的立面修饰框面向外推拉120mm，如图 8.201 所示。

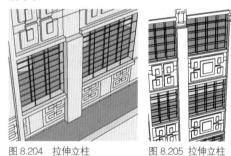

图 8.204　拉伸立柱 　　　　　图 8.205　拉伸立柱

8.4.9　在建筑轮廓模型中加入墙面雕花 4 组件并完善模型

在轮廓模型中加入墙面雕花 1、2 组件后，接下

来需要加入墙面雕花 4 组件。同时，由于细部组件的
添加，还需要随之对建筑正立面细部进行调整。

（1）单击工具栏【编辑】→【旋转】工具，选
择墙面雕花 4 组件，以右下方顶点为基点，将组件向
上旋转 90°，使之与场景中墙体的方向一致。单击
工具栏【编辑】→【移动 / 复制】工具，选择组件，
根据导入的正立面图将组件贴到四层墙体，如图 8.206
所示。

（2）单击工具栏【编辑】→【移动 / 复制】工具，
选择墙面雕花 4 组件，根据导入的正立面图将组件复
制并移动到对应位置，如图 8.207 所示。

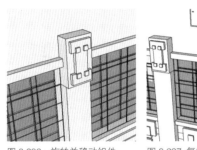 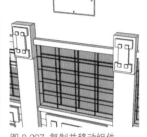

图 8.206　旋转并移动组件　　图 8.207　复制并移动组件

注意：先处理墙面雕花 1、2、4 是为了集中完成
建筑中心部分的立面造型，墙面雕花 3-1 和 3-2 组
件需要另外单独处理，因此需要按照一定的顺序进行
绘制。

（3）根据建筑正立面图，轮廓模型四层局部屋
顶还需进一步细化。单击工具栏【常用】→【选择】
工具，双击建筑四层天花组件，进入【组件编辑】模
式。单击工具栏【绘图】→【线】工具，沿立面装饰
墙轮廓边界描边，将镂空的面封闭，并赋予其墙体材
质，如图 8.208 所示。单击【编辑】→【推拉】按钮，
将装饰墙面沿绿色轴线方向推出两次，推出距离分别
为 6500mm、90mm，如图 8.209 和图 8.210 所示。根
据同样的方法绘制装饰屋顶面，如图 8.211 所示。

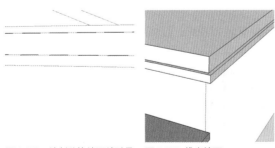

图 8.208　绘制装饰墙面并赋予　图 8.209　推出墙面
材质

 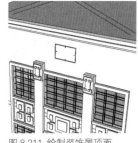

图 8.210　推出墙面　　　　图 8.211　绘制装饰屋顶面

8.4.10　在建筑轮廓模型中加入墙面雕花 3-1、3-2 组件

在轮廓模型中加入墙面雕花 4 组件并调整轮廓模
型正立面部分后，接下来需要加入墙面雕花 3 组件。
墙面雕花 3 组件为二层平台外墙面装饰，其添加操作
较为复杂，具体步骤如下。

（1）单击工具栏【编辑】→【旋转】工具，选
择墙面雕花 3-1 组件，以右下方顶点为基点，将组件
向上旋转 90°，使之与场景中墙体的方向一致。单
击工具栏【编辑】→【移动 / 复制】工具，选择组件，
根据导入的正立面图将组件贴到对应墙体，如图 8.212
所示。

（2）单击工具栏【编辑】→【移动 / 复制】工具，
选择墙面雕花 3-1 组件，根据导入的正立面图将组件
复制并移动到对应位置，如图 8.213 所示。

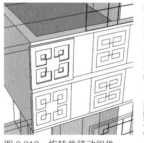 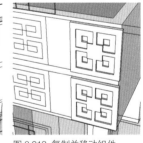

图 8.212　旋转并移动组件　　图 8.213　复制并移动组件

（3）单击工具栏【编辑】→【旋转】工具，选
择墙面雕花 3-2 组件，以右下方顶点为基点，将组件
向上旋转 90°，使之与场景中墙体的方向一致。单
击工具栏【编辑】→【移动 / 复制】工具，选择组件，
根据导入的正立面图将组件贴到对应墙体，如图 8.214
所示。

（4）单击工具栏【编辑】→【移动 / 复制】工具，
选择墙面雕花 3-2 组件，根据导入的正立面图将组件
复制并移动到对应位置，如图 8.215 所示。

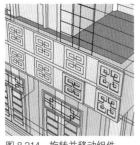

图 8.214　旋转并移动组件

图 8.215　复制并移动组件

（5）单击工具栏【编辑】→【移动／复制】工具，复制并移动墙面雕花 3-1 组件两次，单击工具栏【编辑】→【旋转】工具，选择复制后的组件，以右下方顶点为基点，将组件在红色轴线与绿色轴线的平面上分别旋转 90° 和 270°，使之与场景中侧立面墙体的方向一致，如图 8.216 所示。单击工具栏【编辑】→【移动／复制】工具，选择组件，根据导入的侧立面图将组件分别贴到对应墙体，如图 8.217 和图 8.218 所示。

（6）单击工具栏【编辑】→【移动／复制】工具，选择墙面雕花 3-1 组件，根据导入的侧立面图将组件复制并移动到对应位置，如图 8.219 所示。

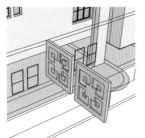

图 8.216　复制并旋转组件

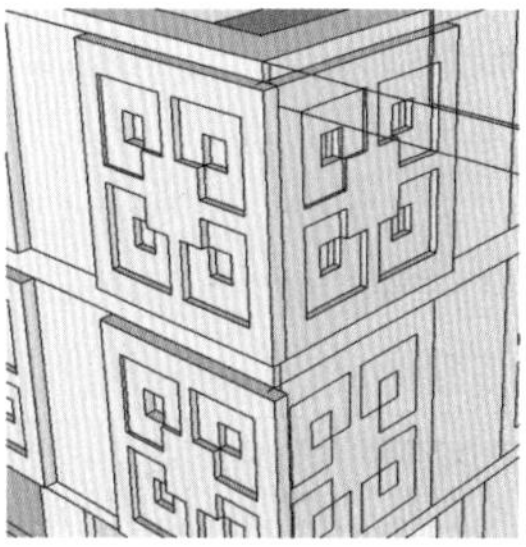

图 8.217　移动组件

图 8.218　复制并旋转组件

图 8.219　复制并移动组件

（7）同样，单击工具栏【编辑】→【移动／复制】工具，复制并移动墙面雕花 3-2 组件两次，单击工具栏【编辑】→【旋转】工具，选择复制后的组件，以右下方顶点为基点，将组件在红色轴线与绿色轴线的平面上分别旋转 90° 和 270°，使之与场景中侧立面墙体的方向一致，如图 8.220 所示。单击工具栏【编辑】→【移动／复制】工具，选择组件，根据导入的侧立

面图将组件分别贴到对应墙体，如图 8.221 和图 8.222 所示。

（8）单击工具栏【编辑】→【移动／复制】工具，选择墙面雕花 3-2 组件，根据导入的侧立面图将组件复制并移动到对应位置，如图 8.223 所示。

图 8.220　复制并旋转组件

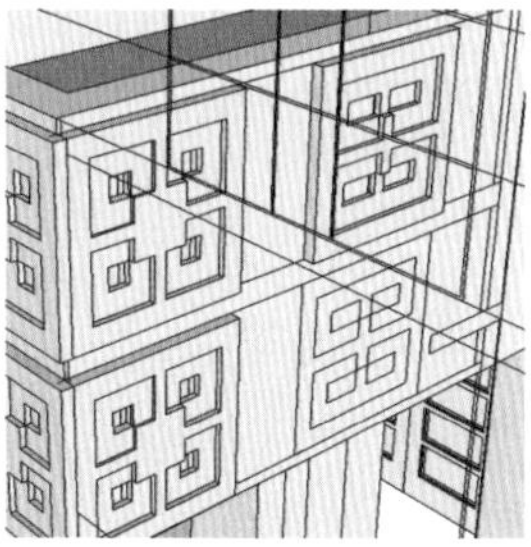

图 8.221　移动组件

图 8.222　复制并旋转组件

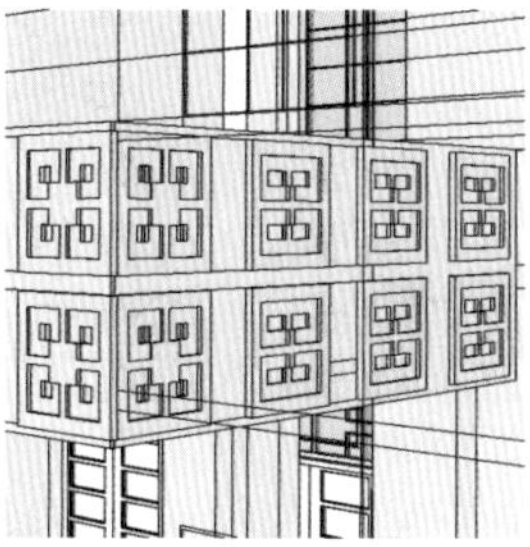

图 8.223　复制并移动组件

8.4.11　完善建筑轮廓模型侧立面

8.4.1 至 8.4.10 节详细介绍了对建筑轮廓模型正立面部分的完善，模型侧立面的绘制方法也与正立面部分类似，因此在此节之内具体介绍。

（1）单击工具栏【编辑】→【旋转】工具，选择窗户 10 组件，以右下方顶点为基点，将窗户组件向上旋转 90°，使之与场景中墙体的方向一致，如图 8.224 所示。单击工具栏【窗口】→【图层】对话框，图层"立面"【显示】选项单击"√"命令显示该图层，如图 8.225 所示。

（2）单击工具栏【编辑】→【移动／复制】工具，选择窗户 10 组件，根据导入的正立面图将组件贴到

图 8.224　旋转组件

图 8.225　显示图层

建筑轮廓模型一层。单击工具栏【常用】→【选择】工具，双击建筑一层组件，进入【组件编辑】模式，单击工具栏【绘图】→【线】工具，沿窗框边界描边，将镂空的面封闭，如图8.226所示。单击工具栏【编辑】→【移动/复制】工具，选择窗户10组件，向建筑一层内移动50mm，如图8.227所示。

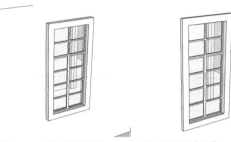

图 8.226　镂空窗框平面　　　图 8.227　移动组件

（3）根据步骤（2）重复操作5次，将所有窗户10组件复制并移动到对应位置，并镂空窗框平面，删除多余线条，如图8.228和图8.229所示。

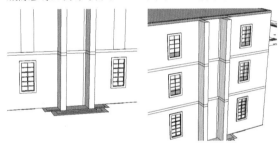

图 8.228　复制并移动组件　　　图 8.229　复制并移动组件

（4）在轮廓模型侧立面加入窗户1和窗户2组件的步骤与8.4.1相同，在此不再赘述，完成后如图8.230和图8.231所示。

图 8.230　在模型侧立面加入　　　图 8.231　在模型侧立面加入
　　　　　 窗户 1 组件　　　　　　　　　　 窗户 2 组件

（5）接下来需要根据立面图对建筑三层天花进行调整，单击工具栏【常用】→【选择】工具，双击建筑三层天花组件，进入【组件编辑】模式，单击【编辑】→【推拉】按钮，将天花侧面向外推至与正立面图上对应位置对齐。单击工具栏【绘图】→【线】工具，

沿边界描边，将面封闭，单击【编辑】→【推拉】按钮，将装饰墙顶面向下推至花坛雨棚。根据加入窗户组件中的步骤镂空窗户面，如图8.232和图8.233所示。

图 8.232　调整三层天花　　　图 8.233　镂空窗户面

（6）单击工具栏【编辑】→【旋转】工具，选择门2组件，以右下方顶点为基点，将门组件向上旋转90°，使之与场景中墙体的方向一致。单击工具栏【窗口】→【图层】对话框，图层"立面"【显示】选项单击"√"命令显示该图层，如图8.234所示。单击工具栏【编辑】→【移动/复制】工具，选择门2组件，根据导入的正立面图将组件贴到一层墙体，如图8.235所示。

（7）单击工具栏【常用】→【选择】工具，双击建筑一层组件，进入【组件编辑】模式，单击工具栏【绘图】→【线】工具，沿门框边界描边，将镂空的面封闭，并删除多余线条，如图8.236所示。单击工具栏【编辑】→【移动/复制】工具，选择门2组件，沿红色轴线向内移动100mm，如图8.237所示。

图 8.234　旋转组件并显示图层　　　图 8.235　移动组件

图 8.236　镂空门框平面　　　图 8.237　移动组件

（8）使用 8.4.4 步骤中的方法在轮廓模型侧立面中加入窗户 8 组件，在此不再赘述。完成后如图 8.238 所示。

（9）根据导入的侧立面图需要调整侧立面上突起装饰墙。单击工具栏【常用】→【选择】工具，双击建筑三层组件，进入【组件编辑】模式，单击【编辑】→【推拉】按钮，将装饰墙顶面向下推至与侧立面图上装饰墙高度对齐。单击工具栏【绘图】→【线】工具，沿装饰墙顶面边界描线，将面封闭，单击【编辑】→【推拉】按钮，将装饰墙顶面向下推 450mm，如图 8.239 所示。

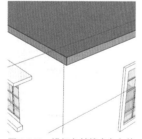
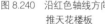
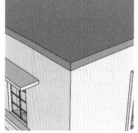

图 8.238　在模型侧立面加入窗户 8 组件　　图 8.239　绘制完善装饰墙

（10）模型侧立面图的主要部分已经完成，接下来需要根据侧立面图细微调整三层天花。单击工具栏【常用】→【选择】工具，双击建筑三层天花组件，进入【组件编辑】模式，单击【编辑】→【推拉】按钮，将天花侧面分别沿红色轴线和绿色轴线方向向外推 90mm。如图 8.240 和图 8.241 所示。

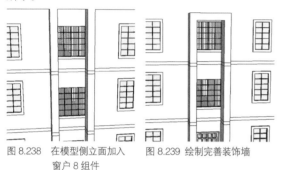

图 8.240　沿红色轴线方向向外　　图 8.241　沿绿色轴线方向向外
　　　　　推天花楼板　　　　　　　　推天花楼板

注意：由于建筑为对称设计，因此建筑轮廓模型另一侧的立面也采用完全相同的方法和步骤绘制完善即可。

8.4.12　绘制入口台阶和花坛等细部

建筑的正立面主入口和侧立面次入口均有台阶、花坛等细部，主入口的台阶和花坛的绘制相对复杂。

在此以主入口的台阶和花坛为例进行具体介绍。

（1）单击工具栏【常用】→【选择】工具，双击导入的建筑一层平面组件，进入【组件编辑】模式。单击【编辑】→【推拉】按钮，根据正立面图将楼梯面分别沿蓝色轴线方向拉伸 450mm、300mm、150mm、0mm、−150mm、−300mm。如图 8.242 和图 8.243 所示。

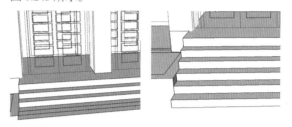

图 8.242　拉伸楼梯平面　　　　图 8.243　拉伸楼梯平面

（2）花坛的绘制方法与楼梯相似。根据正立面图将花坛平面分别沿蓝色轴线方向拉伸至与正立面对齐。如图 8.244 至图 8.247 所示。

（3）同样，建筑一层外墙面踢脚的绘制方法与楼梯相似。根据正立面图将花坛平面分别沿蓝色轴线方向拉伸至与正立面对齐，如图 8.248 所示。

（4）完成了花坛的绘制，接下来根据正立面图将完善花坛上的雨棚。单击工具栏【常用】→【选择】工具，双击导入的建筑二层组件，进入【组件编辑】模式。单击【编辑】→【推拉】按钮，沿蓝色轴线方向拉伸至与正立面对齐，如图 8.249 所示。

图 8.244　拉伸花坛平面　　　　图 8.245　拉伸花坛平面

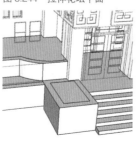
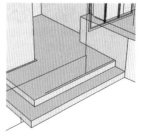

图 8.246　拉伸花坛平面　　　　图 8.247　拉伸花坛平面

图 8.248　拉伸外墙踢脚平面　　　图 8.249　拉伸花坛雨棚平面

（5）正立面主要细节已经完成，最后可根据测绘建筑照片和图面效果需要在建筑正立面四层加上一个时钟。时钟组件的绘制方法在此不再赘述，完成后如图 8.250 所示。

（6）完成了正立面细部的绘制和调整，接下来侧立面的细部也按照同样的方法和步骤绘制，在此不再赘述，完成后如图 8.251 所示。

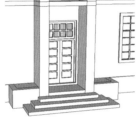

图 8.250　在轮廓模型正立面　　　图 8.251　绘制和调整侧立面
　　　　　　加入时钟　　　　　　　　　　　　　细部

8.4.13　完成最终效果

在完成了场景中各种细节的添加之后，需要进一步对场景的参数进行调整，例如阴影设置等，这样将使模型场景变得立体和完善。

（1）单击工具栏【窗口】→【阴影】对话框，在弹出的阴影设置对话框中，【显示阴影】选项单击"√"命令，显示阴影，如图 8.252 所示。根据显示需要调整时间和日期，效果如图 8.253 所示。

图 8.252　显示阴影　　　图 8.253　调整时间和日期

（2）单击【相机】→【平移】命令，根据出图需要调整视图到最佳位置，如图 8.254 所示。单击【文件】→【导出】→【2D 图像】命令，在弹出的对话框中，选择导出文件类型为 JPEG Image（*.jpg），导出名为"效果 .jpg"的文件。单击【选项】按钮，在弹出的【JPEG 导出选项】对话框中，根据导出需要选择图的导出尺寸。

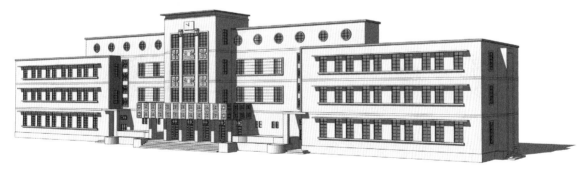

图 8.254 第一行政楼透视效果

（3）导出其他效果图，操作同步骤（2），将完成后的模型透视图与测绘建筑照片比较，如图 8.255 和图 8.256 所示。

加上相应的实体照片与模型进行对比，并使用 Photoshop 对各图进行排版，如图 8.257 至图 8.258 所示。

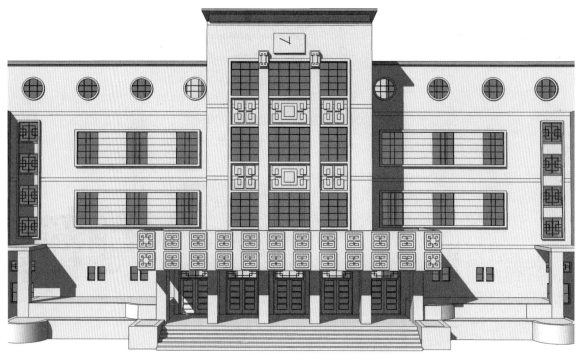

图 8.255 第一行政楼正立面效果

图 8.256 第一行政楼正立面实景

武汉理工大学第一行政楼和大礼堂

武汉理工大学土木工程与建筑学院建筑学2004级　历史建筑测绘与调查

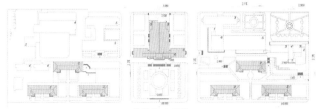

总平面 1:1000

武汉理工大学（马房山校区）位于武汉市洪山区珞狮路205号，坐落在长江南岸的马房山，南临雄楚大道，北靠武珞路，校区被珞狮路分为东西两院，其中第一行政楼、大礼堂及品字楼位于校区西院。第一行政楼、大礼堂沿主中轴对称，品字楼（共六栋）以同一中轴对称分为东、西两部分（各三栋），同时各自三栋楼又以中轴对称排列。

武汉理工大学第一行政楼现作为学校主要的办公部门之一；大礼堂主要用于大型集会活动；品字楼分为东、西两部分各三栋，其中西品楼一栋为研究生院，另两栋为教室；东品楼一栋为科技处，一栋为国防科学技术研究院，还有一栋为化学实验中心。

行政楼大礼堂一层平面图 1:200

行政楼大礼堂三层平面图 1:200

行政楼大礼堂二层平面图 1:200

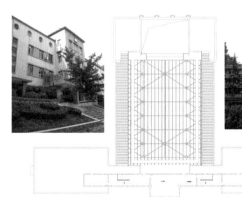

行政楼大礼堂四层平面图 1:200

第一行政楼的建筑造型受我国50年代"国际式"风格和第二次建筑复古热潮的影响，整体为早期的现代主义风格，而在正立面入口门厅处的柱列又呈现出折衷主义风格。建筑特色明显，具有历史意义。第一行政楼为砖混结构，局部四层，大礼堂屋顶为钢桁架结构，观众席有两层，后台演职员区共三层。行政楼与大礼堂两建筑仅一墙之隔。

第一行政楼和大礼堂

图 8.257

武汉理工大学土木工程与建筑学院建筑学2004级 历史建筑测绘与调查

品字楼

品字楼共六栋，所有楼原平、立面均一样，砖混结构，两层，坡屋顶，其中四栋已进行了不同程度的改造和重新装修，一栋进行过局部改造和装修，还有一栋未进行过改造和装修。

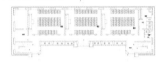

品字楼一层平面图 1:200

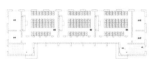

品字楼二层平面图 1:200

品字楼西南轴测图

品字楼北立面图 1:200

品字楼南立面图 1:200

品字楼东立面图 1:200　品字楼1-1剖面图 1:200

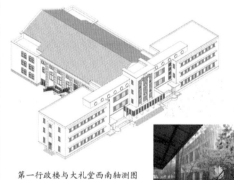

第一行政楼与大礼堂西南轴测图

行政楼南立面图 1:200

大礼堂北立面图 1:200

图 8.258

品字楼